構造力学

静定編

第2版 新装版

上

崎元達郎 著

森北出版

INTRODUCTION まえがき

構造力学は，基礎的な教科であるため，高専や大学の低学年から学ばなければならない科目の一つである．カリキュラムによっては，構造力学を学ぶための予備知識は，中学の理科や高校の物理でしかない場合がある．また，大学入試制度の変化の結果，高校で物理を選択しなくても理系の学科に入れるという事態も生じている．このような予備知識の少ない学生諸君のためのわかりやすい教科書の必要性を痛感していた．

さて，物事をやさしく説明しようとすればするほど，文章はくどくなることも確かである．文字を読むことの得意でない学生諸君には，やさしく書いても文字だけでは難解となる．

さらに，力学を理解するうえで難しいことは，具体（現実）性と抽象性のバランスである．具体的でないと興味がわかないという一方で，抽象化しないと一般的理論の説明が困難となるからである．

以上のような状況を考えて，本書は次の点にできるだけ注意を払っている．

① 中学で習う理科の「力と圧力」や，高校で習う物理の「力と運動」などの知識の延長線上で連続的に**抵抗なく学べる**ようにする．

② できるだけ図解して説明することを心がけ，**力や変形を自分で感じることができる能力を養う**ようにする．

③ 具体的な物事を抽象化する過程を復習し，力の関係を抽象化した**「自由物体のつり合い」の考え方を徹底する**．

④ 静定構造の範囲で，「自由物体のつり合い」という**一つの考え方だけで，すべてのことが理解できる一貫性**をもたせる．

⑤ 抽象化のあとも具体的な物事や現象との関連をできるだけ述べて，現在の生活や想定される将来の仕事の内容と関連させた**興味を引き出す工夫**をする．

⑥ 演習問題は章末にまとめるが，本文中に，そのときに解いてほしい演習問題をその都度指示し，それを解くことにより**理解を積み上げていく時間的配列**に気を配る．

⑦ 記号で表した問題を解くのが苦手の人が多いので，**数値で与える演習問題からはじめて**，さらに記号で与えた場合にも慣れるように配慮する．

本書は 10 章構成である．第 1 章と第 2 章は，いわば，中学・高校の復習と構造力学への導入部である．第 3 章から第 7 章までは，剛体の運動またはつり合いの力学で一貫して説明できるものを並べている．ただし，第 6，7 章は，物体内の微小部分を自由物体と考えて応力度を議論するので，少し難しくなる．第 8 章は変形の力学で，第 3

章から第 7 章までとは少し趣が異なるので，学習に注意が必要である．第 9 章は，より実務的な設計計算によく用いられる影響線について，第 10 章では，圧縮部材に特有な不安定現象である座屈について説明している．

本書は，1991 年に初版を発行した構造力学「上」を改訂したものである．今回の改訂にあたっては，上巻を静定構造物の解法，下巻を不静定構造物の解法と切り分け，少し難解であった旧上巻の第 9 章，第 11 章，第 13 章を削除したうえで，残りの章の順序を並べ替えた．これは，今まで旧上巻を使ってきていただいていた先生方のアンケートに対する意見を参考に修正したものである．ご意見をお寄せいただいた先生方に厚く感謝申し上げたい．

静定構造に続いて，不静定構造について深く学びたい場合は『構造力学［第 2 版］下』を読んでほしい．なお，学校のカリキュラムなどの都合で，不静定構造に関しては初歩まででよい読者のために，本書の内容と不静定構造の初歩の内容を 1 冊にまとめた『基本を学ぶ構造力学』という書籍も同時に刊行した．必要に応じて，適切なほうを選択してほしい．

以上，著者の力不足でわかりにくいところが多くあるのではと心配しているが，本書を使ってみて，わかりにくかった点など，機会があれば教えていただければありがたいと考えている．

2012 年 11 月

著　者

■第 2 版・新装版の発行にあたって

本書は，初版の発行から 30 年，第 2 版の発行から 9 年が経ったいまも，教科書として読者のみなさまの支持をいただいております．これからも長くお使いいただけるように，フルカラー化し，レイアウトを一新しました．

2021 年 10 月

出版部

CONTENTS　目次

下巻の目次

単位表記に用いるおもな接頭語

記号（読み方）	意味	記号（読み方）	意味
T（テラ）	10^{12}	d（デシ）	10^{-1}
G（ギガ）	10^{9}	c（センチ）	10^{-2}
M（メガ）	10^{6}	m（ミリ）	10^{-3}
k（キロ）	10^{3}	μ（マイクロ）	10^{-6}
h（ヘクト）	10^{2}	n（ナノ）	10^{-9}
da（デカ）	10^{1}	p（ピコ）	10^{-12}

ギリシャ文字

記号（読み方）	記号（読み方）	記号（読み方）
α（アルファ）	θ（シータ）	σ（シグマ）
β（ベータ）	λ（ラムダ）	ϕ, φ（ファイ）
γ（ガンマ）	μ（ミュー）	χ（カイ，キー）
$\delta, \varDelta$（デルタ）	ν（ニュー）	ψ（プサイ）
ε（イプシロン）	ξ（グザイ）	ω（オメガ）
ζ（ゼータ）	π（パイ）	
η（イータ）	ρ（ロー）	

第1章

構造力学って何ですか？

1.1 構造物にもいろいろあります

大昔の人は，倒木を利用して経験的に丸太橋を架けたと考えられる．現代では，丸太をそのまま使うことはあまりないが，いま，**図 1.1** に示すように，川に 1 枚の板をわたして，歩いて渡る場合を考えてみよう．谷の幅が 5 m あるとして，この板の上を 60 kg の体重の人が安全に歩いて渡れるためには，この板の断面寸法（切口の幅と厚さ）をそれぞれ何 cm にすればよいだろうか．安全であるだけでよければ十分に厚くて幅広い板を使えばよいが，使える材料が限られていたり，無駄をなくして（経済的に），できれば残りの板をほかに使いたいと考えるようになったとき，そこに経験に加えて知識や技術が必要となる．

この場合，板は単純ではあるが一つの**構造物** (structure) であり，渡る人の重さのことを**外力** (external force) または**荷重** (load) という．すなわち，構造物とは，荷重を支えることを意図した物体の集合ということができる．構造物（板）が荷重（人）を安全に支え，機能（人を渡すこと）を支障なく果たすように構造物の寸法や形を決め

図 1.1　川に板をわたして渡る

ることを，構造物を設計するという．

さて，この板の橋を設計するためには，板自身の材料としての強さ以外に，板に人が乗って曲がったとき，板の中にどんな力がどれだけはたらいているか，どれだけの体重の人が乗ったら板が折れるか，60 kg の人が乗ったら何 cm たわむか（たわみすぎると歩きにくかったり，不安感を与えるから），などをあらかじめ知る必要がある．簡単にいうと，構造力学とは，このように，構造物を設計するために必要な諸量，すなわち外力の作用のもとで，構造物内部にはたらく力と構造物の変位や変形を求めることを学ぶ学問である．

さて，一口に構造物といっても，おもに地面に接してつくられる土木建築構造物，水の上を移動する船舶構造，空中を飛ぶ航空機構造，そしてそれ自身が運動することが多いクレーンなどの機械構造などがある．構造力学の基礎的な考え方は，もちろんどの構造物にも共通に用いることができるが，各分野の構造物について，外力の種類や設計手法が異なるので，各分野で学ぶべき構造力学の内容も少しずつ異なっている．ここでは，おもに**図 1.2** に示すような橋，ダム，トンネル，鉄塔，燃料タンク，ビルなどに代表される土木建築構造物を念頭においた構造力学を学んでいこう．

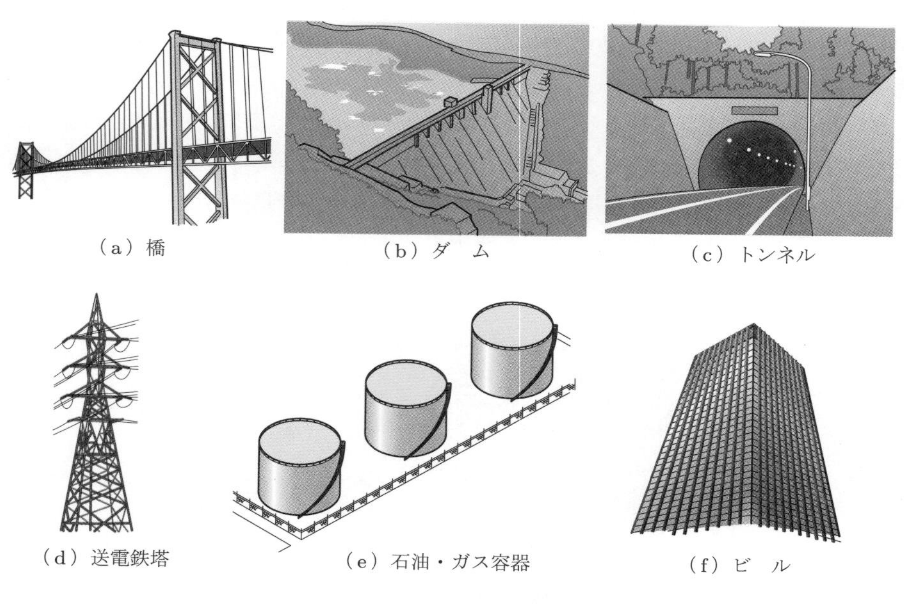

（a）橋　（b）ダ　ム　（c）トンネル

（d）送電鉄塔　（e）石油・ガス容器　（f）ビ　ル

図 1.2　土木建築の構造物の例

1.2 理想化と抽象化に慣れよう！

土木建築構造物に作用する力（荷重）としては，構造物自身の重さ（自重），車両や人などその上に乗る物の重さ（自動車荷重，群衆荷重），風による圧力（風荷重），地震による慣性力（地震荷重），積雪時の雪の重さ（雪荷重），土や水に接する場合の土圧や水圧，海につくる構造物の場合は波の圧力などがおもなものである．このうち，自重のように自ら移動しない荷重を**死荷重** (dead load)，自動車荷重などの自ら移動するものを，**活荷重** (live load) という．

中学や高校で習ったように，力の方向や向き，作用点を矢じりの方向，位置で示す(**図 1.3**(a) 参照)．自動車の重さは比較的小さな車輪との接触面から構造物に伝わる．このように，点に作用していると考えてよい荷重を**集中荷重** (concentrated load) といい，一つの矢印で抽象化して表す．これに対して，構造物の自重や雪荷重，土圧，水圧などのように，ある領域で分布している荷重は**分布荷重** (distributed load) といい，図 (b)，(c) のように矢印の集合で分布の領域や圧力の変化の様子を示す．分布荷重の場合，紙面に垂直な方向の奥行きがある場合は，今後，単位の長さ（たとえば 1 m）をとることを前提とし，分布荷重の強さは $500\,\mathrm{N/m^2}$ などのかわりに $500\,\mathrm{N/m}$ と書き，単位の分布長さあたりの荷重の大きさを記すことにする．ここで，N は力の単位で，ニュートンと読む．1 N は，102 g の物体の重さと同じ大きさの力のことである．

以上のおもな荷重のほかにも，直接的な荷重ではないが，構造物に力を及ぼす原因として，以下の四つがあげられる．

① **温度による力**：温度が上下すると物体は伸縮するが，この伸縮が外部から拘束さ

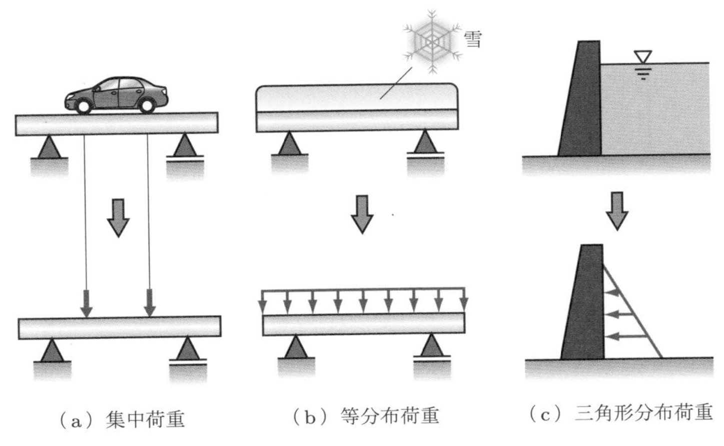

図 1.3　集中荷重や分布荷重とその表現

れているとき，外部からその伸縮を抑える力がはたらく．温度による力を避けるため，鉄道ではレールの継目に隙間を設けたり，橋桁の一端を可動にして，伸縮を自由にしている．

② **支点の不均等な沈下による力**：構造物が三つ以上の点で支えられている場合，支えていた一つの支点が沈下するとその支点の支える力が少なく（または，なく）なるから，構造物には余分な力がはたらく．

③ **クリープによる力**：粘土細工などが，自分の重さなどの力を受けて時間とともに変形をする現象をクリープ (creep) という．この変形が外部から拘束されている場合，その物体は外からの力を受ける．コンクリート構造物はクリープを生じるので，この力を検討する必要がある．

④ **乾燥収縮による力**：コンクリートは乾燥して固まるとき収縮する．この変形が拘束されている場合，結果として外から力を受ける．

1.3 骸骨は骨組構造物！ ピラミッドは何構造物？

構造物を構成する要素を**部材** (member) という．部材または構造物は，その空間的な広がり方にしたがって，**図 1.4** に示すように分類される．まず，ピラミッドを構成する石塊のように，要素そのものが 3 次元（立体）的な塊である場合がある．材料としての強度がわかれば構造物としての強度上の問題は少ないので，構造力学で取り扱うことは少ない．

次に，橋の路面や建築物の床のように，厚さがほかの寸法に比べて小さく 2 次元（平面）的な広がりをもつ要素によって構成される構造を**板構造**とよぶ．また，貝殻や卵の殻のような曲面をなす板は**シェル**（**殻**，shell）**構造**とよび，石油タンク，サイロ，ドームなどに用いられる．また，最近では，引張力だけで抵抗するテントのような膜構造も用いられることがある．

構造物に最もよく用いられるのは，丸太橋のように，幅や高さにくらべて長さが長く 1 次元（線）的とみなせる棒状の構造要素で，これによって構成される構造物を**骨組構造** (framed structure) という．1 次元的構造要素の中で引張力のみに抵抗するものに，ケーブル構造があるが，特別な取扱いが必要であるので骨組構造とは区別されることが多い．ここでは，おもに，骨組構造物の構造力学について学ぶことにする．

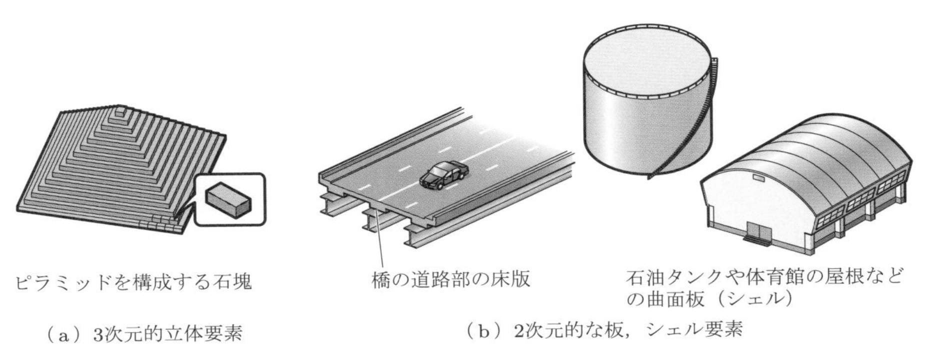

（a）3次元的立体要素　（b）2次元的な板，シェル要素

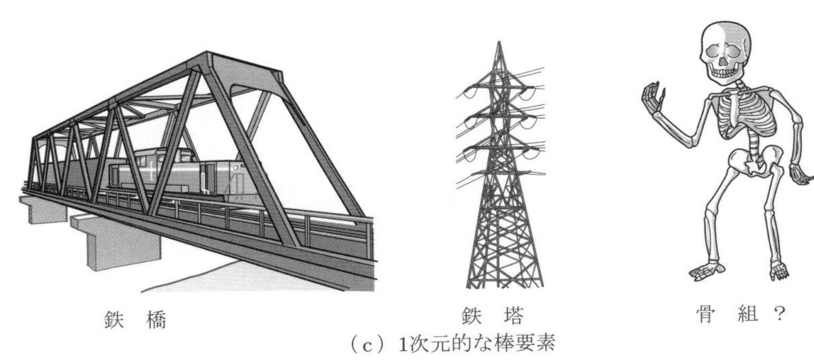

（c）1次元的な棒要素

図 1.4　構造物を構成している要素の種類

1.4 単純化しても現実問題が説明できる

工学においては，現実の複雑な現象に応じて，その本質を失わないように単純化し，実用のために取り扱いやすくすることが行われる．骨組を扱う構造力学においては，一般に以下の単純化を行って問題を解いても，多くの場合，工学的に十分な精度で現実の現象が説明できることがわかっている．

① **図 1.5** に示すように，部材は断面の重心点（正しくは，のちに学ぶ図心点）を連ねた線で表す．この線は**部材軸**または**軸線**という．**部材軸は重さがないものと考え，部材の自重は，部材軸に分布する外力として取り扱う**．

② 構造物は，平面構造物とする．**図 1.6** に示すように，立体的な構造物も各方向からみた平面構造に分解し，外力もその平面内に作用するものとして計算する．

③ 材料は，等方（どちらの方向にも力学的性質が等しい），等質（どこをとっても力学的性質が等しい）であって，フックの法則（力と変形は比例する）に従う弾性体とする．

④ 荷重は静的に作用する．すなわち，力はその大きさがゼロよりしだいにその最終値

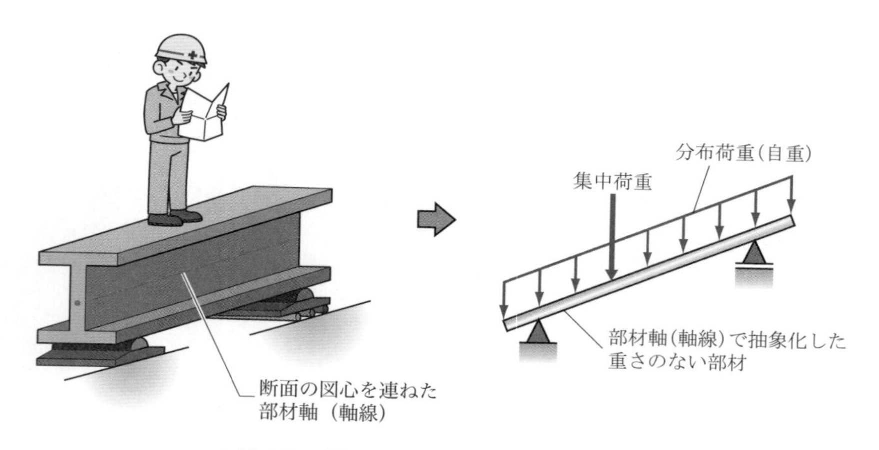

図 1.5　部材，荷重，自重の抽象化（単純化）

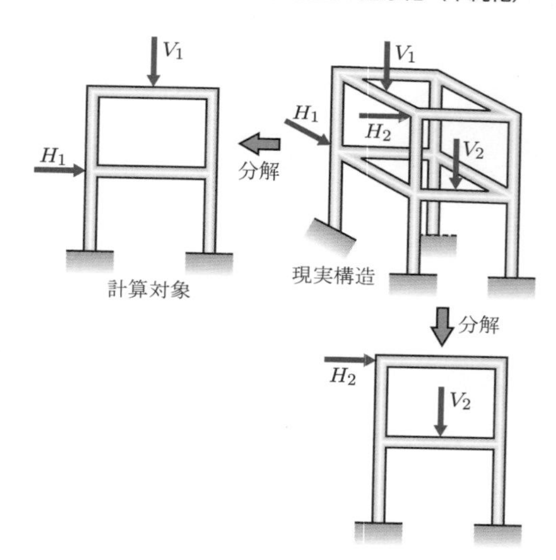

図 1.6　現実の立体構造は，平面構造に分解して計算する

まで増加して静的つり合い状態に至り，その間に衝撃や振動をともなわない（**図 1.7** 参照）.

⑤ たわみなどの変位や変形は，構造物の寸法に比べて微小であり，構造物の幾何学的形状の変化は無視できる．具体的には，橋の中央点の最大たわみは長さの 1/500 程度に制限されている．すなわち，50 cm の長さの直線の中央で 1 mm ずれる程度であれば，直線のままで扱うということである．したがって，変形後に内部にはたらく力やたわみ量を求めるに際して，変形前の形状で力のつり合いを考えてよい．この仮定に基づく理論を微小変位理論という（**図 1.8** 参照）.

図 1.7　荷重は静かに作用し，衝撃，振動をともなわないものとする

図 1.8　たわみなどの変位，変形は微小である

1.5 ニュートンとパスカルが力の単位になった

わが国の工学分野では，以前は重量（kg重または kgw）を基本単位とする重力単位系（工学単位系）が用いられてきたが，近年，個々の分野で，質量 (kg) を基本単位とする国際単位系（SI：Systeme International d'Unites）が採用されている．物体の重量は，その物体に地球から及ぼされる引力の大きさであり，台秤などで簡単に測ったり比べたりできるので，これを基本単位に選んだのが重力単位系である．しかし，重量はその物体が受ける力であり，その物体固有の量でなく，厳密には，地球上の場所が異なり地球の中心との距離が変わると変化するし，無重力状態では，基本単位にできない．そこで，物体固有の量であり，場所やまわりの条件によって変化しない質量

を基準に考えようとするのが国際単位系である．

国際単位系の基本単位（SI 単位）は，長さを m（メートル），質量を kg（キログラム），時間を s（秒）などとする．国際単位系で固有の名称をもつ単位のうち，力学に関係したものには，力を表す N（ニュートン），圧力や単位面積あたりの力（応力度）を表す Pa（パスカル）がある．**1 N は 1 kg·m/s^2，すなわち，質量 1 kg の物体に 1 m/s^2 の加速度運動を生じさせる力のことである**．重力加速度 9.8 m/s^2 の地球上では，質量 0.102 kg のリンゴ（ニュートンのリンゴで有名なイギリス産のリンゴは小さい）が地面に向けて落下しているときに受ける力が 1 N と考えると，ニュートンという単位にも親しみがわくであろう（**図 1.9** 参照）．

パスカルも圧力に関するパスカルの原理で有名な科学者の名前が単位となっているが，$1\,\mathrm{Pa} = 1\,\mathrm{N/m^2}$ の圧力のことである（**図 1.10** 参照）．さて，SI 単位を用いて大きな量や小さな量を表すときには，ゼロを多く並べる代わりに**表 1.1** に示す接頭語を用いることを覚えておこう．cm や km はそれぞれ独自の単位のように慣れ親しんでいるが，その意味は，10^{-2} m，10^3 m である．

ところで，土木建築の分野では，現場で行う仕事も多いこともあり，国際単位系への切り替えは非常にゆっくりとしか進んでいない．しかし，1991 年 1 月に JIS が国際単位系を使った表記に改訂されたので，本書では重力単位系への換算はいつでもできることを前提に，国際的に通用する国際単位系で記述する．**表 1.2** に代表的な量やよく用いられる量の換算の仕方のいくつかを示しておいたので参照してほしい．また，のちの演習問題などでは簡単のために，1 kgf ≒ 10 N とする．

図 1.9　ニュートン (1 N) とは，0.102 kg のリンゴが受ける重力のこと

図 1.10　パスカル (1 Pa) とは 1 N/m^2 の圧力のこと

表 1.1　単位表記に用いるおもな接頭語

記号（読み方）	意味	記号（読み方）	意味
T（テラ）	10^{12}	d（デシ）	10^{-1}
G（ギガ）	10^{9}	c（センチ）	10^{-2}
M（メガ）	10^{6}	m（ミリ）	10^{-3}
k（キロ）	10^{3}	μ（マイクロ）	10^{-6}
h（ヘクト）	10^{2}	n（ナノ）	10^{-9}
da（デカ）	10^{1}	p（ピコ）	10^{-12}

表 1.2　代表的な量と単位の換算の仕方

量＼単位系	SI 単位	重力単位
力	1 N (= 1 kg·m/s^2) 9.806 N (≒ 10 N)	→0.102 kgf ←1 kgf
応力度や圧力	1 N/m^2 (= 1 Pa) 9.806 N/cm^2 (= 98.06 kPa) 9.806 N/mm^2 (≒ 10 N/mm^2)	→0.102 kgf/m^2 ←1 kgf/cm^2 ←1 kgf/mm^2
鋼の弾性係数	200 kN/mm^2 (= 200 GPa)	→2.04×10^6 kgf/cm^2

第 2 章

静力学から構造力学へ

2.1 力・運動・質量・重量が説明できますか？

ニュートンは，木の枝に垂れ下がって静止していたリンゴの落下運動をヒントにして，重力を発見したといわれている．このように，**力(force)とは，物体にはたらいて運動の状態を変化させる原因となる作用をいう**．運動の状態は，速度の変化によって変わる．すなわち，物体は力を受けるとその大きさに比例した速度の変化（加速度）を生じる．これをニュートンの運動の第 2 法則といい，力を F，加速度を α として式で表せば $F = m\alpha$ となる．このときの比例定数 m をその物体の質量 (mass) とよぶ．質量とは，運動の状態の変化（加速度）の生じにくさ，すなわち，物体の慣性を表す量で，kg などの単位で表す．

地球上の物体は，地球からの引力（重力）を受ける．物体は，それを支えるものがなければ，重力により $g = 9.8\,\mathrm{m/s^2}$ の加速度で下方へ運動する．いま，質量 $m\,[\mathrm{kg}]$ の物体の重力の大きさ（重さ）を W と書くと，国際単位系では質量 m を基本単位として先に定義するので，力 W は $mg = 9.8\,m\,[\mathrm{N}]$ と表される．また，重力単位系では重力 W [kgf（= kgw, kg 重)] を基本単位として先に定義するので，質量は W/g と表される．

静力学やその応用分野である**構造力学では，この運動の法則の特別な場合，$F = m\alpha = 0$，すなわち，作用力の合計 F がゼロとなって運動をしない（静止または等速運動をする）という条件を物体や構造物のつり合い条件として用いる**ことになる．このことについては，2.4 節で学ぶことにする．

われわれは，物体の運動以外に，たわんでいる板や伸びたバネなどのように物体が変形しているのをみたときにも，力の作用を感じる．変形しない物体の運動の力学（または剛体の力学）と，運動しない物体の変形の力学（弾性力学）は，本来別の範ちゅうの力学であるが，構造力学ではこの二つの力学を場合によって使い分けるので，混同しないよう注意が必要である．

構造力学を学ぶうえでは，つねに運動や変形を通じてみえない力を感じとることが重要であり，力をみえるように書き出すことができれば問題はほとんど解決したも同じで

ある．そこで，力は目にみえないが，**図 2.1** に示すように視覚的に矢印で表すことにする．力の性質を表すためには，その大きさ，方向，作用点を示す必要があり，これを**力の 3 要素**という．力の大きさは，図形的な方法で力の大きさを求めるときのみ，矢の長さで比例的に示す必要があるが，それ以外の場合は適当な長さの矢印を描き，その横に数値で 10 N などと示せばよい．力の方向は，矢印を含む線で示し，これを力の作用線という．向きは矢じりの向きで示す．作用点は矢の先端か末尾のどちらかが物体に接触している点として示す．

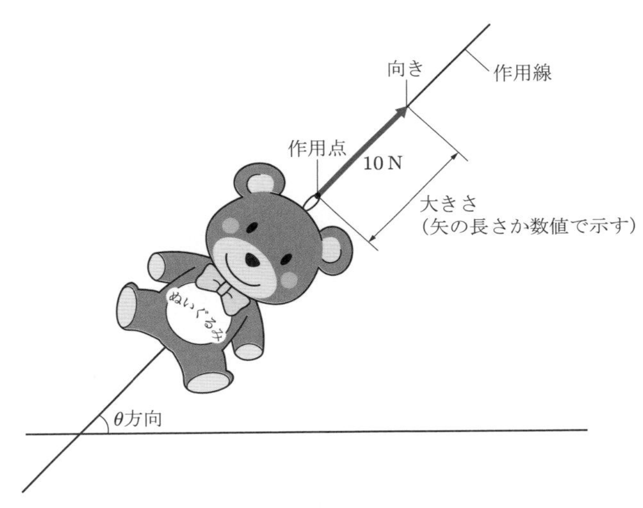

図 2.1　目にみえない力を矢印で表す

2.2　力の性質と法則を復習しよう

物体や構造物に作用する力を合成，分解したり，力のつり合いを考えたりするためには，次の三つの経験的法則が重要である．

(1) 力の作用線上の移動は，つり合いを考えるときだけ

変形しない物体（剛体）にはたらく力は，その大きさ，方向，向きを変えることなく，その**作用点を作用線上の任意点に移しても，その物体の運動または**その特別な場合としての**静止状態（力のつり合い状態）に及ぼす効果は変わらない**．

この法則は，**図 2.2**(a) に示すように，物体の静止（つり合い）条件や運動を考えるときは，作用点を作用線上で移動しても同じ効果なので成立するが，図 (b) に示すように，物体の変形やそれにともなう物体内部の力を考えるときには成立しない．したがって，そのような場合，力は作用線上を移動させてはいけない．

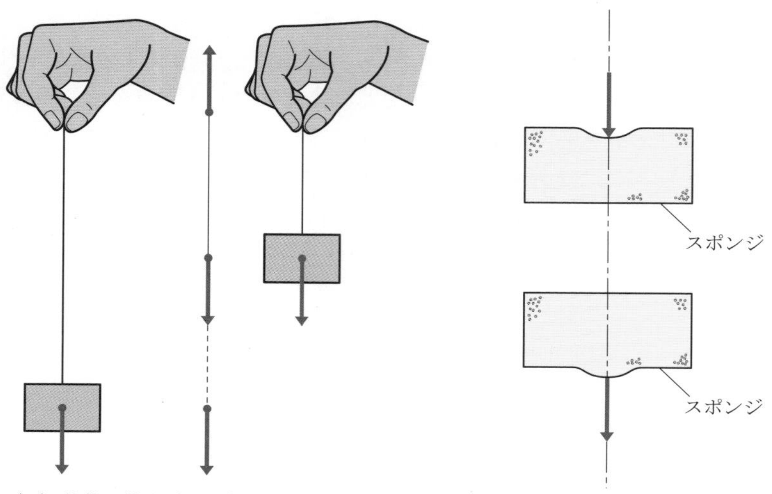

（a） 物体の静止（つり合い）条件や運動を考えるとき，力は移動可

（b） 物体の変形や物体内部の力を考えるとき，力は移動不可

図 2.2　力を移動してよいとき，だめなとき

（2）反作用って誰が考えたの

われわれが地球の引力に逆らって床に立って静止していられるのは，床がわれわれを押してくれているからであり，その押す力は，われわれが体重で床を押している力と大きさが等しく向きが反対である．これは，ニュートンの第 3 法則といわれるもので，**図 2.3** に示すように「A, B という二つの物体の接触点（面）において **A が B に及ぼす力 f_A とB が A に及ぼす力 f_B は，その作用線および大きさが等しく，その作用方向が逆である二つの力である**」と書ける．

図 2.3 は，この作用・反作用の力をみえる力として取り出す方法を示している．図

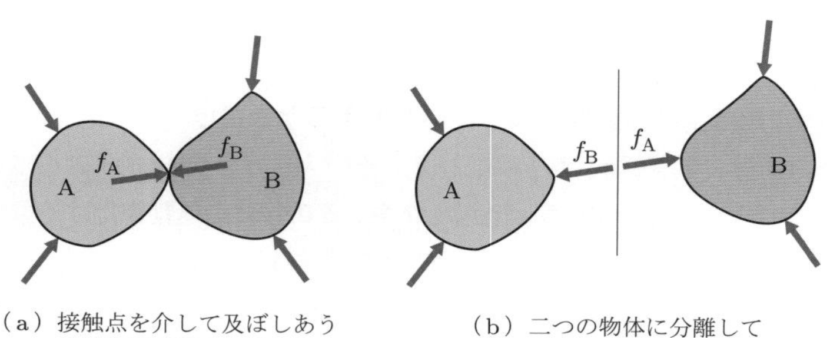

（a） 接触点を介して及ぼしあう作用と反作用 f_A，f_B

（b） 二つの物体に分離してみえない力を取り出す

図 2.3　作用と反作用

(a) には，A が B に及ぼす力 f_{A} と B が A に及ぼす力 f_{B}（f_{A} と逆向きで大きさが等しい）を示しているが，本来この力はみえない．そこで，図 (b) のように，力学的に等価な二つの状態に分離すると，力 f_{A}，f_{B} を物体 B, A に作用する力として取り出すことができる．

ここで重要なことは，**図 2.4**(a) のように動かない壁は反作用を生じるが，図 (b) に示すように，作用があっても相手が移動して逃げれば反作用は生じないことである[*1]．力を感じるという意味ではこの作用と反作用を感じることが一番難しいのであるが，変位や移動が拘束されているときには，必ず，反作用があるという事実を感じとってみえる力として取り出すことに慣れてほしい．

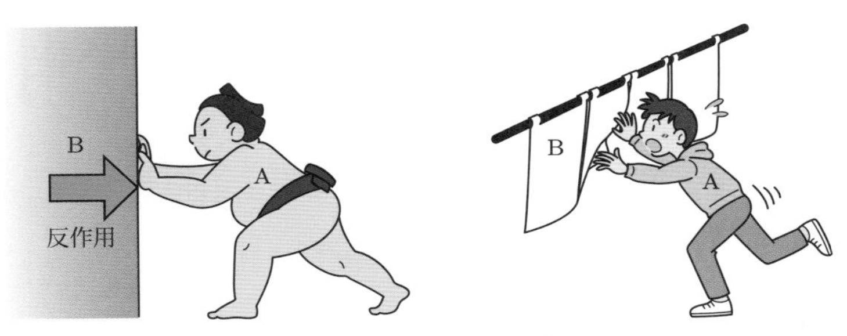

（a）相手が動かないとき反作用あり　（b）相手が動くと反作用なし

図 2.4　のれんに腕押しは反作用なし

(3) 力の平行四辺形の法則を覚えていますか？

図 2.5(a) で，バネ DO′ の下端 O′ に任意の 2 方向に力を作用させ，点 O′ を真下に点 O の位置まで移動させた．このときのバネばかりの示す力の大きさを，P_1, P_2 とする（図 (b) 参照）．次に，バネばかりを 1 本のみにして，点 O′ を真下に引っ張り，先ほどと同じ点 O までバネを伸ばしたときの力の大きさを P_3 とする（図 (c) 参照）．この二つの場合について，バネは同じ量伸びたのだから，P_3 と $P_1 + P_2$ のバネに及ぼす力の効果が等しいことは明らかである．いま，力の大きさを矢印の長さで表し，図を描いてみると，P_3 の大きさ，方向，向きは，先の P_1, P_2 を示す矢印を 2 辺とする平行四辺形の対角線に相当する矢印で表される力の大きさ，方向，向きに等しいことが実験的にわかる．これを，**力の平行四辺形の法則**という．

[*1] 実際には，質量を有する相手（の物体）が動く場合は質量 × 加速度の反作用が生じているが，構造力学では静的な荷重を考えるのでこれは無視してよい．ここでは，支点が拘束されていない場合，支点反力が生じないというイメージをつかんでほしい．

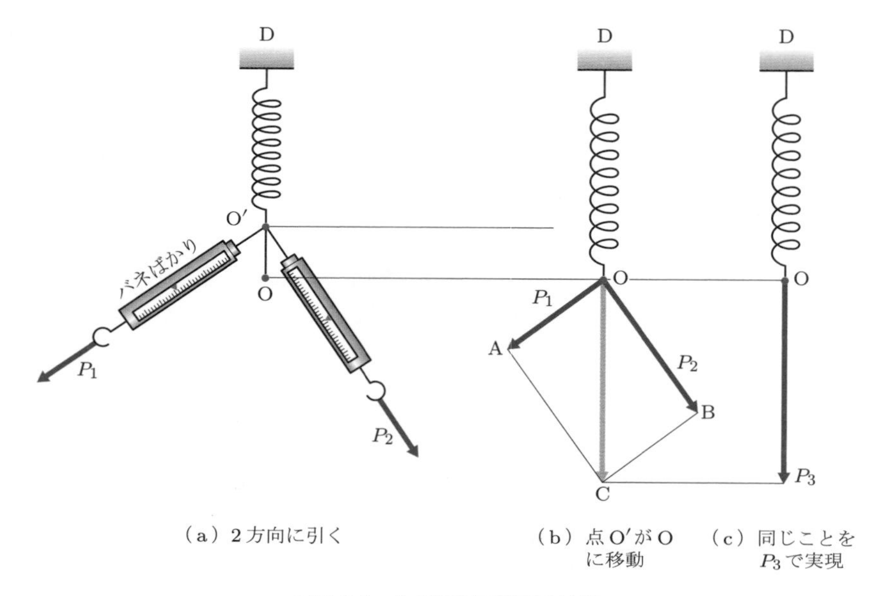

図 2.5　力の平行四辺形の法則

（4）力の合成と分解を思い出そう

平行四辺形の法則は実験的に得られる経験的法則で，**図 2.6** のように舟をまっすぐに引っ張るのに必要な P_1, P_2 および P_3 を考えてもよい．すなわち，P_3 は，大きさと方向を考えた量（ベクトル）としての P_1 と P_2 の和であり，このようにベクトルとしての力の和を求めることを**力を合成する**という．

逆に，力 P_3 と二つの方向 OA, OB が与えられた場合は，P_3 と同じ効果を表す 2 力 P_1, P_2 に**分解**できる．この二つの考え方を用いると，**図 2.7**(a) に示すような 1 点

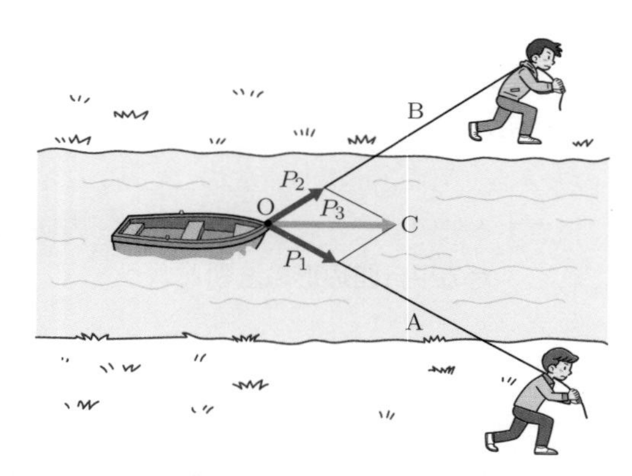

図 2.6　力は方向を含めてベクトルとして足し合わせることができる

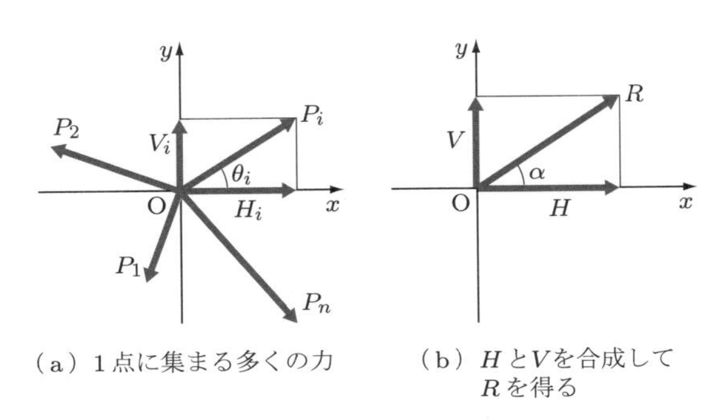

（a）1点に集まる多くの力　（b）HとVを合成してRを得る

図 2.7　1点に集まる多くの力の合成

に集まる多くの力 $P_1, P_2, \cdots, P_i, \cdots, P_n$ を合成して合力 R を求めることができる．すなわち，直交2方向に関する分解と合成を利用して次のように3段階に分けて行えばよい．

① 各力 P_i を x 軸方向の力 H_i と y 軸方向の力 V_i に分解する．

$$H_i = P_i \cos\theta_i, \quad V_i = P_i \sin\theta_i$$

② 水平（x 軸）方向の分力の和 H と鉛直（y 軸）方向の分力の和 V を求める（作用線が同一の場合は符号を考えた代数和でよい）．

$$H = \sum H_i = \sum (P_i \cos\theta_i)$$

$$V = \sum V_i = \sum (P_i \sin\theta_i)$$

③ 力 H と V を合成してベクトル和 R を求めると，これが $P_1, \cdots, P_n$ の合力となる．その大きさと方向（x 軸となす角 α）は図(b)を参考にして，次式で表される．

$$R = \sqrt{H^2 + V^2}, \quad \alpha = \tan^{-1}\frac{V}{H}$$

2.3 シーソーで理解する回転力

(1) スパナでナットを回転させる

力は，物体に作用して物体を並進させようとするほかに，1点または1軸まわりに物体を回転させようとする．この回転させようとする効果を表すのに**モーメント** (moment) という量を定義する．

図 2.8(a) に示すように，ボルトのナットを締める場合，スパナを持つ位置がナット

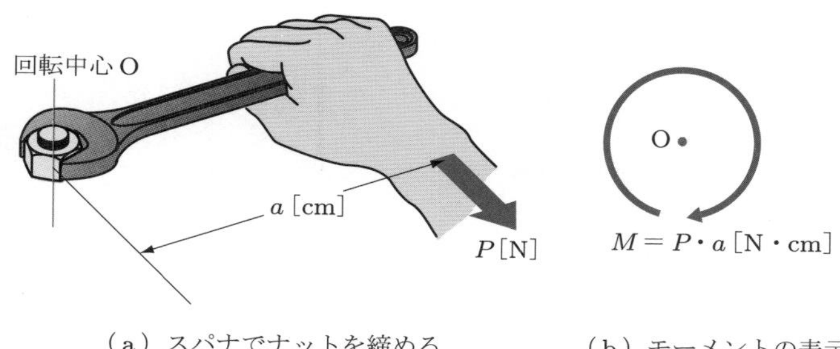

（a）スパナでナットを締める　　（b）モーメントの表示

図 2.8　回転モーメントの定義と記号

（回転中心）から遠いほど小さな力でナットを締めることができる．また，シーソーに乗るときには，支点より遠く離れて乗れば，回転して自分のほうへ下がる．これらの経験から，モーメント（回転力）M は，作用力 P と回転の中心から作用線までの垂直距離 a（腕の長さという）のそれぞれに比例することが理解できるので，この二つの量の積でその大きさを定義する．すなわち，$M = P \cdot a$ である．したがって，モーメントの単位は，N·cm や kN·m で表される．正負の符号は，回転の向きによりその都度約束する．

モーメントを図示するのに，平面構造の力学では，記号 ↻ を用い，その大きさは横に数値で 10 N·cm などと表す（図 (b) 参照）．

(2) モーメントも足したり引いたりできる

モーメントは，力 P と腕の長さ a の積 $P \cdot a$ で定義されることにより，経験的に得られる次の性質をもっていることを自分で確認してほしい（**図 2.9** 参照）．

① 力の作用点を作用線上でどこへ移動しても，モーメントは変わらない（図 (a) 参照）．

② 回転の中心を力の作用線に平行にどこに移してもモーメントは変わらない（図 (b) 参照）．

③ $P \neq 0$ なら，モーメントが 0 になるのは $a = 0$ の場合に限られる．

④ モーメント $P \cdot a$ は，その中心，大きさ，向きを変えないようにほかのモーメント $Q \cdot b$ で置き換えることができる（図 (c) 参照）．

⑤ **ある点に対する多くの力のモーメントの和は，それらの合力による同じ点に対するモーメントに等しい**（バリノン (Varignon) の定理）．

ここで，バリノンの定理を証明しておこう．**図 2.10**(a) について，「力 P_1 と P_2 による点 O に対するモーメントの和は，その合力 R が，点 O に関してつくるモーメントに等しい」ことが証明できればよい．いま，図 (b) のように，2 力 P_1, P_2 を移動して $\overline{\mathrm{AB}}$, $\overline{\mathrm{AC}}$ とし，その合力を，$R(\overline{\mathrm{AD}})$ とし，P_1, P_2, R の点 O についてのモーメン

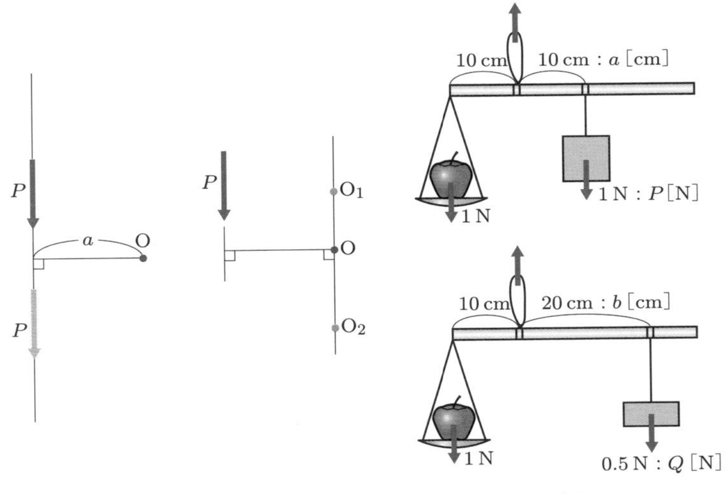

（a）力の移動　（b）回転中心の移動　（c）置き換え $P \cdot a = Q \cdot b$

図 2.9　モーメントの性質

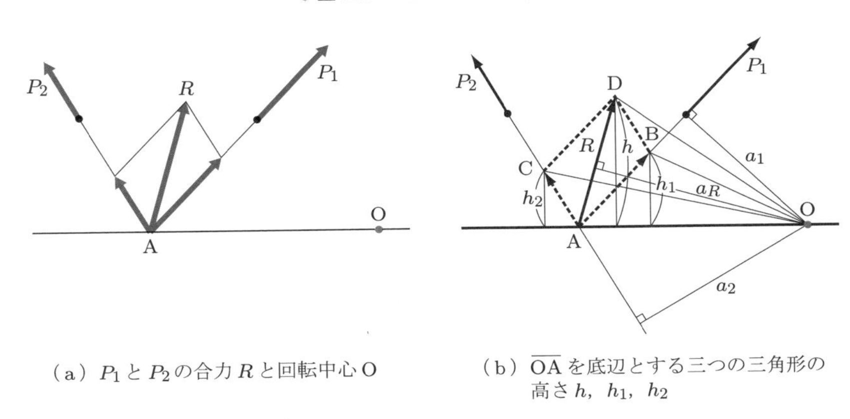

（a）P_1 と P_2 の合力 R と回転中心 O　（b）$\overline{\mathrm{OA}}$ を底辺とする三つの三角形の高さ h，h_1，h_2

図 2.10　バリノンの定理

トをそれぞれ，M_1, M_2, M と書くことにすると，図より次式が成り立つ．

$$M_1 = \overline{\mathrm{AB}} \cdot a_1 = 2 \cdot (\triangle\mathrm{OAB}\text{ の面積}) = \overline{\mathrm{OA}} \cdot h_1$$

$$M_2 = \overline{\mathrm{AC}} \cdot a_2 = 2 \cdot (\triangle\mathrm{OAC}\text{ の面積}) = \overline{\mathrm{OA}} \cdot h_2$$

$$M = \overline{\mathrm{AD}} \cdot a_R = 2 \cdot (\triangle\mathrm{OAD}\text{ の面積}) = \overline{\mathrm{OA}} \cdot h$$

ところで，ACDB は平行四辺形であり $h_1 + h_2 = h$ の関係があるから，

$$M_1 + M_2 = \overline{\mathrm{OA}} \cdot (h_1 + h_2) = \overline{\mathrm{OA}} \cdot h = M$$

となる．よって，証明された．

(3) 1 点に集まらない多くの力を一つの力で表す

作用線が 1 点で交わる多くの力の合力は，2.2 節 (3) で述べた力の平行四辺形の法則にもとづく方法を繰り返すことにより求めることができるが，1 点に集まらない複数の力では，力の平行四辺形がつくれないので先の方法を用いることはできない．

いま，**図 2.11**(a) に示すように，y 軸に平行な力 V_1，V_2，$\cdots$ の作用点の x 座標を x_1，x_2，$\cdots$ として，これらを合成することを考える．合力の大きさは，代数和 $V=\sum V_i$ で求められるから，あとは合力の作用点の x 座標 x_0 を求めればよい．そのために，点 O まわりのモーメントに対してバリノンの定理を適用すると，時計まわりを正として次式を得る．

$$V_1x_1 - V_2x_2 + V_3x_3 + \cdots = \left(\sum V_i\right)\cdot x_0$$

これより，

$$x_0 = \frac{V_1x_1 - V_2x_2 + V_3x_3 + \cdots}{\sum V_i} = \frac{\sum V_ix_i}{\sum V_i}$$

として合力の作用点が求められる．同様に，図 (b) に示すような x 軸に平行な複数の力に対しても，その合力の作用点の位置の座標 y_0 が次式で表される．

$$y_0 = \frac{\sum H_iy_i}{\sum H_i}$$

したがって，図 2.11(a)，(b) が組み合わさった一般的な場合も合力の大きさ R とその方向は，1 点に集まる複数の力の合成と同様に以下のように求められる．

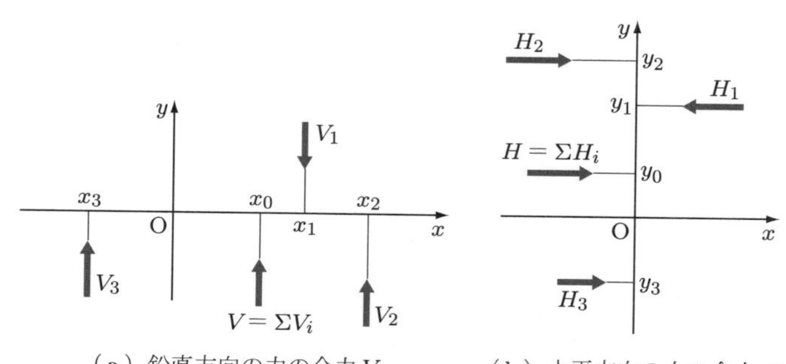

（a）鉛直方向の力の合力 V　（b）水平方向の力の合力 H

図 2.11　1 点に集まらない複数の力の合成

$$大きさ：R = \sqrt{\left(\sum H_i\right)^2 + \left(\sum V_i\right)^2}$$

$$方\quad 向：\alpha = \tan^{-1}\frac{\sum V_i}{\sum H_i}\quad (図 2.7(b) 参照)$$

$$作用点：(x_0,\ y_0) = \left(\frac{\sum V_i x_i}{\sum V_i}, \frac{\sum H_i y_i}{\sum H_i}\right)$$

(4) 車のハンドルを回す力

図 2.12(a) に示す車のハンドルを回すときのように大きさが互いに等しく，方向が反対の一対の平行力を**偶力** (couple of force) とよぶ．偶力が物体にはたらくと，その物体を回転させようとするが，この回転は並進運動をともなわない純粋な回転であり，その大きさは 2 力 P の間隔を a として，$P \cdot a$ で表される．偶力には次の性質がある．

① 2 力が任意点 C に及ぼすモーメントは，C の位置に関係なく，つねに一定で，偶力の大きさ $P \cdot a$ に等しい．すなわち，図 (b) において，点 C まわりのモーメント M は，

$$M = P \cdot (a + e) - P \cdot e = P \cdot a$$

となり，距離 e に関係しない．いいかえれば，偶力が物体を回転させようとする効果は，偶力が物体のどこに作用しても同じである．

② 偶力 $P \cdot a$ は，その大きさ，向きを変えないかぎり，ほかの偶力 $Q \cdot b$ で置き換えることができる．

③ いくつかの偶力は，向きを符号で区別することにより，その大きさについて代数的に和をとることができ，その結果，一つの合成偶力を得ることができる．

今後，棒状の物体にはたらく抽象的な回転力（モーメント荷重）として，**図 2.13**(a)

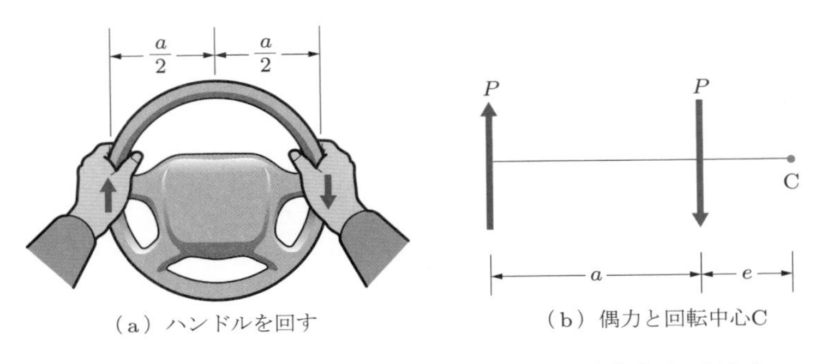

（a）ハンドルを回す　（b）偶力と回転中心C

図 2.12　偶力は回転効果のみを与える一対の力

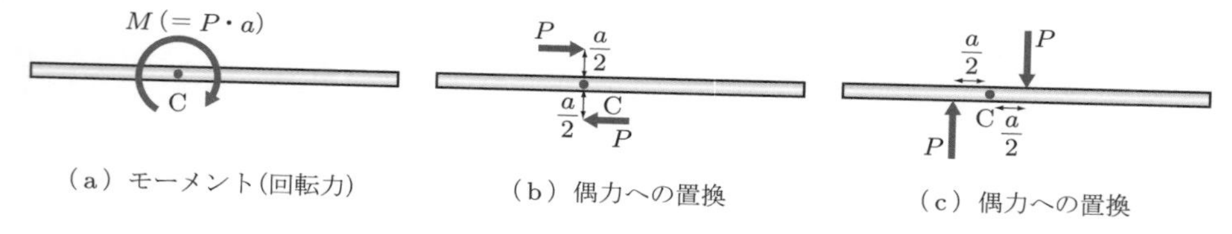

図 2.13　モーメントと偶力の置換

のように書く場合があるが，これは，図 (b) または図 (c) のように偶力に置き換えて考えても同じことである（水平または鉛直の並進効果は ±0 で生じず，回転効果のみ置き換えられる）．

したがって，モーメント荷重の回転効果は，回転の中心をどこに考えても同じ大きさであることをよく理解しておこう．

さて，以上のように，静力学においては，回転の効果をモーメントで表すが，これから学ぶ構造力学では，回転力を物体に作用させたときに，物体に生じる変形に応じて呼び方が異なる．**図 2.14**(a) に示すようにモーメントを作用させると部材は曲がるが，これは，断面（部材の切り口）が，部材軸に直角な軸まわりに回転する結果生じるものである．このような断面の回転を生じさせるモーメントを**曲げモーメント**（bending moment または flexural moment）といい，今後，図 (b) のように抽象化して表す．一方，図 (c) に示す，雑巾をしぼるときのように部材軸まわりに断面の回転を生じさせるモーメントを**ねじりモーメント**（twisting moment または torsional moment）といい，図 (d) のように抽象化して表す．

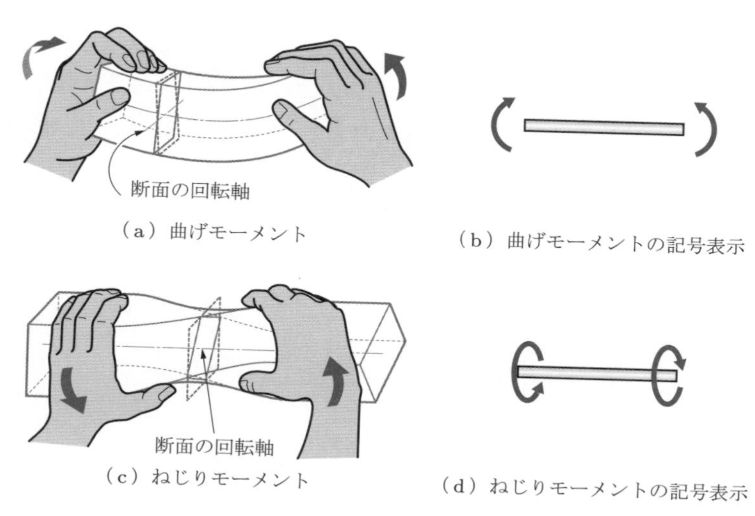

図 2.14　曲げモーメントとねじりモーメント

(5) 一つの力には，並進効果と回転効果がある

図 2.15(a) のように，物体の点 A に力 P が作用しているとして，この力 P がほかの点 O（のちに説明する図心または重心）に及ぼす効果を考える．いま，図 (b) のように，点 O に対して力 P と平行な方向に，互いに逆方向の力 $+P$ と $-P$ を作用させても，物体に与える影響は変化しない．ところで，点 A にはたらく P と点 O にはたらく $-P$ は 1 組の偶力を形成するので，その効果は，図 (c) のように回転力 $M = P \cdot a$ に置き換えることができる．結局，点 A にはたらく一つの力 P の効果は，ほかの点 O にはたらく力 $+P$ とモーメント $M = P \cdot a$ の効果に等しく置き換えることができる．すなわち，物体に及ぼす一つの力の効果には一般に並進効果と回転効果がある．このことは，机上の消しゴムなどの直方体の物体の端を指で押してみると，物体は並進運動をしながら，回転運動もすることからも理解できるだろう．

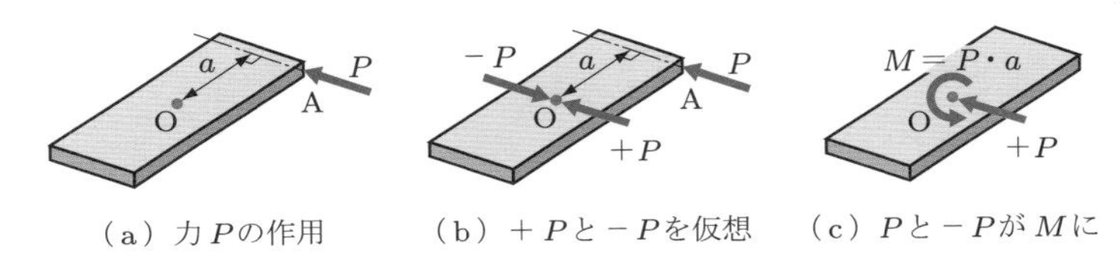

（a）力 P の作用　（b）$+P$ と $-P$ を仮想　（c）P と $-P$ が M に

図 2.15　力の並進効果と回転効果

(6) 分布する圧力を一つの力に置き換える

図 2.16(a) に示すように，その最大値が q [N/m] の荷重強度をもつ三角形状の分布荷重が棒状の物体 AB に及ぼす力の効果を考える．まず，点 A から x の地点の荷重強度を q_x とすると $q_x = (x/l)q$ であるから，微小な長さ dx に作用する力は $q_x \cdot dx = (x/l)q \cdot dx$ と書ける．

分布荷重の合力 P は，これの A から B までの連続的な和をとればよいから，

$$P = \int_0^l q_x dx = \frac{q}{l}\int_0^l x dx = \frac{q}{l}\left[\frac{1}{2}x^2\right]_0^l = \frac{ql}{2}$$

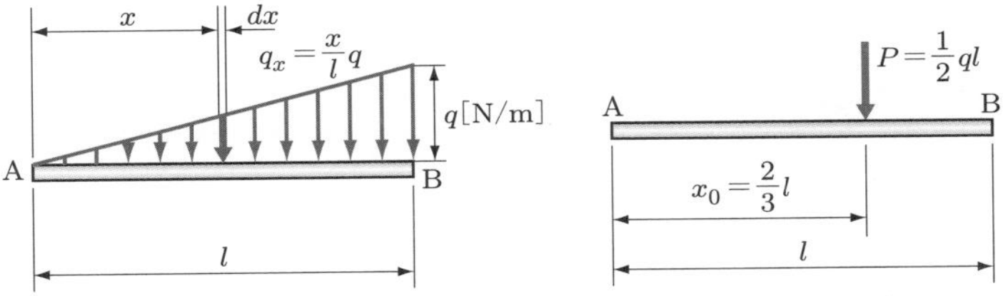

（a）三角形分布荷重　（b）等価な置き換え

図 2.16　分布荷重を集中荷重に置き換える

となり，合力の大きさは分布形である三角形の面積に等しいことがわかる．

次に，この合力 P の作用点 x_0 を求めるために，(2) で学んだバリノンの定理を応用する．すなわち，分布荷重の点 A まわりのモーメントの合計は，合力 P の点 A まわりのモーメントに等しいことを用いればよい．分布荷重の点 A まわりのモーメントの合計は，力 $(q_x dx)$ と腕の長さ x をかけたものの A から B までの連続的な和をとればよいから，これを $P \cdot x_0$ と等置して

$$\int_0^l (q_x dx) \cdot x = P \cdot x_0$$

となる．左辺の積分を実行すると

$$\int_0^l (q_x dx) \cdot x = \frac{q}{l} \int_0^l x^2 dx = \frac{q}{l} \left[\frac{1}{3} x^3\right]_0^l = \frac{ql^2}{3}$$

となるので，

$$x_0 = \frac{\int_0^l q_x x dx}{P} = \frac{(ql^2/3)}{(ql/2)} = \frac{2}{3} l$$

となる．すなわち，合力の作用点は，分布荷重の形状である三角形の重心位置であり，図 2.16(b) のように置き換えることができる．以上は，荷重の分布形が任意の場合に成立する事実であり，以下のようにまとめることができる．

分布荷重が物体の運動，またはつり合いに及ぼす効果は，分布形状を表す図形の面積の大きさに等しい一つの集中荷重が，分布形状を表す図形の重心位置に作用する場合と等価である．

今後，分布荷重が作用する物体のつり合いを考えるときは，分布荷重を上述のような集中荷重に置き換えて考えてよい．ただし，この集中荷重はあくまでつり合いを検討するときだけに考える便宜的な力であり，実際に作用しているのは，分布荷重であることを忘れてはならない．

TRY! ▶ 演習問題 2.1 を解いてみよう．

2.4 力がつり合うということは物体を運動させないということ

(1) つり合い条件は，物体の静止条件

周囲から拘束を受けずに自由に空間に浮かんでいる物体を考え，これを**自由物体** (free body) とよぶことにする．自由物体は，多くの力を受けると，その結果，その合力の大きさに比例した（加速度）運動をするが，合力がゼロの場合は，静止している．静

止状態を保つように物体に作用している力を**つり合い状態**(equilibrium state) にあるという．大きさをもつ自由物体の運動は，一般に合力の方向への並進運動とモーメントによる回転運動に分けることができるから，自由物体の静止条件は，並進運動に対して，

$$合力：R = \sqrt{\left(\sum V_i\right)^2 + \left(\sum H_i\right)^2} = 0$$

すなわち，

$$\sum V_i = 0 \text{ および } \sum H_i = 0$$

となる．回転運動に対して，

$$任意点 A まわりのモーメント：M_{(\mathrm{A})} = \sum M_{(\mathrm{A})i} = 0$$

となる．ここで，本書では点 A まわりの回転効果を考えたモーメントという意味で $M_{(\mathrm{A})}$ の記号を用い，点 A に作用するモーメントに対する記号 M_A と区別することにする．

以上をまとめると，自由物体に作用する力のつり合い条件式は，次の三つとなる．

鉛直方向に並進運動しない条件：
物体に作用する力の鉛直方向成分 V_i の符号を考えた合計がゼロ

$$\sum V_i = 0$$

水平方向に並進運動しない条件：
物体に作用する力の水平方向成分 H_i の符号を考えた合計がゼロ

$$\sum H_i = 0$$

回転運動しない条件：
物体に作用する力の任意の点 A まわりのモーメント $M_{(\mathrm{A})i}$ の符号を考えた合計がゼロ

$$\sum M_{(\mathrm{A})i} = 0$$

多くの力の作用線が 1 点に集まる場合，または多くの力が質点（大きさを無視し質量のみもつと考えた点）に作用する場合は，回転運動を生じないことが明らかであるので，上記の最初の二つの条件式のみでよい．

また，これらのつり合い条件式をたてるときは，右辺がつねにゼロであるから，力およびモーメントの符号の約束は任意に定めてよい．

例題 2.1 **図 2.17** のように，重さのない棒状の自由物体 AB に，$H_{\mathrm{A}}, V_{\mathrm{A}}, V_{\mathrm{B}}, P$ の四つの力が作用してつり合い状態にある．H_{A}，V_{A}，V_{B} の大きさはいくらか．

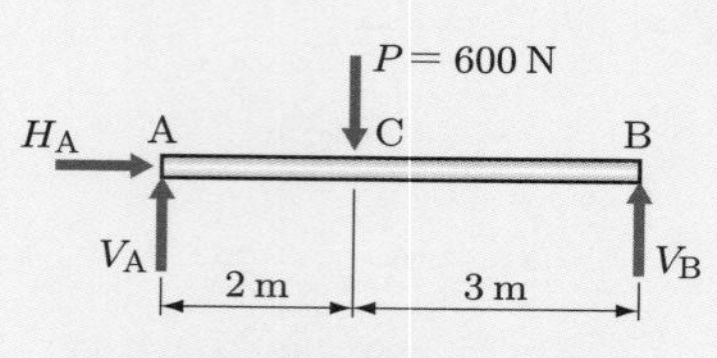

図 2.17　棒状物体の静止条件

解答 物体 AB が水平方向に運動しない条件は，右向きの力を正にして，

$$\sum H_i = 0 : H_{\mathrm{A}} = 0 \tag{1}$$

となる．物体 AB が鉛直方向に運動しない条件は，下向きの力を正として，

$$\sum V_i = 0 : 600 - V_{\mathrm{A}} - V_{\mathrm{B}} = 0 \tag{2}$$

となる．物体 AB が点 A まわりに回転しない条件は，時計まわりの回転を正として，

$$\sum M_{(\mathrm{A})i} = 0 : 600 \cdot 2 - V_{\mathrm{B}} \cdot 5 = 0 \tag{3}$$

となる．式 (2), (3) を連立して解いて $V_{\mathrm{A}} = 360\,\mathrm{N}$, $V_{\mathrm{B}} = 240\,\mathrm{N}$ を得る．

例題 2.2 **図 2.18** のように，空中の質点 A に 50 kN の力と T_1，T_2 の三つの力が作用してつり合い状態にあるとき，T_1, T_2 の力の大きさを求めよ．

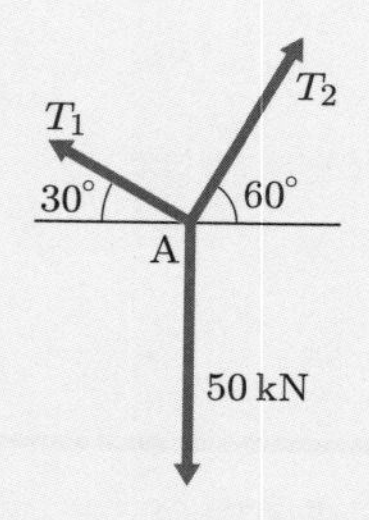

図 2.18　三つの力のつり合い

解答　**図 2.19** を参照して，質点 A が水平方向に運動しない条件は，左向きの力を正として

$$\sum H_i = 0 : T_1 \cos 30^\circ - T_2 \cos 60^\circ = 0$$

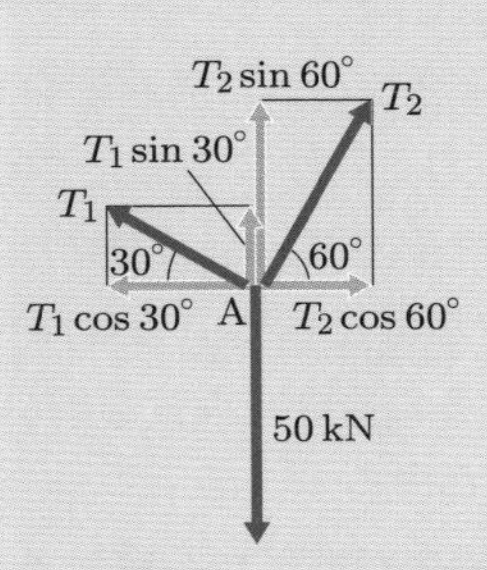

図 2.19　鉛直成分と水平成分に分解

質点 A が鉛直方向に運動しない条件は，上向きの力を正として，

$$\sum V_i = 0 : T_1 \sin 30^\circ + T_2 \sin 60^\circ - 50 = 0$$

整理すると以下のようになる．

$$\left(\frac{\sqrt{3}}{2}\right) T_1 - \left(\frac{1}{2}\right) T_2 = 0$$

$$\left(\frac{1}{2}\right) T_1 + \left(\frac{\sqrt{3}}{2}\right) T_2 - 50 = 0$$

この二つの方程式を連立して解いて

$$T_1 = 25\,\mathrm{kN}, \quad T_2 = 25\sqrt{3}\,\mathrm{kN}$$

を得る．

TRY! ▶ 演習問題 2.2〜2.6 を解いてみよう．

(2) 構造物が運動するのは壊れるときだけ

われわれがこれから取り扱う土木建築の構造物は，通常，地球と何らかの形で接触している．すなわち，地球を基準に考えれば，安定な構造物は地球とともに運動しているが，地球に対しては相対的に静止していなければならない．なぜなら，構造物全体が地球に対して運動するということは，その構造物が壊れつつあることを意味するからである．これらのことを，2.3 節までに学んだことと結びつけて考えるためには，

いままで物体とよんできたものを構造物やその部分と考えればよく，構造物やその部分を自由物体として取り出して，それが静止するよう力の関係を定めれば，安定な構造物の設計ができる．

構造物やその部分が周囲に対して相対的に静止しているのは，地球や周囲からそれらとの接触点や連結部を通じて何らかの力が構造物に及ぼされている結果であるから，大きさは未知のこれらの力を感じとって構造物やその部分に外力として作用させ，その代わりに拘束を取り去ると，力を受けつつ静止している自由物体がつくり出せる．

このようにして，構造物やその部分を力が作用する**自由物体として取り出すことができれば，構造物やその部分が静止している条件を，2.4 節で述べたつり合い条件式としてたてることができ，これらの連立方程式を解いて構造物やその部分にはたらいていた未知の力を求めることができる**．このような考え方は，構造力学にとって重要で，以下に説明するように，構造物が地球から受ける力（支点反力）や，それに抵抗するために構造物の内部にはたらく力（部材力）を求める手段として多用される．

(3) 構造物を支える力や構造物の中の力を求める

まず，第 1 章で話題にした川に架ける板状の橋を考えてみよう．**図 2.20**(a) に示すように，左岸から 2 m のところに 60 kg の人が立っている場合に，この橋が地盤から受ける力（橋から地盤に伝わる力の反作用で支点反力という）の大きさを求めてみよう．ただし，ここでは簡単のために橋の自重は考えないことにする．

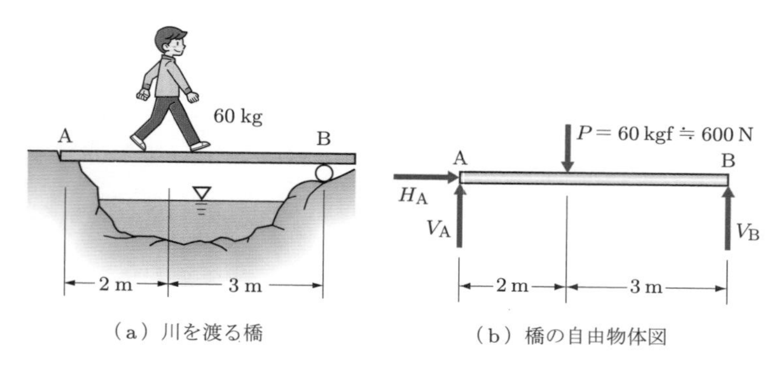

（a）川を渡る橋　（b）橋の自由物体図

図 2.20　自由物体図の描き方（その 1）

さて，このままでは力がみえないので，先の議論のように，拘束を力に置き換えて，力をみえる形に取り出すことを考える．すなわち，橋 AB を自由物体と考えると，点 A で水平にも鉛直にも動きを拘束されているから，橋は点 A で水平にも鉛直にも地盤から力を受ける可能性がある．いま，その大きさは不明だから，それぞれの力を H_A,

V_{A} とする．点Bでは，水平方向には移動できるので水平の拘束力（反作用）はなく，鉛直方向にのみ力を受けていると考えられる．その力を V_{B} とする．人の重さも矢印で，橋も軸線で抽象化し，上記の力 $H_{\mathrm{A}}, V_{\mathrm{A}}, V_{\mathrm{B}}$ を作用させて，地球との接触（拘束）を取り去ると，結局，図 2.20(b) のような図が描ける．このように，自由物体とそれに作用する力をともに描いた図を**自由物体図** (free body diagram) という．構造力学では，このようにみえない力を感じとって取り出し，自由物体図を描く能力が必要とされる．

さて，$P, H_{\mathrm{A}}, V_{\mathrm{A}}, V_{\mathrm{B}}$ の四つの力を受けている自由物体 AB は，もとの図 2.20(a) の静止状態と力学的に等しくなるように取り出したわけであるから，この状態で空中に静止しているはずである．したがって，自由物体 AB について前述の三つのつり合い式をたてて解くことにより，三つの未知反力 H_{A}, V_{A}, V_{B} を定めることができる．結局，[例題 2.1] と全く同じ計算に帰着することになる（各自で確認してみよう）．

支点反力は，物体（橋）に作用する自重を含めた外力によって生じる力であるが，取り出した自由物体からみたときは，外力の一種であり，これらすべての作用力の結果，物体を構成する粒子の間に押したり引いたりする力が発生する．この力が，構造物の寸法を決めるために求めるべき部材力となる．したがって，支点反力は構造力学の問題において，まず最初に求めるべき量となる．

さらに，部材の寸法を決めるのに必要な部材にはたらく力も，次の例のように，上述の方法と全く同様に自由物体の考え方で求められる．**図 2.21**(a) に示すように，ダム建設のために 5000 kg 入りのコンクリートバケットを滑車とケーブルで運搬したい．ケーブルの太さを決めるために，図の位置関係のときのケーブル AC および BC にはたらく力を求める問題を考えてみよう．

さて，このまま眺めていても問題は解けないので，大きさを求めたい力が自由物体にはたらく力となるように，どの部分を自由物体として切り取ればよいかを考える．

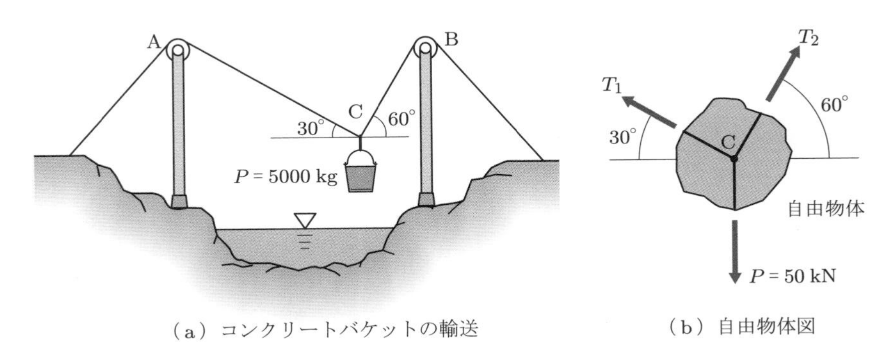

（a）コンクリートバケットの輸送　（b）自由物体図

図 2.21　自由物体図の描き方（その 2）

その結果，図 2.21(b) に示すように，点 C を取り囲む部分（点 C のみでもよい）を切り取って自由物体として取り出し，各ケーブルの切断点に，切断前に周囲から作用していたであろう力 T_1, T_2, P を作用させて自由物体図を描く．こうして得られる自由物体は，もとの静止状態と力学的に等しく取り出したのだから，三つの力を受けて空中に静止していると考えられる．すなわち，先の，［例題 2.2］と同様のつり合い条件式をたてて未知力 T_1, T_2 を求めることができる（各自で確認してみよう）.

橋の例は，［例題 2.1］に，バケットの例は，［例題 2.2］に帰着することから，問題は，与えられた図 2.20(a) や図 2.21(a) から，物体にはたらいている力を過不足なく感じとって，いかに間違いなく自由物体図 2.20(b), 2.21(b) が描けるかにかかっている．みえない力が感じられない人は，自分でその部分をもった場合を想定してみるとよい．すなわち，図 2.20(a) や 2.21(a) をみて，**図 2.22**(a), (b) のように考えてみるわけである．

演習問題 2.7，2.8 に同様の問題を二つあげてあるので，自ら解いて，この「自由物体のつり合い」の考え方に習熟してほしい．

（a）橋の支点反力を感じる

（b）ケーブルの部材力を感じる

図 2.22　力を感じて取り出し自由物体図を描く

演習問題

2.1 **図 2.23** に示すように，一様に分布する荷重（等分布荷重）が棒状の物体 AB の運動に及ぼす効果と等価な効果を及ぼす一つの力の大きさと作用点を求めよ．

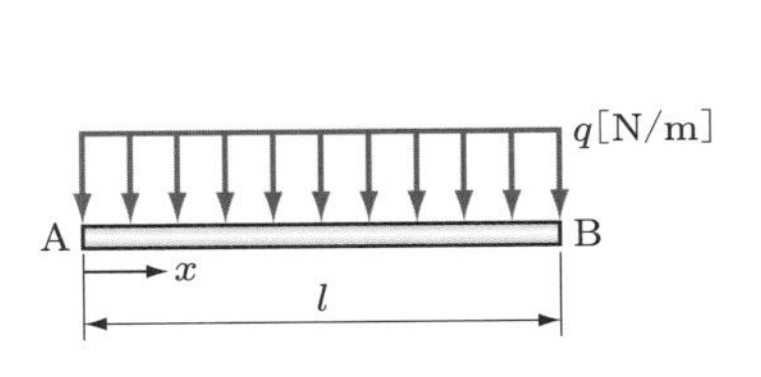

図 2.23　等分布荷重を一つの力に置き換える

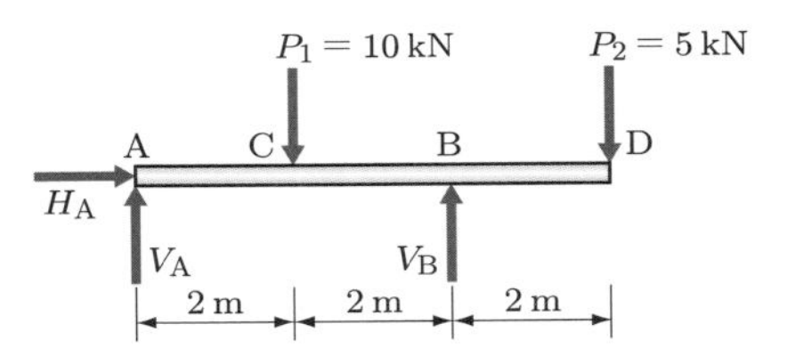

図 2.24　棒状物体のつり合い（その 1）

2.2 重さのない棒に，**図 2.24** に示すような力 P_1 と P_2 が作用するとき，これをちょうど支えるのに必要な力 H_A, V_A, V_B を求めよ．

2.3 **図 2.25** に示すように，重さのない棒 AB に三角形分布荷重が作用するとき，これにつり合う力 H_A，V_A，V_B を求めよ．

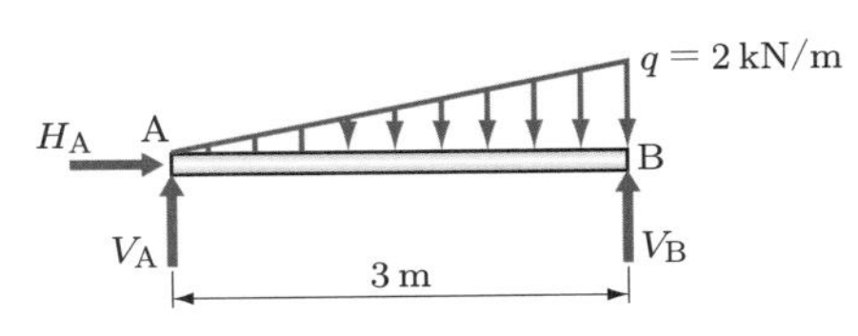

図 2.25　棒状物体のつり合い（その 2）

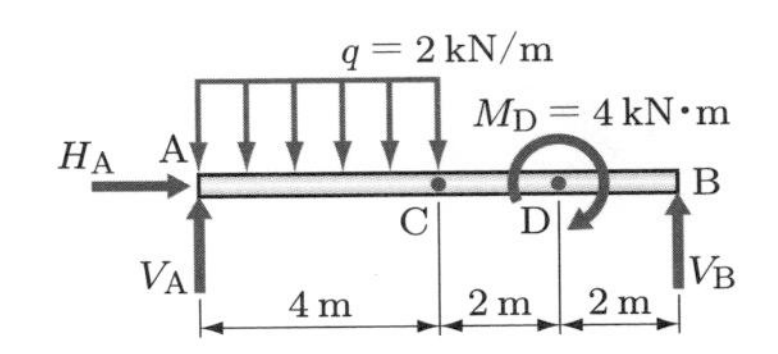

図 2.26　棒状物体のつり合い (その 3)

2.4 重さのない棒に，**図 2.26** に示すような等分布荷重とモーメント荷重が作用するとき，これにつり合う力 H_A，V_A，V_B を求めよ．

2.5 **図 2.27** に示すように，重さのない剛体に三角形分布荷重が作用するとき，これにつり

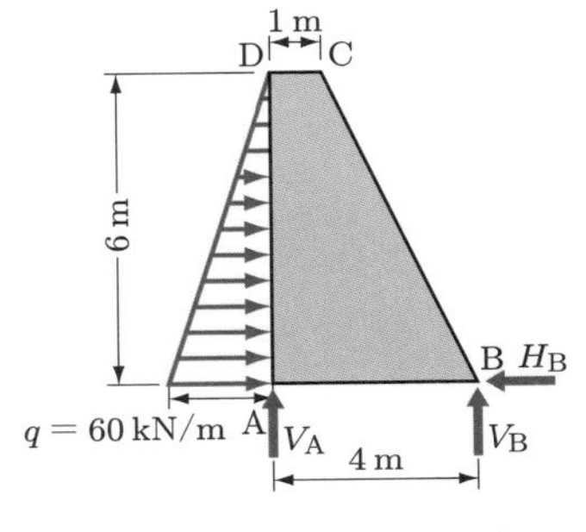

図 2.27　台形剛体のつり合い

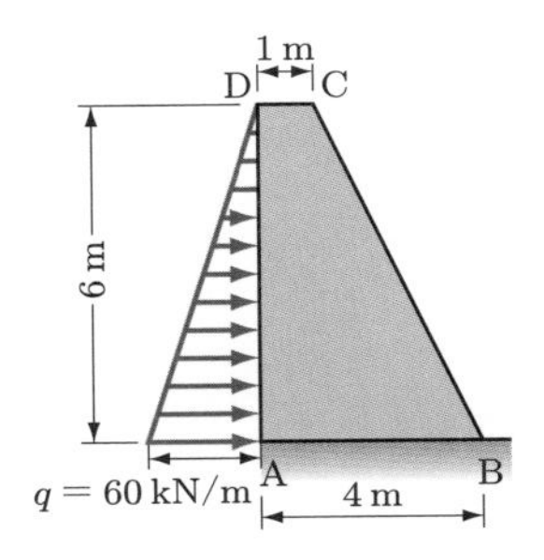

図 2.28　台形剛体の安定

合う力 H_B, V_A, V_B を求めよ.

2.6 **図 2.28** に示す台形を奥行き 1 m のコンクリート堤体（自重 24 kN/m^3）とし，地盤上においただけの重力式ダムとする．地盤の支持力は十分にあるものとし，底面の摩擦係数を 0.4 とするとき，左側の面に水圧を受けた場合についてこの堤体が滑動するかしないか，転倒するかしないか，について検討せよ．

2.7 **図 2.29** に示すように，点 A で回転が自由になるように支えられた棒の先端 B に 10 kg の重りが下げられている．いま，棒の中央点 C にロープをつけて，水平から 30° の方向に引っ張って支え止めたとした場合，以下の値を求めよ（簡単のため，1 kg の重りが受ける重力を 10 N とせよ）．

(1) ロープにかかる力

(2) 点 A に生じる水平反力 H_A と鉛直反力 V_A

2.8 ケーブルの両端 AD を壁に固定し，点 B, C に荷重 P_1, P_2 を吊るしたとき，**図 2.30** の形状でつり合った，このときの荷重 P_1 と P_2 の比を求めよ（平方根は開かなくてよい）．

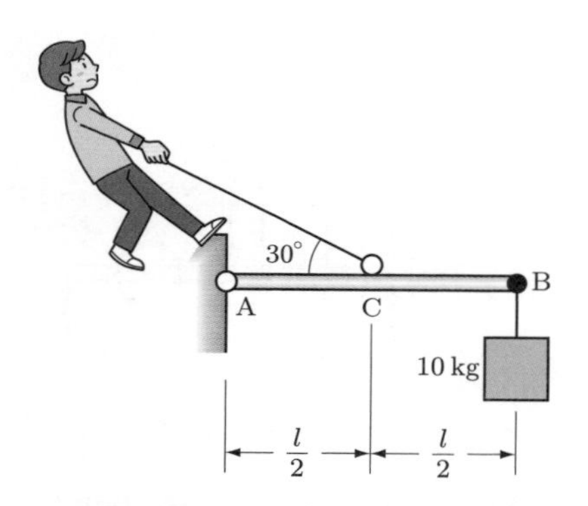

図 2.29 ロープに作用する力と点 A の反力を求める

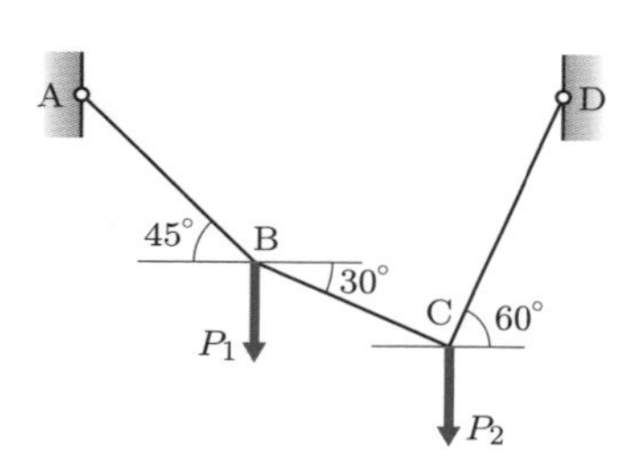

図 2.30 ケーブルに作用する力のつり合い

第3章

構造物をつくるために必要なこと

3.1 構造物は地球に支えられる

さて，いよいよ構造物を解くことを学ぶわけであるが，その前にこの章では，構造物の基本的要件についてみておこう．

構造物は，その形や構成にかかわらず，それ全体を一つの物体と考えたときに，地球に対して静止し，一定の位置を保つ必要がある．この状態を構造物は（外的）**安定**(stable) であるという．構造物が安定であるのは，地盤などと結合されているからで，この結合点のことを**支点** (support) または支承という．構造物に作用する力は，支点を介して，地盤などに伝えられるが，構造物は，その反作用として，支点を介して地盤などから力を受ける．この力を（支点）**反力** (reaction) という．

3.2 ローラースケートか，ちょうつがいか

構造物は，面（平面構造物の場合は線）で地盤などに接して支持される場合もあるが，この場合の反力の分布を知ることは高度な問題になるので，ここでは取り扱わず，平面構造が点で支えられる場合を考える．実構造に用いられる支点は，複雑な構造をしているものもあるが，力学的な取扱いにおいては，そのはたらきを理想化して考え，簡単な記号で表す．支点にはローラー支点，ヒンジ支点，固定支点の 3 種類がある．以下で，それらについて説明する．

(1) ローラー支点

ローラー支点（roller support，移動支点）とは，**図 3.1**(a) のように，回転を許すピンと並進移動を許すローラーで構成される支点であり，簡単には，図 (b) に示すいずれかの記号で示される．最も簡単には，構造物を 1 本の円柱状のコロに直接載せた状態と考えればよく，次の性質をもつ．

① **図 3.2**(a) に示すように，支持面に平行（水平）方向の動きは自由で，この方向

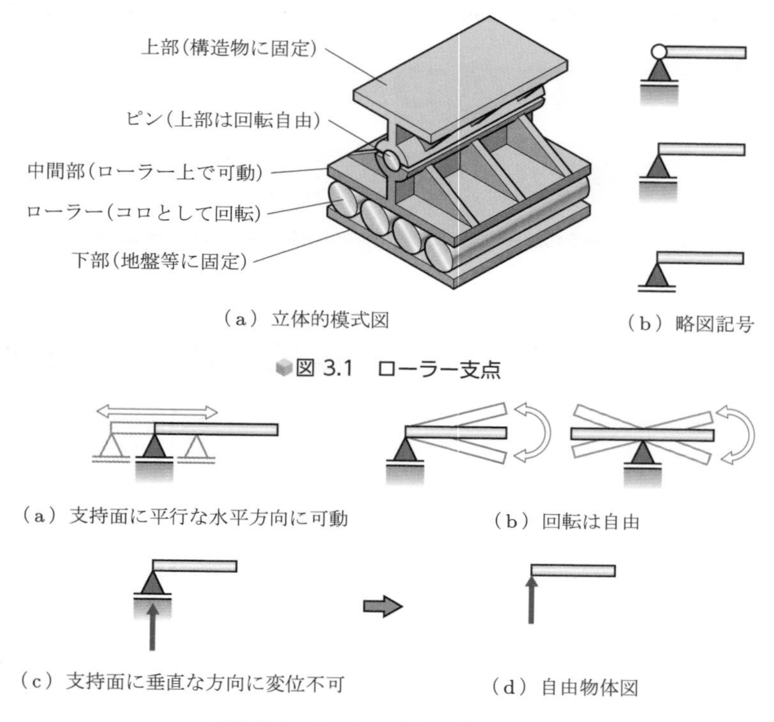

（a）立体的模式図　（b）略図記号

図 3.1　ローラー支点

（a）支持面に平行な水平方向に可動　（b）回転は自由

（c）支持面に垂直な方向に変位不可　（d）自由物体図

図 3.2　ローラー支点の動きと反力

の反力は生じない．

② 図 (b) に示すように，支点上で構造物の回転は自由であり，回転モーメントの反力は生じない．

③ 図 (c) に示すように，支持面に垂直（鉛直）方向の動きは阻止され，この方向にのみ反力を生じる．したがって，自由物体図を描くときには，図 (d) のように置き換えればよい．

(2) ヒンジ支点

ヒンジ支点（hinged support，回転支点）とは，**図 3.3**(a) に示すように，ローラー支点（図 3.1(a) 参照）のローラーと下部を取り去って中間部を地盤などに固定した構造で，図 3.3(b) の略図記号で表す．ドアのちょうつがいと同じ次の性質をもつ．

① **図 3.4**(a) に示すように，支持面に平行，垂直の両方向の動きが阻止され，この両方向に反力を生じる．

② 支点上で，構造物の回転は自由であり，回転モーメントの反力は生じない（図 (a) 参照）．したがって，自由物体図への置き換えは，図 (b) に示すように行えばよい．

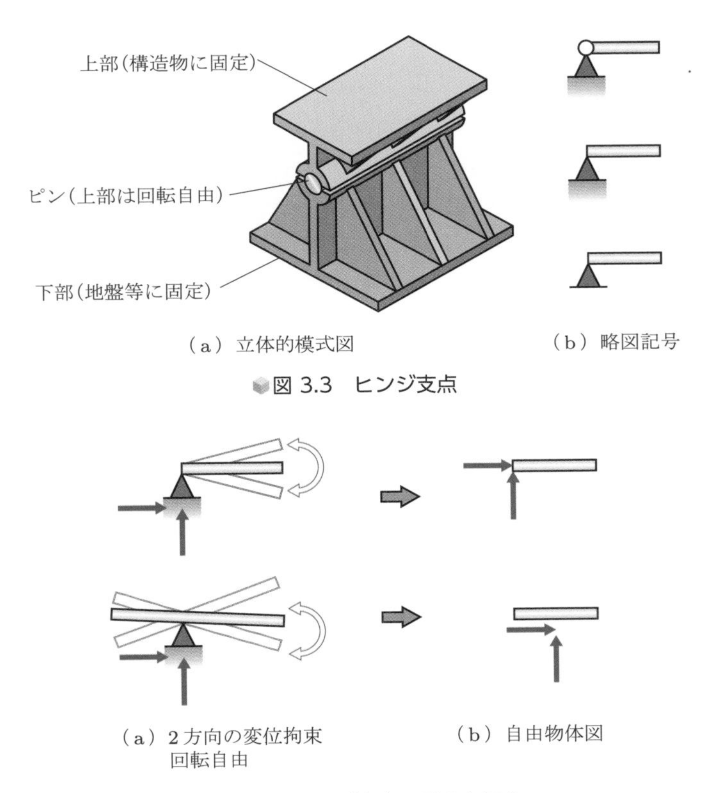

（a） 立体的模式図　　（b） 略図記号

図 3.3　ヒンジ支点

（a） 2 方向の変位拘束
回転自由　　（b） 自由物体図

図 3.4　ヒンジ支点の動きと反力

(3) 固定支点

固定支点 (fixed support, clamped end) とは，**図 3.5**(a) のように，コンクリートなどの基礎や壁などの中に埋め込まれた状態の支え方で，図 (b) のような略図記号で表す．固定支点は，次の性質をもつ．

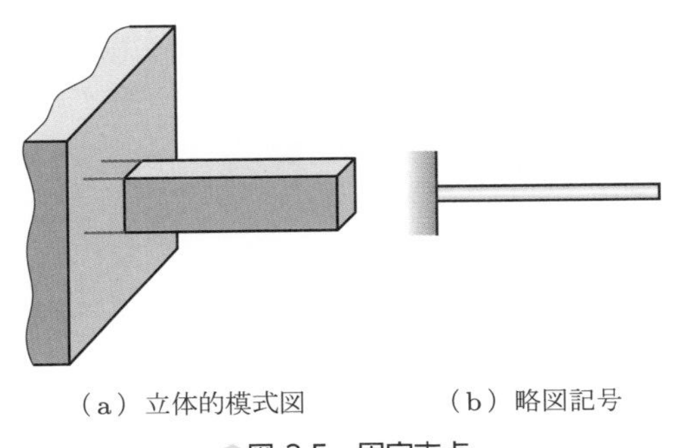

（a） 立体的模式図　　（b） 略図記号

図 3.5　固定支点

① 上下，左右の移動および回転のすべての動きが阻止される．回転を起こさないという意味は，**図 3.6**(a) に示すように，構造物の変形後の軸線に対してこの支点で引いた接線と変形前の軸線との交角がゼロであることである．

② したがって，軸線に平行な反力と垂直な反力に加えて，回転モーメントの反力を生じる．回転モーメントの反力は，ある長さを埋め込まれた物体が，図 (b) に示すような偶力（紫色の矢印）によって支持されていると考えてもよい．したがって，固定端は，図 (c) のような自由物体図に置き換えればよい．

回転モーメントの反力が生じることが理解しにくい人は，**図 3.7** に示すように，鉛筆の一端を左手でにぎり，他端に右手で外力を作用させて，平行，垂直，回転の三つの反力が生じることを感じとる実験を行ってみよう．

以上の 3 種の支点の動き（拘束）と反力の種類と数をまとめると，**表 3.1** のように

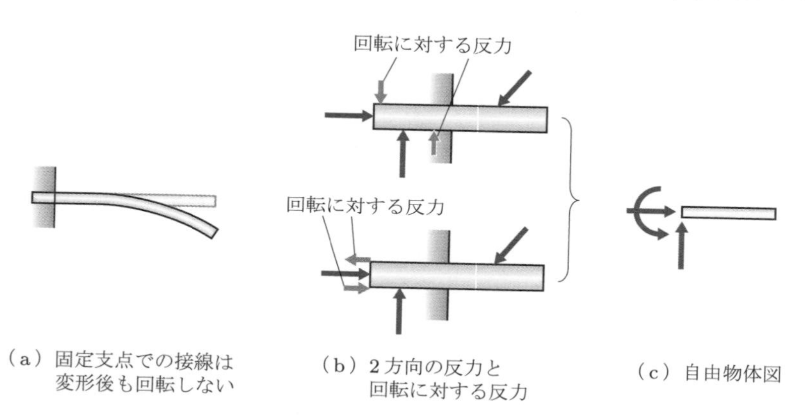

図 3.6　固定支点での変形と反力

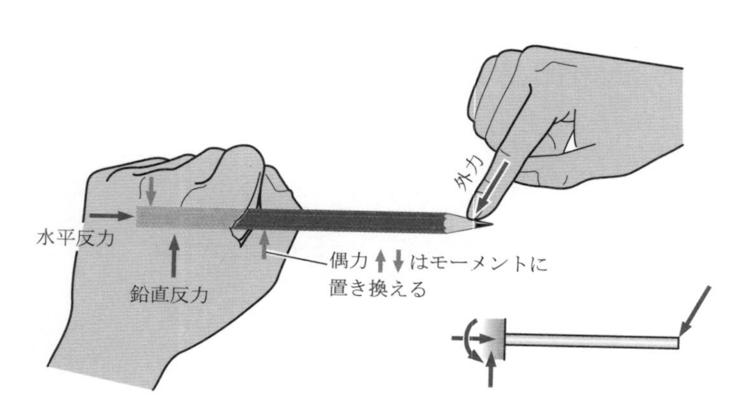

図 3.7　固定支点の反力を感じとる実験

表 3.1　支点の種類と反力の数（○あり，×なし）

種類＼方向	鉛直方向 拘束	鉛直方向 反力	水平方向 拘束	水平方向 反力	回転 拘束	回転 反力	反力の種類	反力の数
ローラー	○	○	×	×	×	×		1
ヒンジ	○	○	○	○	×	×		2
固定	○	○	○	○	○	○		3

なる[*1]．2.2 節(2) で述べたように，拘束があれば，必ずそれに対応する反作用が生じることを感じとって，自由物体化できるようになっておこう．

(4) 中間ヒンジ

中間ヒンジは，支点ではなく，部材と部材を連結するときに用いる構造であるが，関連するのでここで説明しておく．具体的な構造としては，**図 3.8**(a) に示すようなも

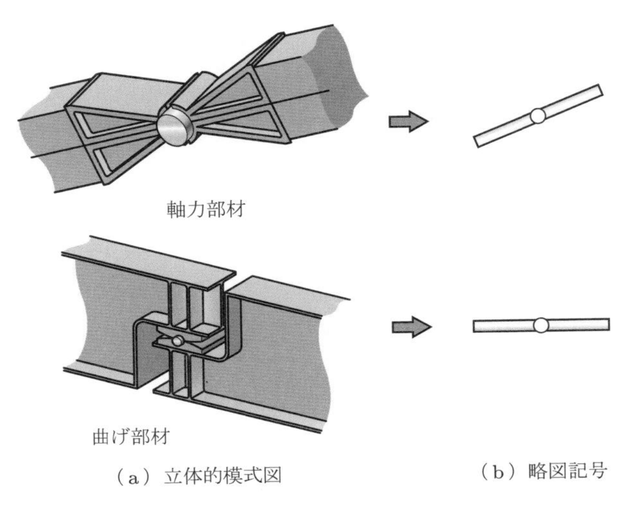

図 3.8　中間ヒンジ

*1 ここでは，代表的な 3 種類の支点を紹介した．これら以外に耐震構造等に用いる積層ゴム支承や，曲線桁などに用いるユニバーサルヒンジ支承（3 次元的に回転可能な球座）などがあるが，高度なモデル化による計算がともなうので，本書では取り扱わない．

ので，ちょうつがいを部材間の結合に用いたものと考えればよい．棒状のピンを用いるのでピン結合という場合もある．図 (b) のような略図記号で表す．中間ヒンジは，次のような性質をもつ．

① **図 3.9**(a) に示すとおり，ちょうつがいのように部材間の相対的回転が自由で，2 部材はそこで折れ曲がることができるが，離れることはできない．

② 回転モーメント M は伝達されず，この点まわりで考えた回転モーメント M の合計が，つねにゼロの条件が成立する．

③ 部材軸方向の力 H と軸に垂直な力 V は部材間で伝達されるので，この点で切断して自由物体図をつくるときは，図 (b) のように考えればよい．

（a）回転自由でモーメントは伝えない　（b）自由物体図

図 3.9　中間ヒンジの動きと伝達される力

3.3　2本脚のイスは安定か

さて，3.2 節で説明した支点を組み合わせて構造物を安定に支えることを考える．構造物が安定であるということは，地球に対して静止していることであり，いいかえれば，つり合い条件を満足する必要がある．すなわち，構造物を安定に支持するためには，構造物全体を自由物体と考えたとき，水平方向に運動しない，鉛直方向に運動しない，回転しないという三つの条件を満足する必要がある．**図 3.10** に示す例は，この条件のいずれかを満足しない例で，これらの構造物は外力の作用のもとで，一定の位置を保つことができないので**不安定** (unstable) であるという．

図 3.11(a) に示すように，図 3.10(d) の二つのローラー支点のうちの一つをヒンジ支点に変えると，水平移動ができなくなるため，構造物は安定となる．さらに，残

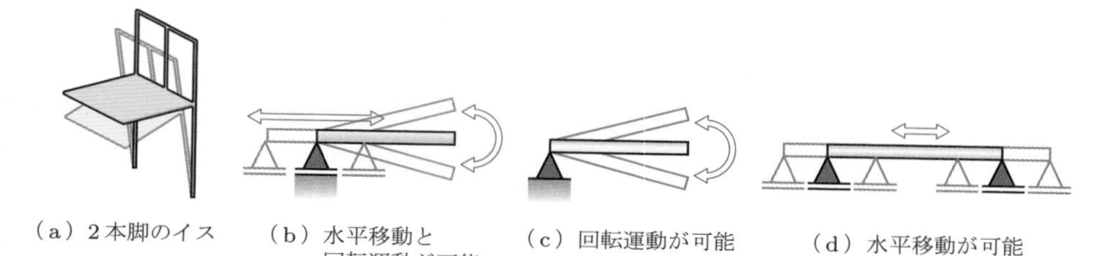

（a）2本脚のイス　（b）水平移動と回転運動が可能　（c）回転運動が可能　（d）水平移動が可能

図 3.10　不安定構造の例

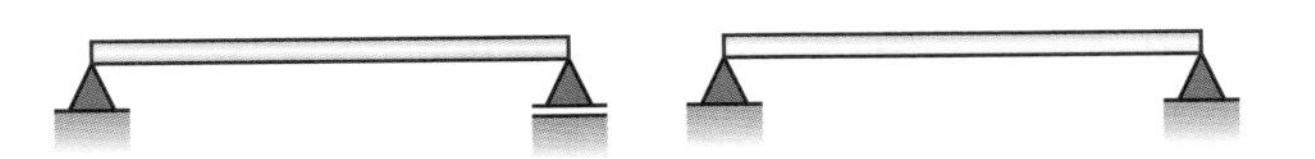

図 3.11　静定構造と不静定構造

りのローラー支点もヒンジ支点に変えた図 3.11(b) も，明らかに安定であるが，水平移動をしないということに対しては，二つの支点で拘束しているので，必要以上に拘束していることになる．すなわち，安定構造物の中には，図 (a) のように，三つのつり合い条件を必要最小限に満足しているものと，必要以上に満足しているものがあり，前者を**静定構造**，後者を**不静定構造**という．すなわち，構造物はまず安定か不安定かで分けられ，安定構造はさらに静定構造と不静定構造に分類される．

構造物の安定・不安定，静定・不静定は，静止条件に関係しており，**表 3.2** にまとめているように，拘束の数，すなわち反力の数が静止条件（つり合い式）の数 3 より多いか少ないかで，通常は判別することができる．さらに，つり合い条件を必要以上に満足している程度，すなわち，反力の総数からつり合い式の数 3 を引いた値を**不静定次数**という．

しかし，**図 3.12** に示すように，反力が 3 以上であっても不安定である構造は存在する．図 (a) は水平運動が可能であり，図 (b) は反力が 1 点に集まる場合でその点まわりの回転運動が可能である．すなわち，反力の数が 3 以上というのは，安定である

表 3.2　構造物の安定・不安定，（外的）静定・不静定の見分け方

分類	不安定	安定	
		静定	不静定
反力	3 より少ない	3	3 より多い

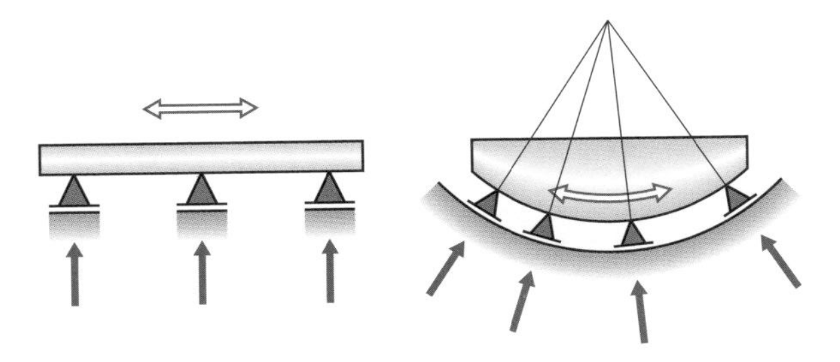

図 3.12　反力が 3 以上でも不安定である構造の例

ための必要条件であって十分条件ではない．このような特別な場合は，運動しないという定義に戻って，静止条件を検討する必要がある．

以上のことを，身近なイスの例で感覚的に説明すると（水平方向のつり合いを度外視する），2 本脚では倒れるから不安定，3 本脚以上で安定であり，3 本脚のときは静定，4 本脚以上のときは不静定ということになる．また，4 本脚のイスは 1 次不静定ということになる．

さて，4 本脚のイスをつくるときには，安定のためには本来不要な 4 本目の脚の長さは，うまく定めないとガタつく．いいかえると，4 本の脚に思うように力を配分するには，それらの長さの間で満足されるべき条件が存在する．すなわち，一般に不静定構造物の反力を求めるには，三つのつり合い条件式以外に，不静定次数の数だけの幾何学的に満足すべき条件（**変形条件**または**変位の適合条件**という）が必要であり，静定構造物の反力ほど簡単には求められない．不静定構造物の解法については，下巻で学ぶが，ここでは静定・不静定の区別，不静定次数の定義とその意味を理解しておこう．

3.4 構造物を支える力が簡単に求められるのはどんな場合か

3.3 節で述べたように，静定構造物と不静定構造物は，支点反力や部材の受ける力の大きさが，力のつり合い条件式だけから決定できるかできないかによって分類される．支点反力を求める場合のように，構造物とその外部との関係に対してこのことを考える場合を**外的静定**または**外的不静定**といい，構造物の部材の受ける内部の力に対して考える場合を**内的静定**または**内的不静定**という言葉を用いる．ここでは前者の外的静定と外的不静定を見分ける方法について，**図 3.13** に示す棒状の構造を例に考える．

① 構造物に生じうる反力をすべて書き出し，支点を取り除いて地盤などから自由な

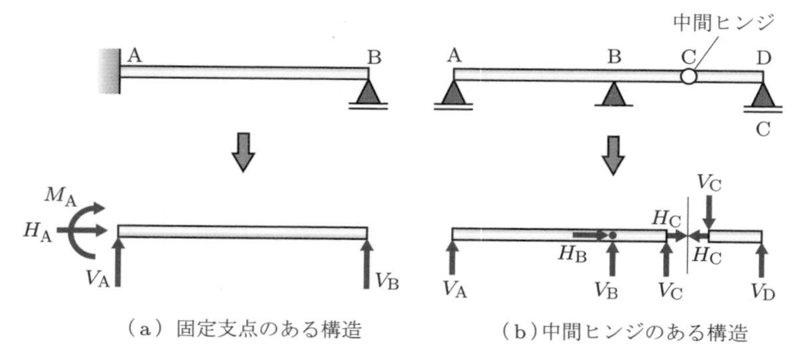

（a）固定支点のある構造　（b）中間ヒンジのある構造

図 3.13　拘束を力に置き換えて自由物体として取り出す

物体（自由物体）として取り出す（図 (a) 参照）.

② 中間ヒンジがある場合は，そこで伝達される未知力 $H_{\mathrm{C}}, V_{\mathrm{C}}$ を導入して分離する．このとき，自由物体の数が増える（図 (b) 参照）.

③ 自由物体に作用する未知の力の数を数える．図 (a) の場合 4, 図 (b) の場合 6 となる．

④ つり合い式の数は，一つの自由物体について 3 個あるから，図 (a) の場合 3 個，図 (b) の場合 6 個である．

⑤ （未知の力の数）＝（方程式の数）のとき，静定
（未知の力の数）＞（方程式の数）のとき，不静定
であるから，図 (a) の場合は不静定，図 (b) の場合は静定となる．

不静定構造について（未知の力の数）－（方程式の数）で計算される値を不静定次数といい，不静定の度合いを表すということを先に述べた．図 3.13(a) の不静定次数は $4-3=1$ であるから，1 次不静定構造となる．

（未知の力の数）＜（方程式の数）の場合は，未知数が不定の問題になり，定まらない．このような場合は先に述べた不安定構造に相当し，全体として運動したり，形の定まらない構造となるから，現実に存在してはならない．

また，上記の手法の②で図 3.13(b) の場合，中間ヒンジで分離しないで，**図 3.14** に示すように全体を一つの自由物体として考えてもよい．ただし，この状態では全体としての回転運動に対するモーメントのつり合い式が成立しても，ヒンジの左右の部分は相対的に回転運動ができる状態にある．したがって，付加的なつり合い式として，左側または右側の部分にはたらく力の点 C に関するモーメントがゼロであるという条件が存在することになる．すなわち，全体としての三つのつり合い式と合わせて，四つの方程式が存在することになり，未知力の数 4 と等しくなり静定であることがわかる．

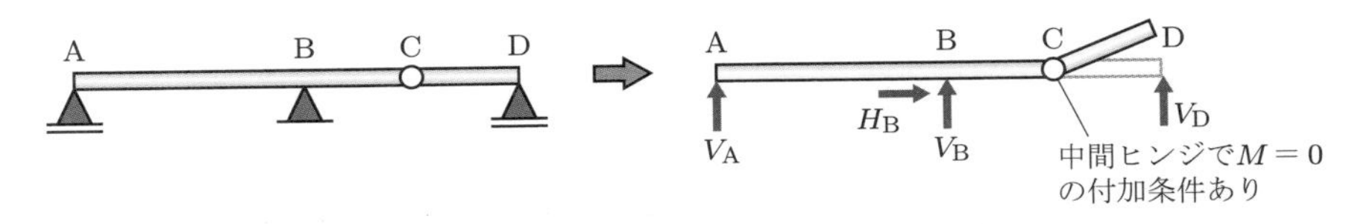

図 3.14　中間ヒンジのある構造の静定・不静定の考え方

3.5 部材の支え方と連結の仕方により，いろいろな構造物ができる

以上の支点を組み合わせて部材を支えたり連結したりすることにより，種々の構造物が生まれる．板の橋のように，おもに曲げる力に抵抗する構造物を**はり** (beam) とよぶ．**図 3.15**(a)～(h) に，はりの種類のうちの代表的なものを示す．図 (g)，(h)

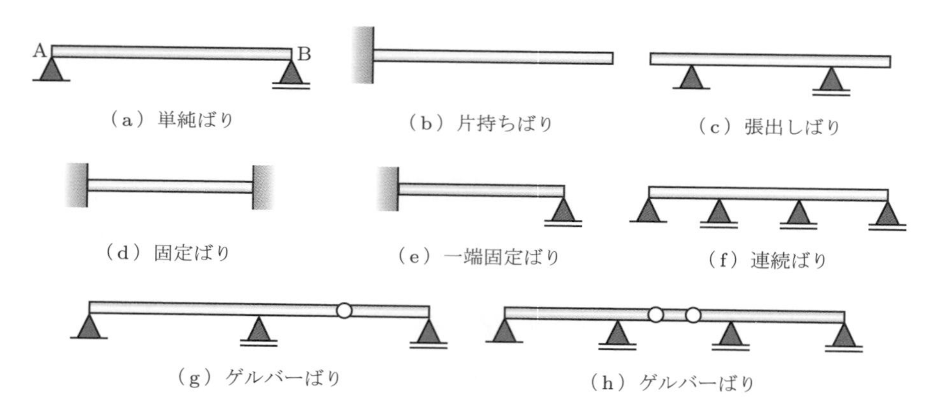

図 3.15　代表的なはりの種類

のゲルバーばりとは，ドイツ人ゲルバー (Heinrich Gerber) が考案した不静定構造物のはりの途中に不静定次数の数だけ中間ヒンジを設けた静定構造物である．不静定構造である連続ばりに近い性能を発揮できるうえ，支点が沈下しても付加的な応力が生じないので，地盤の悪いところに適している．

図 3.16 に示すような構造を**ラーメン** (Rahmen) 構造というが，これはドイツ語が

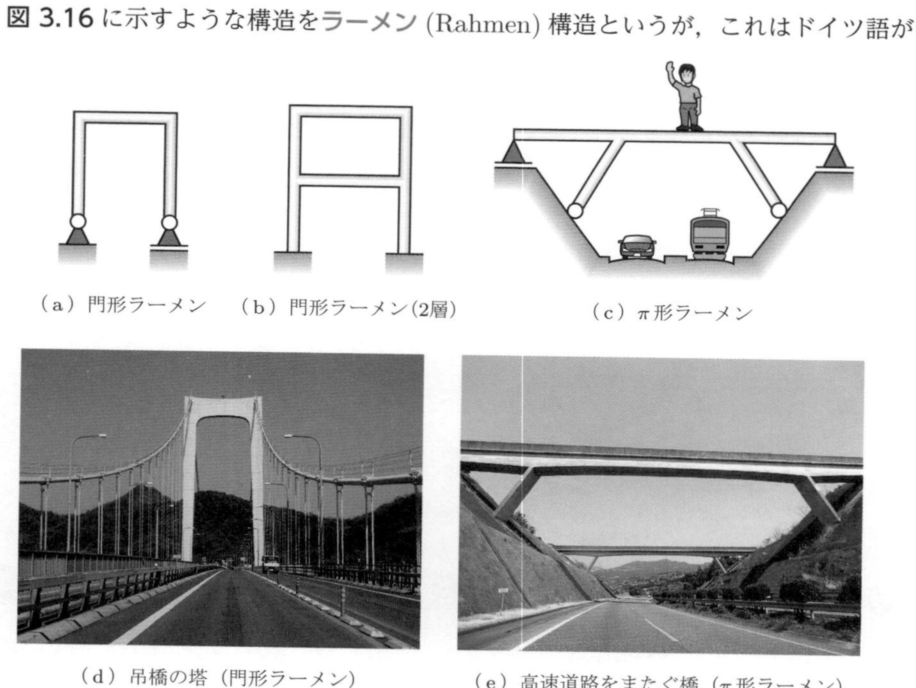

図 3.16　ラーメンの例

日本語化した呼び名で，英語では rigid frame とよばれる．部材と部材が剛にガッチリ結合された骨組である．すなわち，部材間には固定支点でみた三つの反力に相当する力が互いに伝えられる．図 (b) は建築のビルや高架道路の橋脚，吊橋の塔などに用いられる．図 (c) は高速道路をまたぐ橋に多いので，みたことのある人も多いだろう．

アーチ (arch) は，ラーメンと同じ種類の骨組であるが，**図 3.17** に示すように，円弧や放物線形の曲がった部材をもっていて，おもに部材軸方向の圧縮力に抵抗する構造である．

図 3.18 に，**トラス** (truss) 構造の例を示す．トラスは棒状部材をヒンジで連結した三角形の要素を単位とした構造で，部材は軸方向力しか伝えないが，構造全体としては，はりのように曲げる力に抵抗できる．いわゆる鉄橋といわれているものは，この

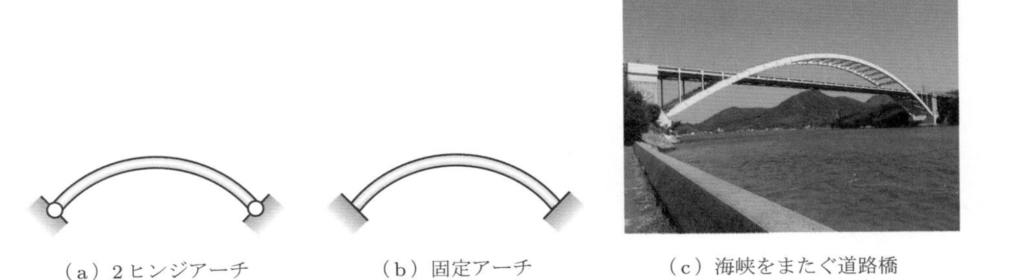

（a）2ヒンジアーチ　（b）固定アーチ　（c）海峡をまたぐ道路橋（2ヒンジアーチ）

図 3.17　アーチの例

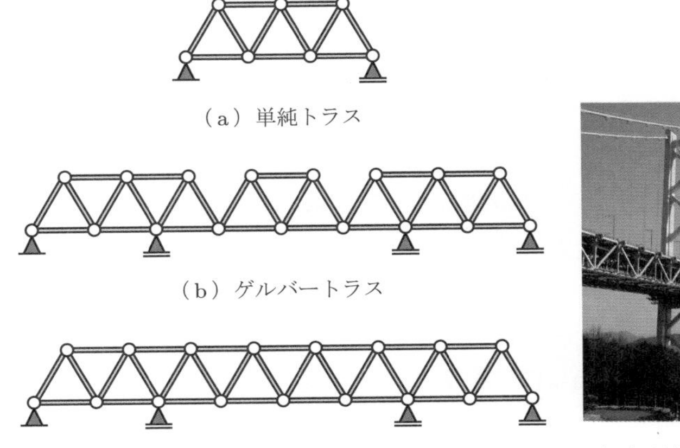

（a）単純トラス　（b）ゲルバートラス　（c）連続トラス　（d）吊橋の道路部分として（連続トラス）

図 3.18　トラスの代表例

トラス構造である．トラス構造であることが明らかな場合，部材と部材の交点のヒンジを表す○印は，省略することもある．

TRY! ▶ 演習問題 3.1 を解いてみよう．

3.6 地球が構造物を支える力の求め方

反力の求め方は，剛体または質点のつり合いを考えたのと全く同様である．すなわち，**図 3.19** を例に説明すると，次のような手順になる．

① 生じうるすべての反力（モーメントを含む）を書き出す．

② 支点，地盤，壁などを取り除き，外力と反力が作用する拘束のない自由物体として取り出す．

③ 三つのつり合い式より，三つの未知反力を求める．

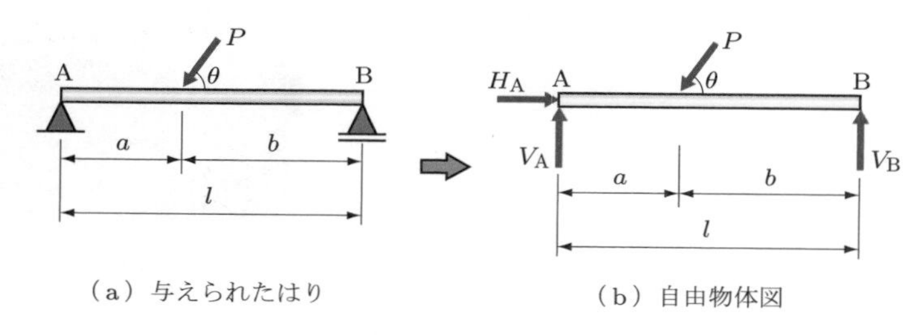

（a）与えられたはり　（b）自由物体図

図 3.19　支点反力の求め方

TRY! ▶ 演習問題 3.2 を解いてみよう．

3.7 構造物の中にはたらく力を求める

物体に外力や支点反力が作用すると，物体内部にもそれに抵抗する力（内力）が生じる．物体内部の力は目にみえないが，構造部材の軸線に垂直な切り口（断面）で構造部材を左右二つに分けたと仮想したとき，この切り口を介して，左右の物体が及ぼしあっていた力として取り出すことができる．このように断面を考えたとき，そこに作用する内力をとくに**断面力**という．構造物の設計においては，その部材の断面力の最大値を知り，それより**単位面積あたりに作用する力（応力度）**の最大値を知り，その材料が破壊する応力度と比較して，安全性を確かめることを行う．したがって，その断面力の大きさの部材軸方向の変化を求めることが，構造物を設計するうえで最も重要な作業の一つとなる．

物体を二つに分ける軸線に垂直な線を物体内に仮想してみると（**図 3.20**(a) 参照），この線の左右では，図 (b) に示すように原子，分子が結合していて力を伝えあっているので，物体は離れずに一体を保っている．いま，この仮想切断線上に作用している力がどのようなはたらきをしているかを知るために，この線で物体を一度切断して，再び接着剤でくっつけた場合を考えてみよう．先に述べたように，われわれは運動または変形によって力を感知することができるから，この接着剤が完全に乾かない状態を考え，どのような運動または変形が生じうるかを考えれば，どんな力が作用しているかがわかる．

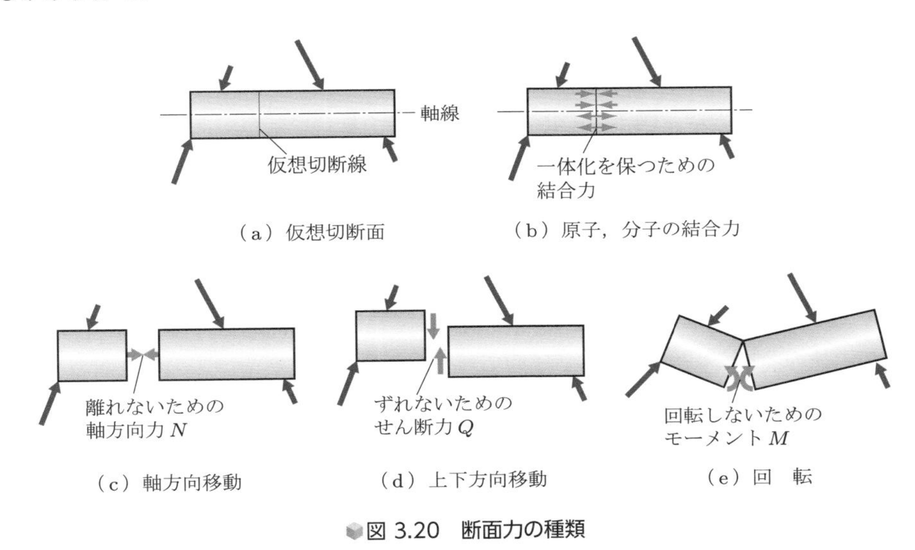

図 3.20　断面力の種類

まず，図 3.20(c) のように離れる可能性があるから，軸方向に押し引きする力が作用していると考えられる．これを**軸方向力** (axial force) または**軸力**といい，記号 N で表す．次に，図 (d) のように部材軸と垂直方向にずれる変形に抵抗する力が考えられる．これを**せん断力** (shear force) といい，記号 Q で表す[*1]．最後に，図 (e) のように，折れ曲がったり左右の物体が回転したりする変形に抵抗する回転モーメントが考えられる．これを**曲げモーメント** (bending moment) といい（図 2.14(a) 参照），記号 M で表す．すなわち，**図 3.21** にまとめて示すように，左側は右側に対して，右側は左側に対して，この N, Q, M の三つの力を及ぼしあって物体は一体化を保っていると考えられる．上記の説明から明らかなように，左側の切断面にはたらく N, Q, M と右側の切断面にはたらく N, Q, M は，作用と反作用の関係にあり，大きさが等し

[*1] せん断力を表す記号として V を用いる本もあるが，本書では，鉛直反力との区別を考えて慣用的な Q を用いる．

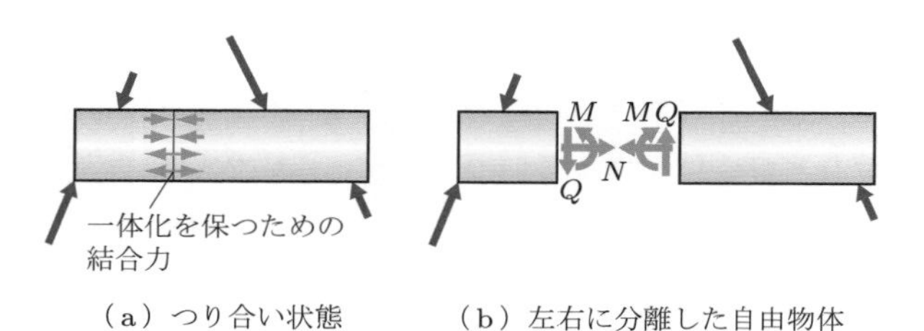

図 3.21　断面力 N, Q, M

く向きが反対の一対の力またはモーメントとなっている．また，この三つの断面力は，切断面に分布する一体化を保つための結合力（応力度）を断面について合計したものに相当しており，合応力 (stress resultant) ともいう．

ここで重要なことは，図 3.21(a) に示す物体がつり合い状態にあるとすると，上記の断面力 N, Q, M は，一体化を保つための結合力と等価な力となることから，図 (b) のように左側と右側に分けたのちも，それぞれの部分は，自由物体として静止していなければならない．すなわち，つり合い条件を満足しているはずである．したがって，左側または右側の自由物体について，$\sum H_i = 0$, $\sum V_i = 0$, $\sum M_i = 0$ の三つのつり合い式をたてると，外力は既知であるから三つの未知の断面力 N, Q, M が求められる．

この方法の簡単な場合として，2.4 節でバケットを吊るすケーブルの軸方向力（せん断力と曲げモーメントに対応する変形が自由なので，ケーブルにはこれらの断面力が生じない）を求めたが，以下の第 4 章では，はりを中心として一般の静定構造物の断面力を，第 5 章ではトラス構造の断面力を求めることを学ぶ．

例題 3.1　**図 3.22** に示すはりの右から 1 m の位置の点 D にはたらく断面力 N, Q, M を求めよ．

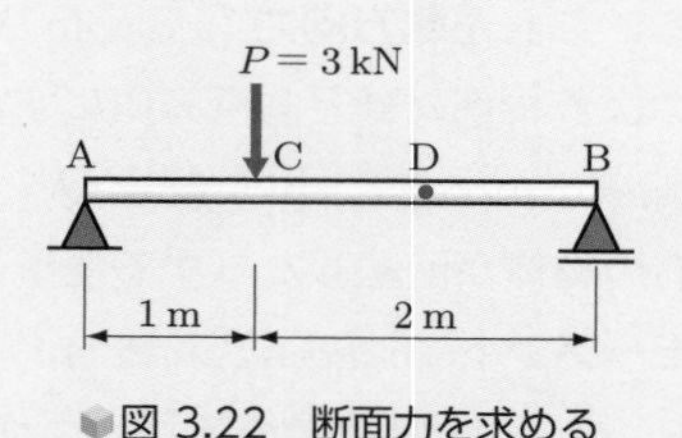

図 3.22　断面力を求める

解答　① 反力を求めるために，**図 3.23**(a) の自由物体を描く．

② つり合い式により反力を求める．

$$\sum H = 0 \quad より \quad H_A = 0$$

$$\sum V = 0 \quad より \quad V_A + V_B - 3 = 0$$

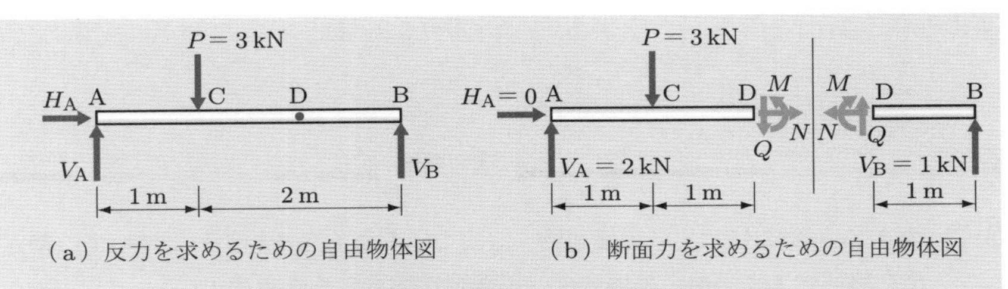

図 3.23　断面力を求めるための自由物体図

$$\sum M_{(A)}=0 \quad \text{より} \quad V_B\cdot 3-3\cdot 1=0$$

これらを解いて $H_A=0,\ V_A=2\,\mathrm{kN},\ V_B=1\,\mathrm{kN}$ を得る．

③ 点 D で切断して，切断面に N,Q,M が作用する自由物体図を描く（図 (b) 参照）．

④ 左側または右側の自由物体についてつり合い式をたてて，N,Q,M を求める．左側の物体について，以下のようになる．

$$\sum H=0:\ H_A+N=0\rightarrow N=-H_A=0$$

$$\sum V=0:\ -V_A+P+Q=0\rightarrow Q=V_A-3=-1\,\mathrm{kN}$$

$$\sum M_{(D)}=0:\ V_A\cdot 2-P\cdot 1-M=0\rightarrow M=2\cdot V_A-P=1\,\mathrm{kN\cdot m}$$

右側の物体について考えても同じ結果が得られ，かつ，より簡単であることを自分で確かめよ．

上記の［例題 3.1］で，せん断力の値が負の値になったのは，図 3.23(b) で仮定した矢印と反対の方向に，実際のせん断力がはたらいていることを意味している．

TRY! ▶ 演習問題 3.3 を解いてみよう．

演習問題 3.3 の結果を友人どうしで比較してみると，値は合っても符号が異なる場合がある．その場合は，もともと仮定した N,Q,M の矢印の方向が異なっているはずである．お互いの計算結果を符号を含めて一致させるためには，最初に仮定する断面力の矢印の向き（正負）にはお互いの間の約束が必要である．断面力の符号の約束については，あとで詳しく説明するが，ここでは軸方向力 N については，**図 3.24** に示

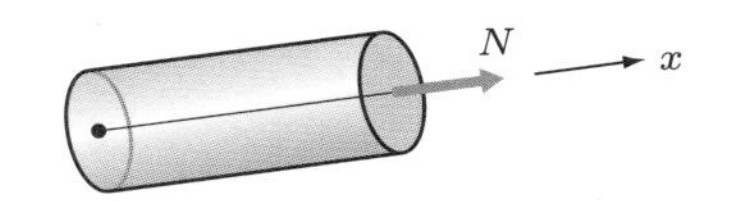

（a）断面を引き出す向きの軸方向力（引張力）を正とする

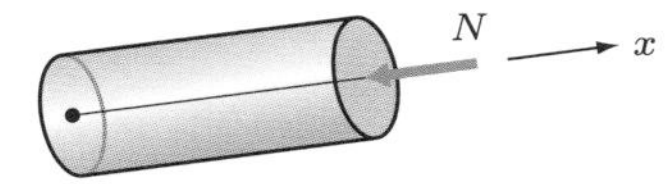

（b）断面を押し込む向きの軸方向力（圧縮力）を負とする

図 3.24　軸方向力の符号の約束

すように，断面を外へ引き出す方向（引張り）を正とすることだけ記憶しておこう．

演習問題

3.1 図 3.15〜3.18 に示す各種構造物（写真で示したものを除く）について，静定か不静定かを判別せよ．不静定の場合は，不静定次数も含めて求めよ．

3.2 **図 3.25** に示す構造物の支点反力を次の 2 種類の方法で求めよ．

(1) 与えられた数値について計算する．

(2) 数値は与えられなかったとして，与えられた記号について計算し，結果を式で表す．

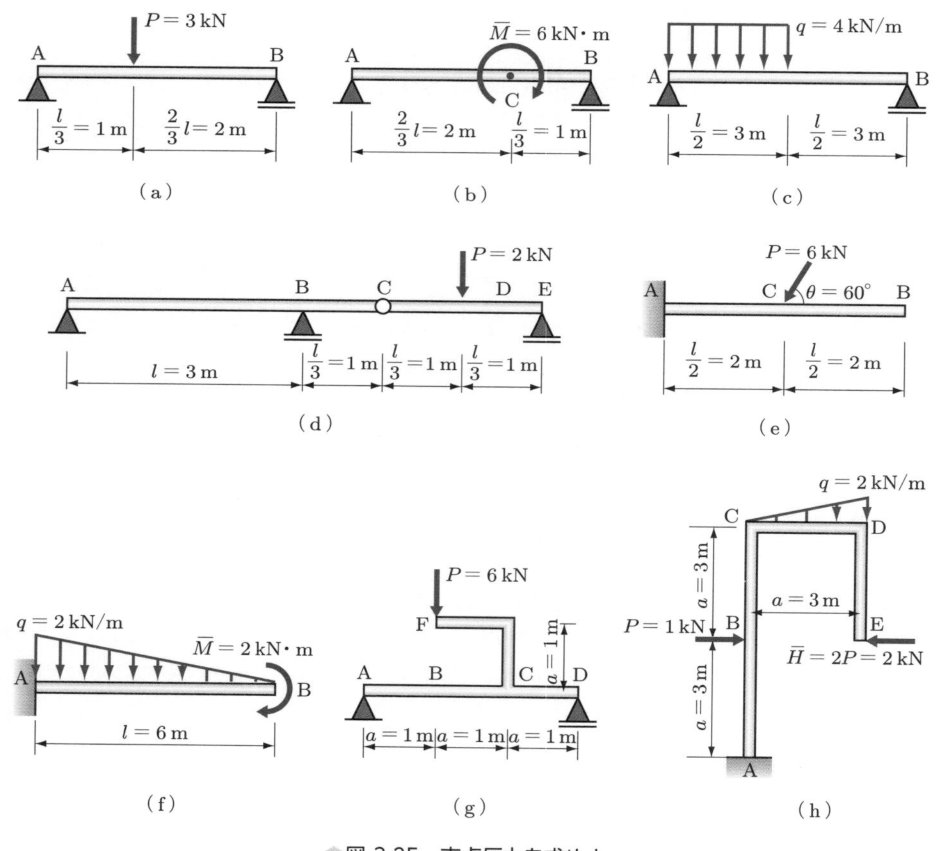

図 3.25　支点反力を求めよ

3.3 **図 3.26** に示す骨組の点 B の断面力 N, Q, M を求めよ.

ヒント ① ［例題 3.1］と同じ手順で行え.

② 部材軸がどの方向を向いても，つねに部材軸方向の断面力が軸方向力 N で，部材軸に直角方向の断面力がせん断力 Q である.

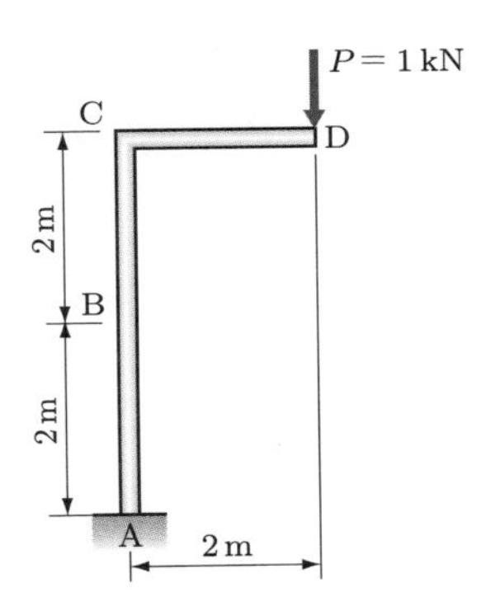

図 3.26　点 B の断面力を求める

第4章 構造物の内部にはたらく力を求めて図化する

第3章で，部材には一般に，軸方向力 N，せん断力 Q，曲げモーメント M の三つの断面力がはたらいていることを説明した．この章では，一般の構造物の部材について，三つの断面力が部材軸方向にどのように変化するかを示す断面力図の求め方を学ぶ．断面力の大きさと変化の様子がわかると，それに応じて構造部材の断面寸法を設計することができる．

4.1 軸方向力を求め，図化する

外力が部材軸方向に作用したり，部材軸方向に分力をもつように傾いて作用するとき，部材に軸方向力（軸力，axial force）が生じる．部材を引き伸ばすように作用する軸方向力を**引張力** (tensile force) といい，押し縮めるように作用する軸方向力を**圧縮力** (compressive force) という．構造物を設計する場合は，力がどちら向きに作用するかということは重要ではなくて，部材が引っ張られているか圧縮されているか，あるいは，どちら側が凸に曲げられるかなどが重要となる．そこで，このことを数式上扱いやすくするために，**断面力の符号の約束**をする．軸方向力の場合は，通常，引張力を正の値とし，圧縮力を負の値とする．逆に，われわれは，正の値の軸方向力をみて引張力であることを知るわけである[*1]．

第3章に示した方法で部材の各断面ごとに軸方向力 N を求め，これを適当なスケールと符号を用いて図示すれば，N の変化する様子と圧縮か引張りかが一目で明らかになる．これを**軸力図** (axial force diagram) といい，**N 図**と略称する．

ところで，断面力の軸方向の変化を求めるのに，［例題 3.1］に示したような断面力を求める計算を，支点から $1\,\mathrm{m}$ の位置の断面について，$2\,\mathrm{m}$ の位置について，$\cdots$ と何度も計算する代わりに，ここでは，支点から $x\,[\mathrm{m}]$ の位置の断面力を位置 x の関数として求め，図示することを考える．x の関数として求めておけば，$x = 1\,\mathrm{m},\ 2\,\mathrm{m},\ \cdots$ と代入すれば，それぞれの位置の断面力はすぐに求められるからである．ただし，x

[*1] ただし，コンクリートなど，圧縮力が主体となる分野では，圧縮力を正にとるので注意を要する．

の大きさによって，結果として求められる関数の形が異なる場合は，その区間ごとの x の範囲に対して，それぞれの関数を求める必要がある．

図 4.1(a) の単純ばりについて N 図の描き方を説明する．

① 生じうる反力を書き出し，構造全体を自由物体としてつり合い式をたて，未知反力を求める．仮定する未知反力の向きはどちらでもよい（図 (b) 参照）．

$$\sum H = 0 : \ -H_A - 15 \cdot \cos\theta = 0 \rightarrow H_A = -15 \cdot \left(\frac{3}{5}\right) = -9\,\mathrm{kN}$$

ここで，マイナス符号は，実際の水平反力が仮定した向きと逆向きに作用していることを示す．

$$\sum V = 0 : \ -V_A + 15 \cdot \sin\theta + V_B = 0$$

$$V_A = 15 \cdot \left(\frac{4}{5}\right) + V_B = 12 - 4 = 8\,\mathrm{kN}$$

$$\sum M_{(A)} = 0 : \ 15 \cdot \sin\theta \cdot 2 + V_B \cdot 6 = 0 \rightarrow V_B = -4\,\mathrm{kN}$$

ここで，V_B のマイナス符号も，実際の反力が下から上向きに作用していることを示す（鉛直反力は上向きに仮定するほうが誤りが少ない）．

以上より，$H_A = -9\,\mathrm{kN}, V_A = 8\,\mathrm{kN}, V_B = -4\,\mathrm{kN}$ となる．

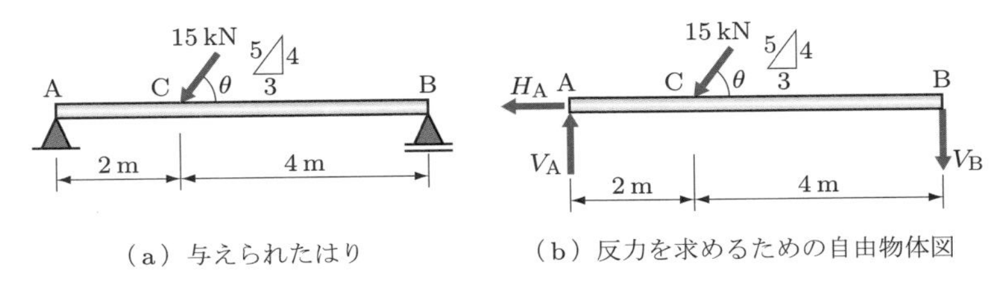

（a）与えられたはり　（b）反力を求めるための自由物体図

図 4.1　集中荷重を受ける単純ばり

② **図 4.2**(a) に示すように，支点 A から支点 B に向けて x 座標をとったとして，任意の x 地点（m 断面）の軸方向力を断面の位置 x の関数で表すことを考える．まず，AC 間 $(0 \leqq x \leqq 2\,\mathrm{m})$ の軸力を求めるために，x の位置で部材を切断し，切断前に作用していたと考えられる軸方向力 N_x を作用させた自由物体をつくる．このとき，N_x の矢印は，結果として得られる符号が約束したように引張りの場合に正，逆向きの場合に負になるように，部材軸を引き伸ばす方向に仮定する．

③ 切断した左側あるいは右側の自由物体について，部材軸方向のつり合い式をたてて未知力 N_x を求める．まず，左側の自由物体について考えると

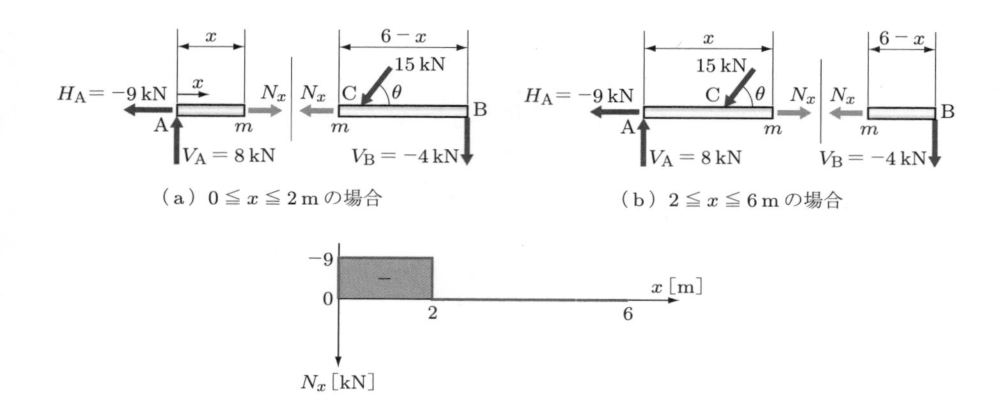

図 4.2　軸方向力の軸方向変化（N 図）を求める

$$\sum H = 0 : -H_\mathrm{A} + N_x = 0 \rightarrow N_x = H_\mathrm{A} = -9\,\mathrm{kN}$$

となる．マイナスの符号は，仮定した N_x と反対方向に実際の力が作用していることを示しており，この場合は圧縮であることがわかる．

次に，右側の自由物体について考えてみると，次式のようになり，同じ結果を得る．

$$\sum H = 0 : -N_x - 15 \cdot \cos\theta = 0 \rightarrow N_x = -15 \cdot \left(\frac{3}{5}\right) = -9\,\mathrm{kN}$$

したがって，前にも述べたように，左右どちらの自由物体についてつり合い式をたてたほうが簡単に解けるかを判断して，計算すべきである．

ここで，上記のつり合い式は，m 断面が AC 間 $(0 \leqq x \leqq 2)$ にあるかぎり，そのまま成立するので，AC 間のほかの断面について計算する必要のないこと，また，この場合，AC 間での軸力 N_x は，x に対して変化しない一定値（x の 0 次関数）となることもわかる．

④ CB 間の軸力は，変化している可能性があるので，断面 m を CB 間 $(2 \leqq x \leqq 6\,\mathrm{m})$ にとって上記の検討を行う（図 (b) 参照）[*1]．

[*1] $x = 2\,\mathrm{m}$ の点 C では，軸力 N_x は定義できず，N 図は不連続となる．これは，荷重が広がりのない点に作用すると理想化したためである．現実の荷重は，集中荷重といえどもある微小な幅に分布するので，軸力 N_x の値は，$x = 2 - 0\,\mathrm{m}$ から $x = 2 + 0\,\mathrm{m}$ までの分布幅内で急激に連続的変化をすると考えるのが実際的である．実設計では，安全側を考えて，集中荷重載荷点の軸力 N の値は載荷点の左右の値のうち，絶対値の大きいほうをとればよい．このような理解のうえにたてば，載荷点 C $(x = 2\,\mathrm{m})$ をどちらの領域に含めるかは，大きな意味をもたないが，ここでは便宜的に両方の領域に等号を付して記述している．次節以降で述べる集中荷重の作用する点や支点におけるせん断力 Q の値や集中モーメントの作用する点の曲げモーメント M の値についても同様のことがいえる．

まず，左側の自由物体について考えると

$$\sum H = 0 : -H_A - 15 \cdot \cos\theta + N_x = 0$$

$$N_x = H_A + 15 \cdot \left(\frac{3}{5}\right) = -9 + 9 = 0$$

となり，右側の自由物体について考えると

$$\sum H = 0 :\ -N_x = 0 \to N_x = 0$$

となる．この場合は，明らかに右側について考えれば簡単であることがわかる．結局 CB 間には，軸力は作用しないことがわかった[*1]．

⑤ ③, ④の結果をまとめて N_x 軸を下向きにとって図示する[*2]と，図 4.2(c) のような N 図を得る．

$$\text{AC 間}：N_x = -9\,\text{kN}$$

$$\text{CB 間}：N_x = 0$$

TRY! ▶ 演習問題 4.1 を解いてみよう．

4.2 せん断力を求め，図化する

3.7 節で説明したように，細長い物体が力の作用を受けると，**図 4.3** のように断面に平行な力 Q も生じる．これをせん断力という．せん断力を受ける断面は，軸に直角な方向にゆがんでずれようとする．これをせん断変形とよぶ．せん断変形の方向にも**図 4.4** に示すように 2 通りあり，符号を約束しておいたほうが，数式上の取扱いが容易である．

通常，切り口（断面）の部分が右下がりの変形をしようとするときを正とし，その

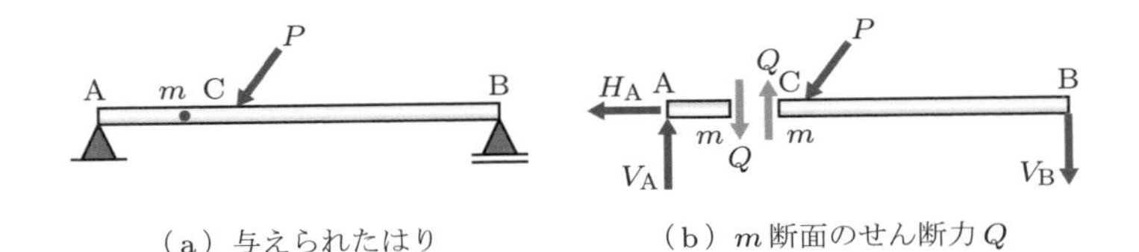

（a）与えられたはり　（b）m 断面のせん断力 Q

図 4.3　せん断力 = 断面に平行な断面力

*1 はりの場合は，曲げに抵抗する構造物であるから，次に述べる曲げモーメントとせん断力の検討が主で，軸力を問題にすることは少ない．

*2 N 図の正の方向はあとで説明する M 図に合わせて，下向きを正とする．

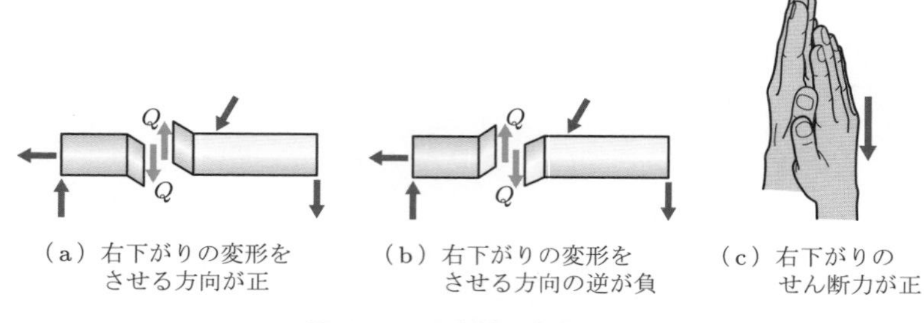

（a）右下がりの変形をさせる方向が正　（b）右下がりの変形をさせる方向の逆が負　（c）右下がりのせん断力が正

図 4.4　せん断力の符号の約束

ような変形を生じさせる断面に平行な力（せん断力 Q）を正，逆向きの力を負と約束する．

どちらの切り口（断面）に対するせん断力の符号も，図 4.4(c) に示すように，両方の手を合わせて右手を下げる方向の力が正と覚えればよい．切り口の左の断面で考えるときは，左手が切り口，右手がせん断力の方向と考え，右の断面で考えるときは，右手を切り口，左手をせん断力の方向と考える．

せん断力が断面 m の位置の変化にともなってどのように変化するかを部材軸方向のグラフとして示したものを，**せん断力図** (shear force diagram) 略して **Q 図**とよぶ．せん断力図の求め方は，軸力図の場合と同様であるが，**図 4.5**(a) に示す前出の例で説明すると以下のようになる．

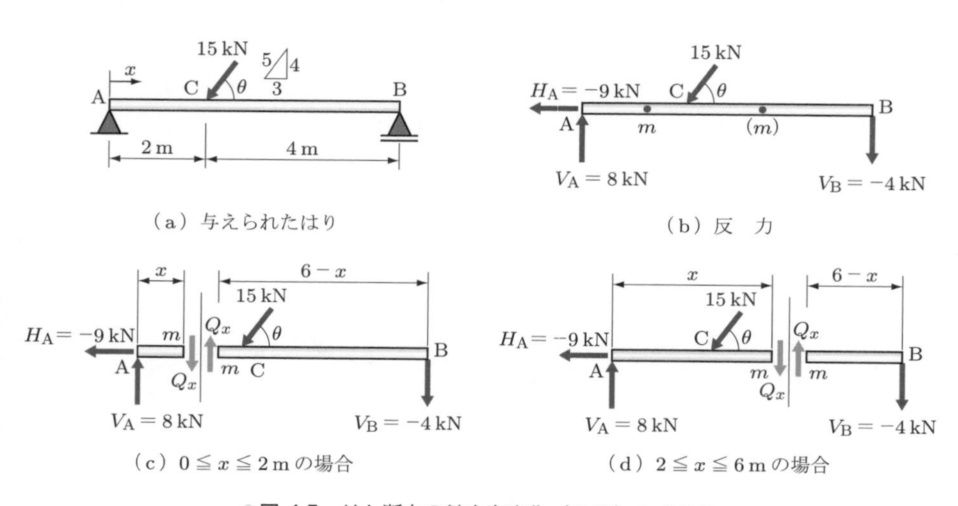

（a）与えられたはり　（b）反　力

（c）$0 \leqq x \leqq 2$ m の場合　（d）$2 \leqq x \leqq 6$ m の場合

図 4.5　せん断力の軸方向変化（Q 図）を求める

① 反力を求める．

N を求める例と同じであるから，方法は省略して先の結果を用いる（図 (b) 参照）．

② 図 (c) に示すように，AC 間 $(0 \leqq x \leqq 2\,\mathrm{m})$ のせん断力 Q を求めるために x の位置で部材を切断し，切断前に作用していたと考えられるせん断力 Q_x を作用させた自由物体をつくる．そのときの力 Q_x の矢印の方向は，左側の断面に対しては下向きに，右側の断面に対してはその逆向きに仮定する．このように仮定すると，計算の結果得られる値の符号は，約束した符号と一致する．

③ 切断した左側，あるいは右側の自由物体について部材軸に垂直な方向のつり合い式をたてて，未知力 Q_x を求める．

左側部分に対して考えると

$$\sum V = 0: \ V_\mathrm{A} - Q_x = 0 \rightarrow Q_x = V_\mathrm{A} = 8\,\mathrm{kN}$$

となり，右側部分に対して考えると

$$\sum V = 0: Q_x - 15 \cdot \sin\theta - V_\mathrm{B} = 0$$

$$Q_x = 15 \cdot \left(\frac{4}{5}\right) + V_\mathrm{B} = 12 - 4 = 8\,\mathrm{kN}$$

となる（左側で考えるほうが簡単）．

④ CB 間 $(2 \leqq x \leqq 6\,\mathrm{m})$ について図 (d) のように切断して考えると

左側部分について

$$\sum V = 0: -V_\mathrm{A} + 15 \cdot \sin\theta + Q_x = 0$$

$$Q_x = V_\mathrm{A} - 15 \cdot \left(\frac{4}{5}\right) = 8 - 12 = -4\,\mathrm{kN}$$

となり，右側部分について

$$\sum V = 0: \ -Q_x + V_\mathrm{B} = 0 \rightarrow Q_x = V_\mathrm{B} = -4\,\mathrm{kN}$$

となる（右側で考えるほうが簡単）．

⑤ ③, ④の結果をまとめて Q_x 軸を下向きにとって図示すると，**図 4.6** に示すような Q 図を得る．

AC 間：$Q_x = 8\,\mathrm{kN}$

CB 間：$Q_x = -4\,\mathrm{kN}$

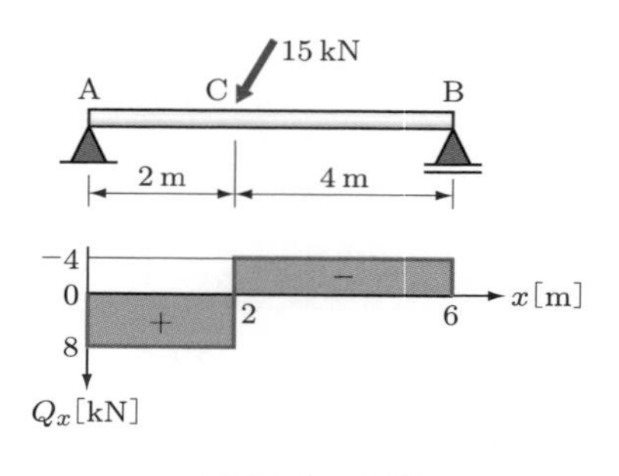

図 4.6　Q 図

載荷点 C，支点 A，B の Q_x の値については，p.50 の脚注 $*1$ を参照のこと．

ところで，**図 4.7** のような鉛直部材のせん断力 Q の符号については，上向き，下向き，あるいは右下りという約束は適用できない．幸い，設計の際，せん断力は大きさを問題にしても，符号を問題にすることは少ないが，符号の決め方について図のような方法で付記するのがよい．

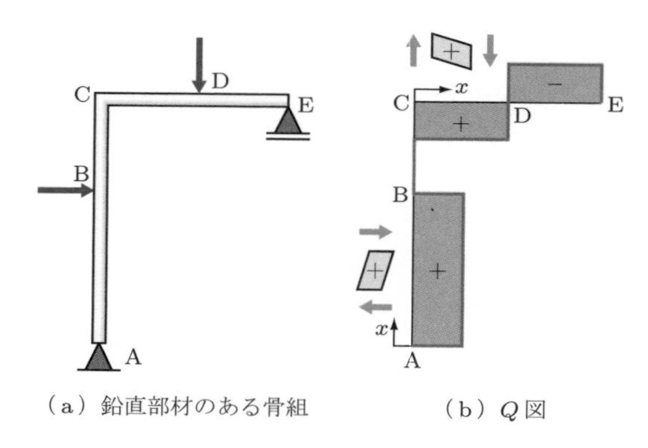

図 4.7　水平部材以外の部材のせん断力の符号

TRY! ▶ 演習問題 4.2 を解いてみよう．

4.3 曲げモーメントを求め，図化する

3.7 節で説明したように，断面に作用する曲げモーメントは，断面を回転させようとする．構造物が静止していて剛体運動をしないならば，断面の回転は構造物の変形をともなう以外生じない．すなわち，断面の回転は軸の曲げ変形をともなうわけで，どちらを凸にして曲がるかによって，曲げモーメントの正負を約束する．

図 4.8 に示すように，通常，はり部材の場合は，軸線を**下に凸になるよう曲げるモー**

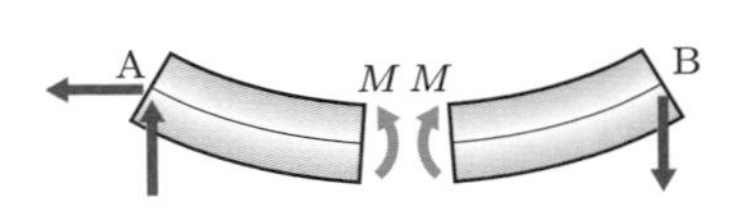

(a) 下に凸あるいは，下側が引張りになる方向が正

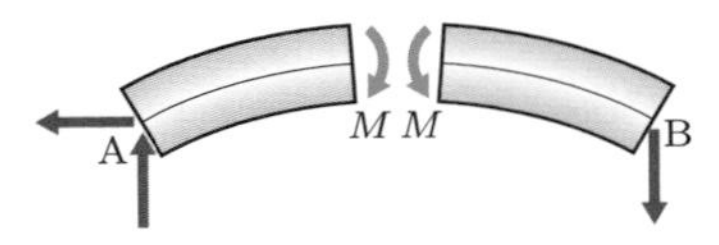

(b) 下に凸あるいは，下側が引張りになる方向の逆が負

図 4.8 はりの曲げモーメントの符号の約束

メントを正，逆向きのモーメントを負と約束する．はりが曲がるときに，凸側の表面が引っ張られることが感覚的にわかれば，**下側が引張りになるときのモーメントを正とする**といいかえてもよい．

曲げモーメント M が，断面 m の位置の変化にともなってどのように変化するかを部材軸方向のグラフとして示したものを，**曲げモーメント図** (bending moment diagram) 略して **M 図**とよぶ．曲げモーメント図の求め方も，軸力図，せん断力図と同様であるが，もう一度，**図 4.9**(a) に示す前出の例で説明すると以下のようになる．

① 反力を求める

前出の結果を用いる（図 (b) 参照）．

② AC 間 ($0 \leqq x \leqq 2\,\mathrm{m}$) の曲げモーメントを求めるために，図 (c) に示すように x の位置にある m 断面で部材を切断し，切断前に作用していたと考えられる曲げモーメント M_x を作用させた自由物体をつくる．このとき M_x の矢印の向きは，左右どちらの断面に対しても下側に凸に曲がるように仮定する（向きがわからない人は，定規を曲げて確かめるとよい）．このように方向を仮定すると，計算の結

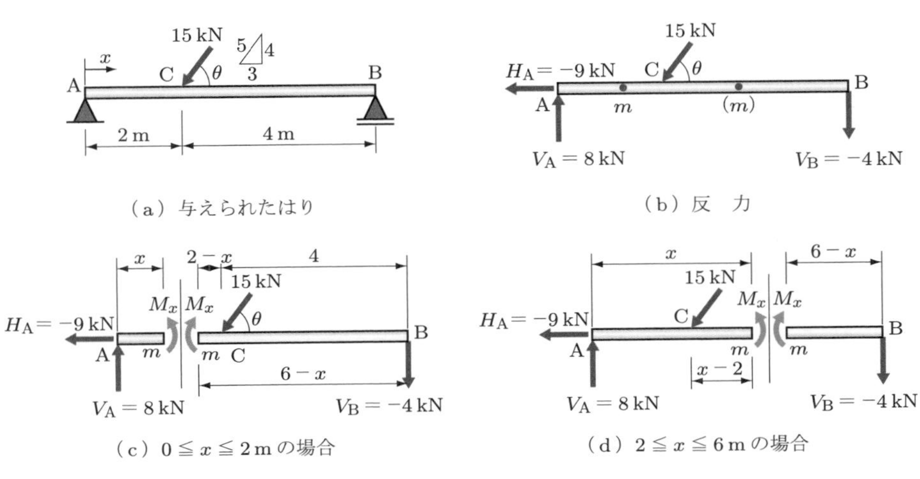

図 4.9 曲げモーメントの軸方向変化（M 図）を求める

果得られる値の符号は，約束した符号と一致する．

③ 切断して得た左側あるいは右側の自由物体について，回転に関するつり合い式をたてて未知力 M_x を求める．x が AC 間 $(0 \leqq x \leqq 2\,\mathrm{m})$ の場合，図 (c) の左側部分に対して考えると

$$\sum M_{(m)} = 0 : V_\mathrm{A} \cdot x - M_x = 0 \rightarrow M_x = V_\mathrm{A} \cdot x = 8x$$

となる．このとき，$M_{(\mathrm{A})} = 0$ を考えてもよいが，その場合は断面 m に作用するせん断力 Q_x（N_x は関係しない）を省略しないで考慮する必要がある．$\sum M_{(m)} = 0$ の式では，Q_x, N_x のつくるモーメントは 0 になって式に現れないので，こちらを用いるほうが簡単で間違いが少ない．

右側部分に対して考えると

$$\sum M_{(m)} = 0 : M_x + (2-x)15\left(\frac{4}{5}\right) + V_\mathrm{B}(6-x) = 0$$

$$M_x = -24 + 12x - (-4)(6-x) = 8x$$

となる（左側で考えるほうが簡単）．

④ CB 間 $(2 \leqq x \leqq 6\,\mathrm{m})$ について図 (d) のように切断して考えると

左側部分について

$$\sum M_{(m)} = 0 : V_\mathrm{A} \cdot x - 15\left(\frac{4}{5}\right)(x-2) - M_x = 0$$

$$M_x = 8x - 12(x-2) = -4x + 24$$

となり，右側部分について

$$\sum M_{(m)} = 0 : M_x + V_\mathrm{B}(6-x) = 0$$

$$M_x = 4(6-x) = -4x + 24$$

となる（右側で考えるほうが簡単）．

⑤ ③, ④の結果をまとめて M_x 軸を下向きにとって図示すると，**図 4.10** に示すような M 図を得る．このとき M_x 軸の正方向は，N 図，Q 図と同様に下方向にとることに注意する．これは以下に述べるように，上からの重力によって引張りになる下側に，正の曲げモーメント図が描かれるようにするためである．

AC 間：$M_x = 8x$

CB 間：$M_x = -4x + 24$

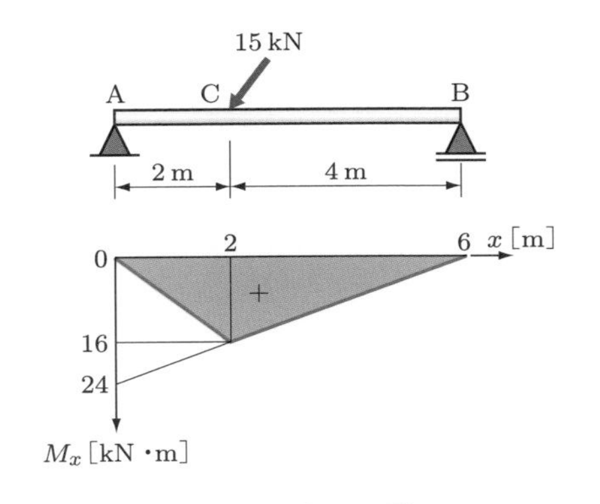

図 4.10　M 図

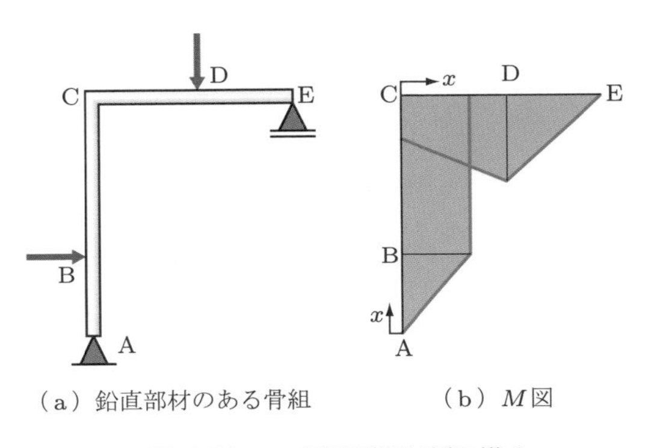

（a）鉛直部材のある骨組　　　（b）M 図

図 4.11　M 図は引張り側に描く

ところで，**図 4.11** に示すような鉛直部材の曲げモーメント M の符号については，下側が凸（引張り）という約束は適用できない．しかし，M 図の符号は本来どちら側に曲がるかを示すためのものであって，はりの場合と同じく，**M 図の縦距を引張りの生じる側に出すことにすれば，符号を示す必要はない．**

TRY! ▶ 演習問題 4.3 を解いてみよう．

4.4 断面力の変化を表す図の性質

(1) 多くの集中荷重を受ける場合

図 4.12(a) に示すように，3 個の集中荷重 P_1, P_2, P_3 が作用する単純ばりの Q 図，M 図を描いてみよう．

AC 間　図 (b) において，次のようになる．

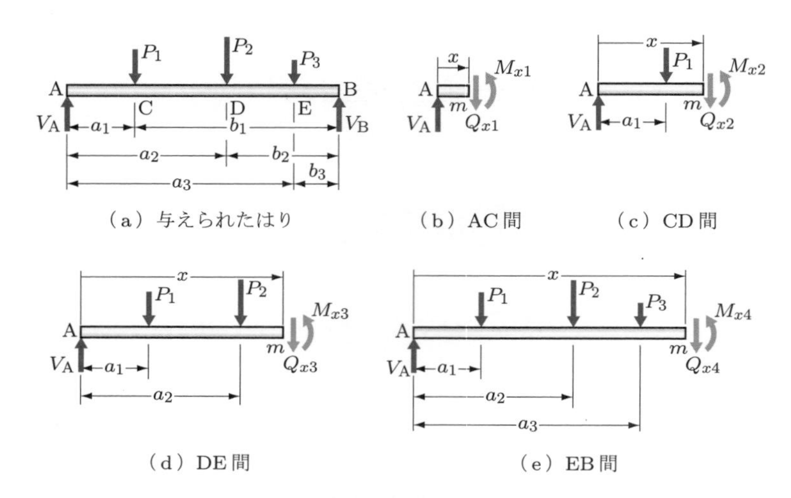

図 4.12　多くの集中荷重を受ける単純ばりの断面力

$$\sum V = 0:\ -V_{\mathrm{A}} + Q_{x_1} = 0 \to Q_{x_1} = V_{\mathrm{A}}$$

$$\sum M_{(m)} = 0:\ V_{\mathrm{A}}x - M_{x_1} = 0 \to M_{x_1} = V_{\mathrm{A}}x$$

CD 間　図 (c) において，次のようになる．

$$\sum V = 0:\ -V_{\mathrm{A}} + P_1 + Q_{x_2} = 0 \to Q_{x_2} = V_{\mathrm{A}} - P_1$$

$$\sum M_{(m)} = 0 : V_{\mathrm{A}}x - P_1(x - a_1) - M_{x_2} = 0$$

$$M_{x_2} = V_{\mathrm{A}}x - P_1(x - a_1) = V_{\mathrm{A}}x - P_1 b_1$$

DE 間　図 (d) において，次のようになる．

$$\sum V = 0:\ -V_{\mathrm{A}} + P_1 + P_2 + Q_{x_3} = 0 \to Q_{x_3} = V_{\mathrm{A}} - P_1 - P_2$$

$$\sum M_{(m)} = 0 : V_{\mathrm{A}}x - P_1(x - a_1) - P_2(x - a_2) - M_{x_3} = 0$$

$$M_{x_3} = V_{\mathrm{A}}x - P_1(x - a_1) - P_2(x - a_2)$$

EB 間　図 (e) において，次のようになる．

$$\sum V = 0 : -V_{\mathrm{A}} + P_1 + P_2 + P_3 - Q_{x_4} = 0$$

$$Q_{x_4} = V_{\mathrm{A}} - P_1 - P_2 - P_3$$

$$\sum M_{(m)} = 0 : V_A x - P_1(x - a_1) - P_2(x - a_2) - P_3(x - a_3) - M_{x_4} = 0$$
$$M_{x_4} = V_A x - P_1(x - a_1) - P_2(x - a_2) - P_3(x - a_3)$$

以上の結果を図示すると，**図 4.13** を得る．図より以下のことがわかる．

① Q 図は，階段図形となる．段差は荷重直下に生じ，その大きさはそこにはたらく荷重の大きさに等しい．

② M 図は，両支点で 0，荷重の作用線上で折れ曲がる多角形である．

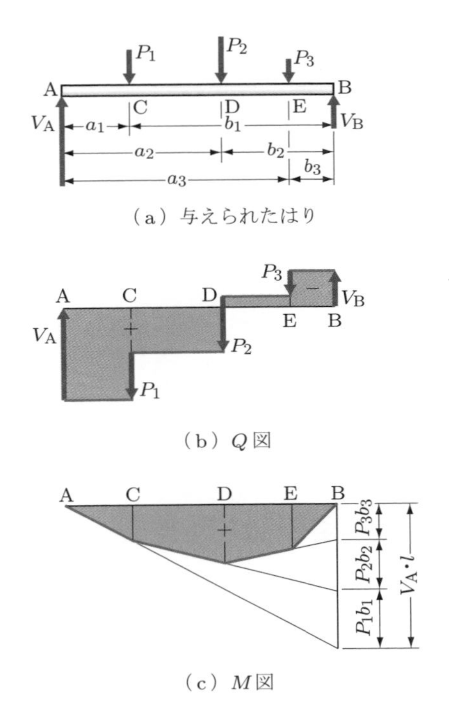

図 4.13　多くの集中荷重を受ける単純ばりの Q 図と M 図

TRY! ▶ 演習問題 4.4 を解いてみよう．

(2) 等分布荷重を受ける場合

図 4.14(a) に示すように，等分布荷重が満載する単純ばりの Q 図，M 図を描いてみよう．先に述べたように，分布荷重は，つり合いを考えるうえでは，その面積に相当する大きさの合力が分布図形の重心に作用すると考えても等価であることを利用する．反力は，$V_A = V_B = ql/2$ であることを用い，点 A から x 地点の断面力 Q_x, M_x

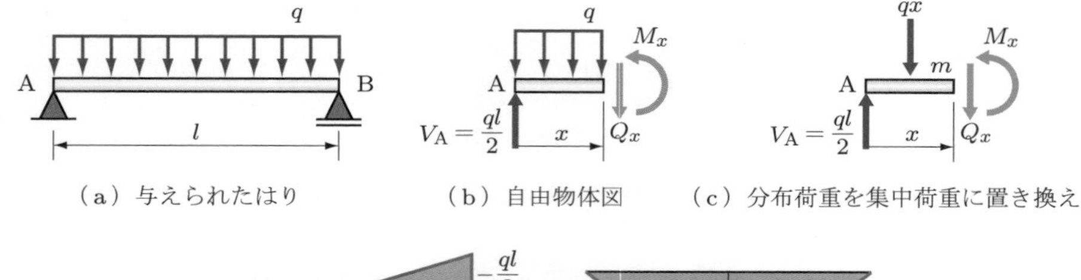

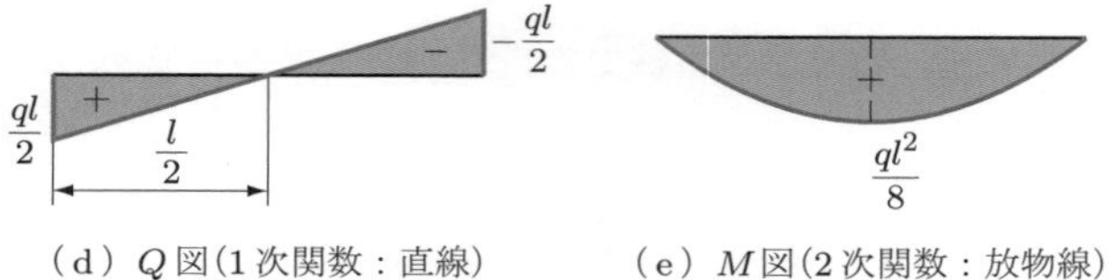

図 4.14　等分布荷重を受ける単純ばりの Q 図，M 図

を求める．

図 4.14(c) に示す自由物体についてのつり合い式をたてると，

$$\sum V = 0 : -V_A + qx + Q_x = 0$$

$$Q_x = V_A - qx = \frac{ql}{2} - qx = -q\left(x - \frac{l}{2}\right)$$

となる．これを図示すると，図 (d) のように x に関して直線変化する．さらに，図 (c) を用いて次式が得られる．

$$\sum M_{(m)} = 0 : V_A x - qx\frac{x}{2} - M_x = 0$$

$$\begin{aligned} M_x &= \frac{ql}{2}x - \frac{qx^2}{2} \\ &= -\frac{q}{2}\left\{x - \frac{l}{2}\right\}^2 + \frac{ql^2}{8} \end{aligned}$$

$$(M_x)' = \frac{ql}{2} - qx = -q\left(x - \frac{l}{2}\right)$$

これを図示すると，図 (e) のような放物線となる．

TRY! ▶ 演習問題 4.5 を解いてみよう．

(3) モーメント荷重を受ける場合

図 4.15(a) に示すように，点 C に集中モーメント荷重が作用する単純ばりの Q 図，M 図を描く．

まず，反力を求める．

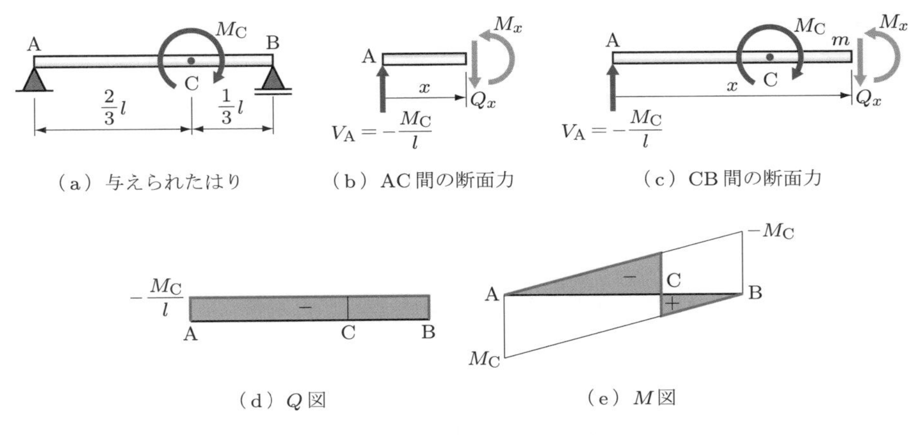

図 4.15　集中モーメントが作用する単純ばりの Q 図，M 図

$$\sum M_{(\mathrm{B})} = 0 : V_\mathrm{A} \cdot l + M_\mathrm{C} = 0 \to V_\mathrm{A} = -\frac{M_\mathrm{C}}{l}$$

$$\sum M_{(\mathrm{A})} = 0 : M_\mathrm{C} - V_\mathrm{B} \cdot l = 0 \to V_\mathrm{B} = \frac{M_\mathrm{C}}{l}$$

AC 間 $(0 \leqq x \leqq 2l/3)$　図 (b) の自由物体を考えると，次式を得る．

$$\sum V = 0 : -V_\mathrm{A} + Q_x = 0 \to Q_x = V_\mathrm{A} = -\frac{M_\mathrm{C}}{l}$$

$$\sum M_{(m)} = 0 :\ V_\mathrm{A} \cdot x - M_x = 0 \to M_x = V_\mathrm{A} \cdot x = -\frac{M_\mathrm{C}}{l}x$$

CB 間 $(2l/3 \leqq x \leqq l)$　図 (c) の自由物体を考えると，次式を得る．

$$\sum V = 0 : -V_\mathrm{A} + Q_x = 0 \to Q_x = V_\mathrm{A} = -\frac{M_\mathrm{C}}{l}$$

$$\sum M_{(m)} = 0 : V_\mathrm{A} \cdot x + M_\mathrm{C} - M_x = 0$$

$$M_x = V_\mathrm{A} \cdot x + M_\mathrm{C} = -\frac{M_\mathrm{C}}{l}x + M_\mathrm{C}$$

Q_x を図示すると，図 4.15(d) を得る．Q 図はモーメント荷重には影響されず，一定である．M_x を図示すると，図 (e) を得る．集中荷重が Q 図に階段状変化をつくるのと同様に，集中モーメント荷重は M 図に階段状変化をつくる．点 C の M の値については，p.50 の脚注 $*1$ と同じ考察となる．

TRY! ▶ 演習問題 4.6 を解いてみよう．

(4) 多種類の荷重を受ける場合

図 4.16(a) は，等分布荷重と集中モーメント荷重が作用する単純ばりである．このはりの Q 図，M 図は，これまでと同様に求めることができるが，等分布荷重の Q 図，M 図（図 4.14(d), (e)）と，集中モーメント荷重の Q 図，M 図（図 4.15(d), (e)）を別個に求めて，それぞれの縦距（縦座標）を符号を考えて図形的に足し合わせても得られる（図 4.16(b), (c)）．このことは，多くの種類の多くの力が同時に作用する場合にも適用できる．このように，複数の原因による結果をそれぞれ別個に求めて，それらの和として求めることを**重ね合せ**という．一般に，現象が線形（原因と結果が直線的関係）のとき，重ね合せの原理が成立する．

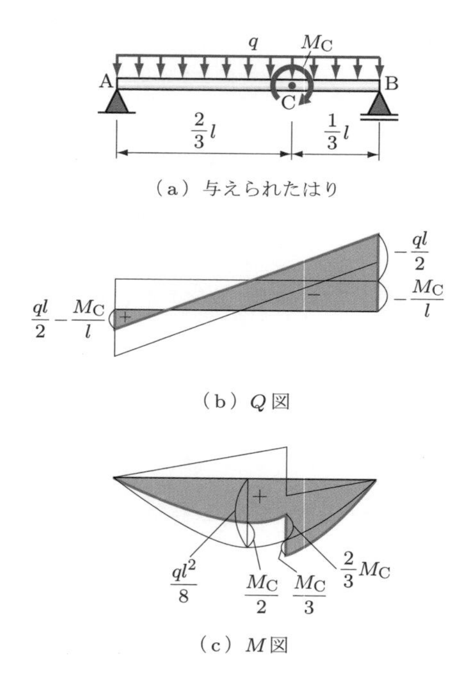

図 4.16　多種類の力が作用する単純ばりの Q 図と M 図

4.5 荷重と構造物の内部にはたらく力との関係

図 4.17(a) に示すように，三角形分布荷重を受ける単純ばりについて考える．

反力：分布荷重を集中荷重に置き換えて図 (b) に示す自由物体図を考えて，

$$V_A l - \frac{ql}{2}\frac{1}{3}l = 0 \to V_A = \frac{ql}{6}$$

を得る．

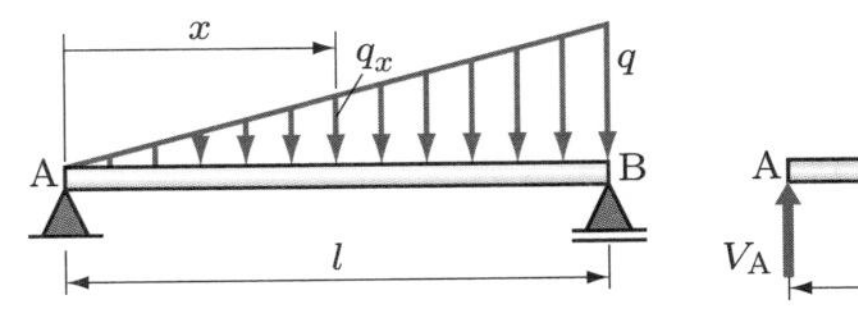

（a）与えられたはり

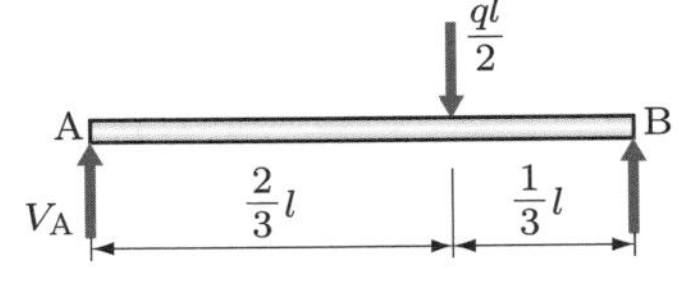

（b）反力を求める自由物体図

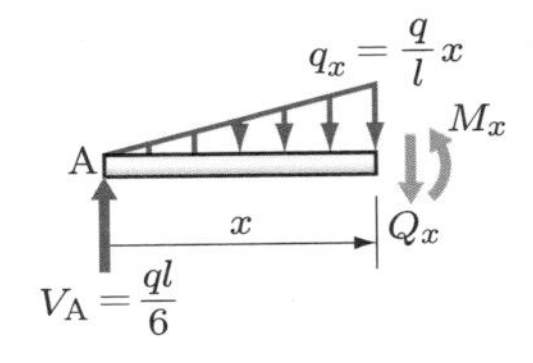

（c）自由物体図

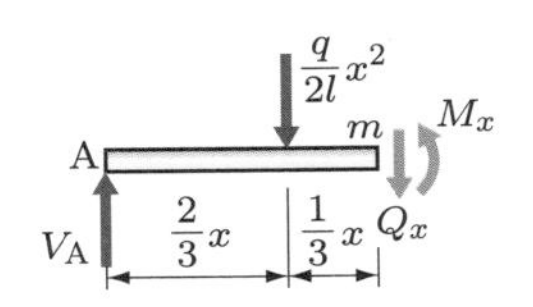

（d）分布荷重を集中荷重に置き換え

図 4.17　三角形分布荷重を受ける単純ばりの Q 図と M 図の求め方

点 A から距離 x の点の荷重の強さ：$q_x = \dfrac{q}{l}x$

点 A から距離 x の点のせん断力：図 (d) に示す自由物体について次のようになる．

$$\sum V = 0 : -V_A + \frac{q}{2l}x^2 + Q_x = 0$$

$$Q_x = -\frac{q}{2l}x^2 + \frac{ql}{6}$$

これを x について微分すると，次式を得る．

$$\frac{dQ_x}{dx} = -\frac{q}{l}x = -q_x$$

点 A から距離 x の点の曲げモーメント：図 (d) に示す自由物体について次式が成り立つ．

$$\sum M_{(m)} = 0 : V_A x - \frac{q}{2l}x^2\frac{1}{3}x - M_x = 0$$

$$M_x = -\frac{q}{6l}x^3 + \frac{ql}{6}x$$

いま，M_x を x について微分してみると

$$\frac{dM_x}{dx} = -\frac{q}{2l}x^2 + \frac{ql}{6} \to Q_x$$

となり，Q_x と同一の式を得る．すなわち

$$\frac{dM_x}{dx} = Q_x$$

である．さらに，もう一度微分すると，次のようになる．

$$\frac{d^2M_x}{dx^2} = \frac{dQ_x}{dx} = -q_x \tag{4.1}$$

この関係（微分方程式）は，はりの種類，荷重の種類を問わず，一般的に成立する．

上式を得るのに荷重は下向きを正とした．Q 図，M 図を図示すると**図 4.18** を得る．ここで，勾配の正負が理解しやすいように Q, M の正方向の軸を上向きにとっている．

dQ/dx は Q 図の勾配 $\tan\theta$ を，dM/dx は M 図の勾配 $\tan\theta'$ を表す．

以上のことをまとめると，次のことがいえる．

① Q 図の勾配は，その点における荷重の強さ q_x に等しく，符号は逆になる．

② M 図の勾配は，その点のせん断力 Q に等しい．

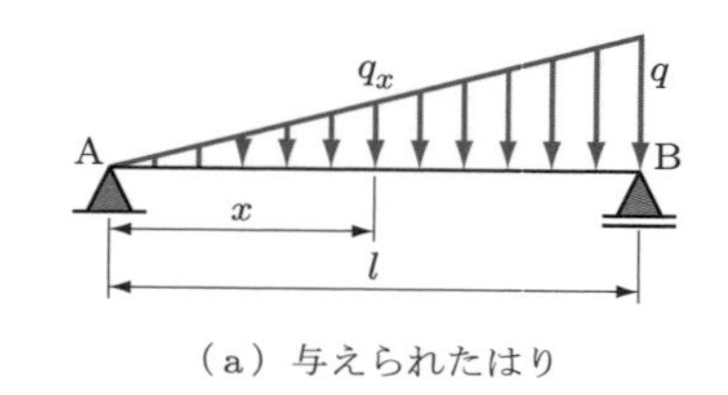

（a）与えられたはり

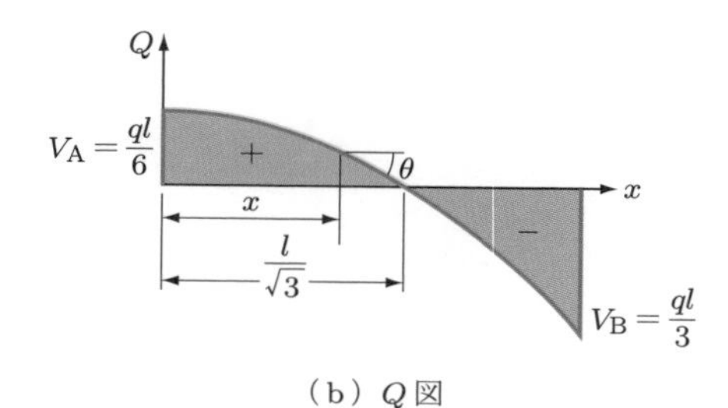

（b）Q 図

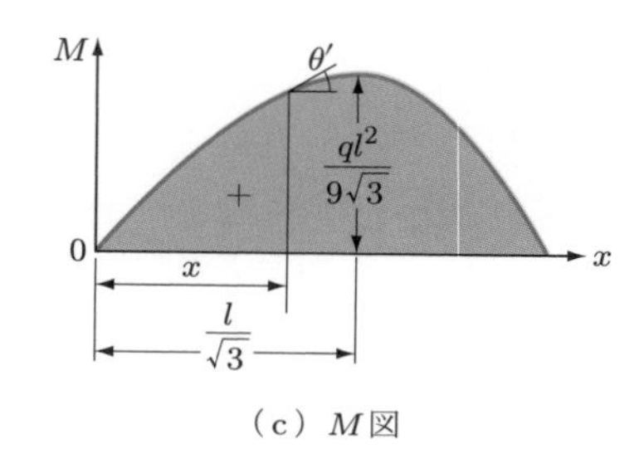

（c）M 図

図 4.18　三角形分布荷重を受ける単純ばりの荷重強度，Q 図，M 図の関係

③ $Q = dM/dx = 0$ の点で M は極値（最大値）をとる.

このほかに，いままでに出現した Q 図，M 図の性質についてまとめると，次のことがいえる.

④ 荷重がはたらかない $(q = 0)$ 区間では，Q 図は水平，M 図は傾いた直線となる.

⑤ 集中荷重の作用点では，Q 図には垂直な階段ができ，M 図は折れ曲がる.

⑥ 等分布荷重の区間では，Q 図は傾いた直線，M 図は 2 次曲線となる.

⑦ 三角形分布荷重の区間では，Q 図は 2 次曲線，M 図は 3 次曲線となる.

⑧ モーメント荷重あるいは偶力は，Q 図を変化させず，M 図に垂直な階段をつくる.

⑨ 2 点間の Q の差は，その区間の荷重に等しい.

⑩ 2 点間の M の差は，その区間の Q 図の面積に等しい.

以上の性質はいままでの例に現れているが，これらの性質を知っていると Q 図，M 図のチェックをすることができるし，慣れればほとんど計算なしに Q 図，M 図の概略を書くことができるようになる．今後，Q 図，M 図を描くときは，まず計算しないで描いてみて，のちに計算で確かめる方法をとると，Q 図，M 図が速く確実に描け，構造力学の力が養われる.

表 4.1 に，上記の Q 図，M 図の性質をまとめる.

表 4.1　各種荷重に対する Q 図と M 図のまとめ

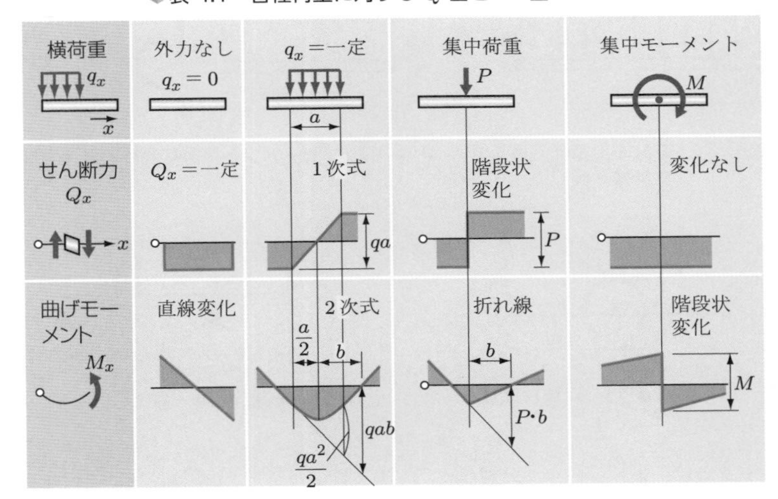

TRY! ▶ 演習問題 4.7〜4.10 を解いてみよう.

演習問題

4.1 **図 4.19** に示す片持ちばりの N 図を描け．

4.2 図 4.19 に示す片持ちばりの Q 図を描け．

4.3 図 4.19 に示す片持ちばりの M 図を描け．

4.4 **図 4.20** に示す張出しばりの Q 図，M 図を描け．

4.5 **図 4.21** に示す片持ちばりの Q 図，M 図を描け．

4.6 **図 4.22** に示す片持ちばりの Q 図，M 図を描け．

4.7 **図 4.23** に示す片持ちばりの，Q 図，M 図を描け．

4.8 **図 4.24** に示す張出しばりの Q 図，M 図を描け．

4.9 **図 4.25** に示すゲルバーばりの Q 図，M 図を描け．

4.10 **図 4.26** に示す骨組の N 図，Q 図，M 図を描け．

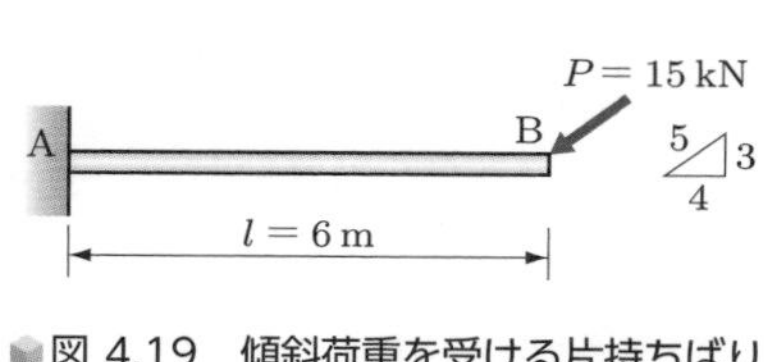

図 4.19　傾斜荷重を受ける片持ちばり

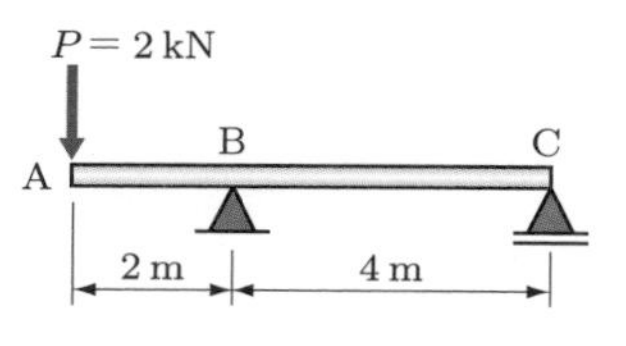

図 4.20　張出しばり

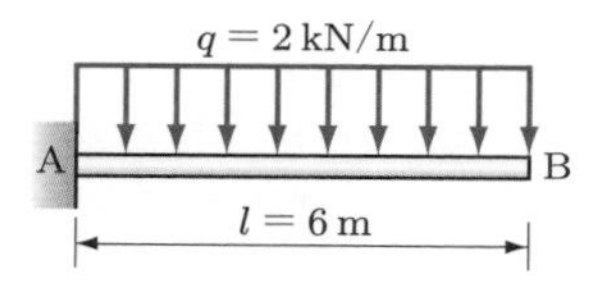

図 4.21　等分布荷重を受ける片持ちばり

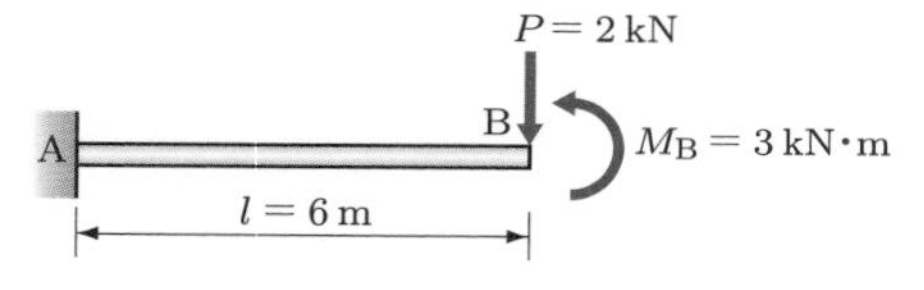

図 4.22　モーメント荷重を受ける片持ちばり

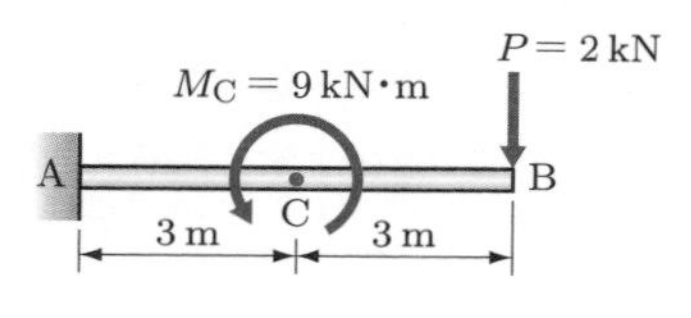

図 4.23　片持ちばり

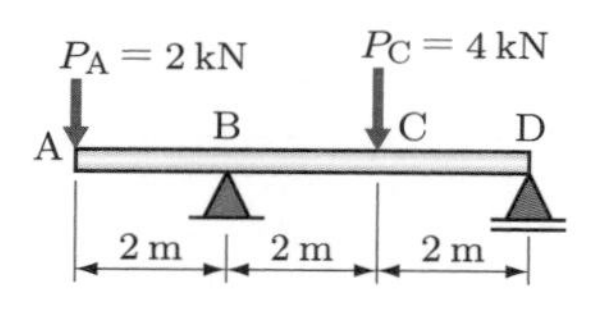

図 4.24　張出しばり

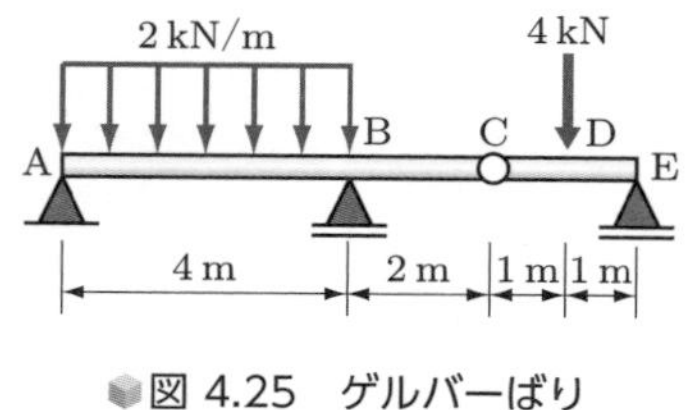

図 4.25　ゲルバーばり

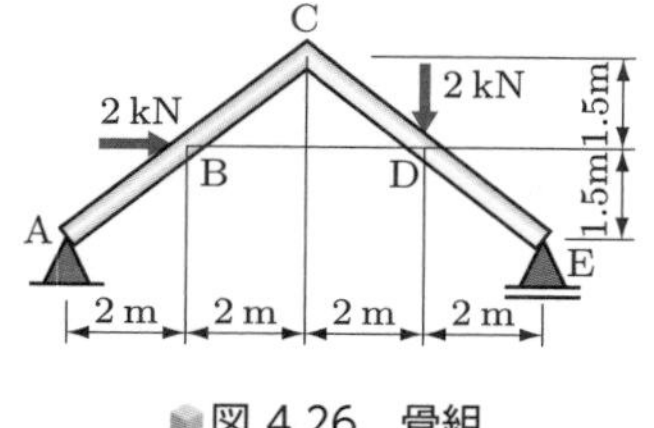

図 4.26　骨組

第5章 鉄橋にはたらく力を求める

5.1 鉄橋はトラスの代表選手

直線の部材と部材をつなぎ合わせて，骨組構造を形づくることを考えてみよう．いま，**図 5.1**(a) に示すように，4 本の棒状の部材の 4 隅をそれぞれ 1 本のピンまたはボルトでとめて，四角形の骨組をつくったとする．このとき，それぞれのボルトは，回転可能なヒンジのはたらきをし，部材どうしの相対回転が自由となるので，力を受けると図 (b) のように剛体変形し，構造物としては不安定となり，役に立たない．そこで，図 (c) に示すように，筋違（すじかい）を入れて二つの三角形にすると，剛体変形することなく力に耐える構造となる．三角形は 3 辺の長さを決めると，形状が定まり，形を変えないからである．このように，部材どうしをピン結合して形成される三角形骨組を基本とした骨組構造を**トラス** (truss)，または滑節骨組という．いわゆる鉄橋や木造家屋の屋根の骨組は代表的なトラスである．ほかにも送電鉄塔や体育館等の屋根，クレーンのブームなどにも用いられる（**図 5.2** 参照）．

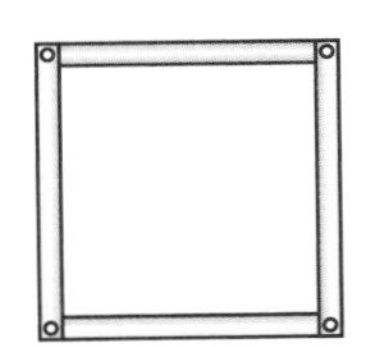
（a） ピン結合した四つの棒

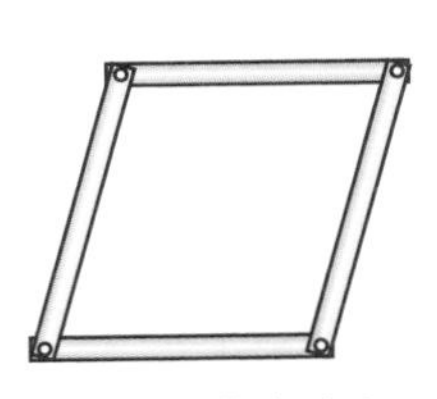
（b） 剛体変形が可能

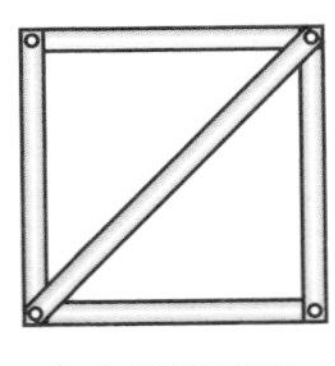
（c） 剛体変形できない

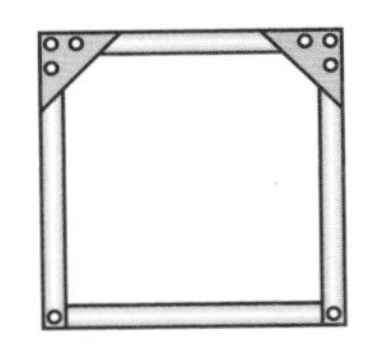
（d） 2 偶を固定した剛結骨組

図 5.1　三角形が基本のトラスとラーメン

さて，図 5.1(a) の骨組を四角形のまま形を保存し，外力に耐える構造とするためには，部材と部材の交点（節点または格点という）をヒンジとすることなく，互いに回転できないように固定してもよい．具体的には，図 (d) のように 2 隅に三角形の板をはりつけ，固定するとよい．このように，部材間の交角に変化が生じないように部材どうしを剛結した骨組みを**ラーメン**（独語の Rahmen，英米では文字どおり rigid frame

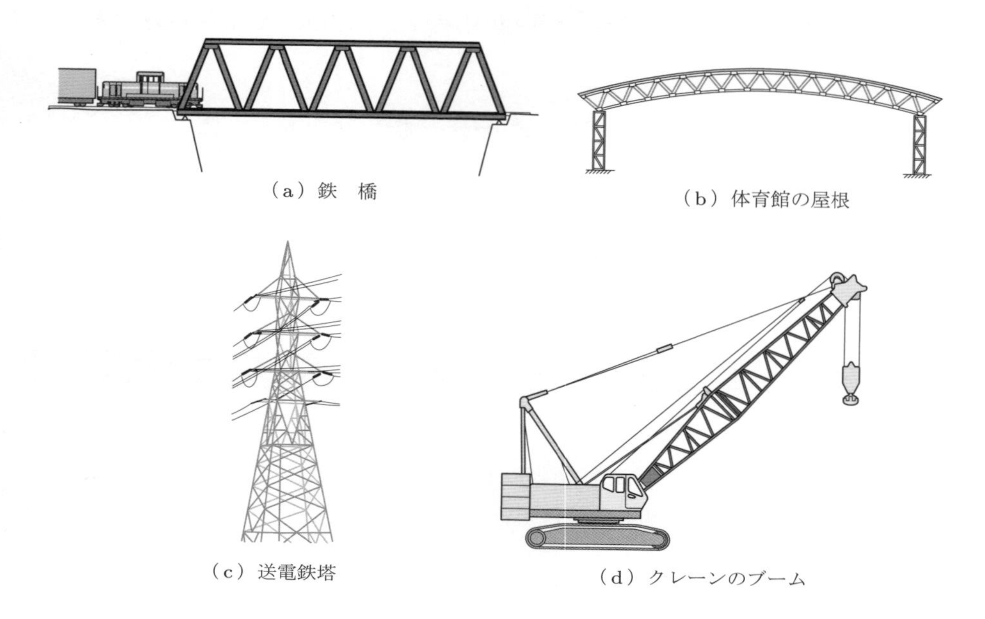

図 5.2　トラス構造の例

という）あるいは剛節骨組という.

トラス構造では部材間の相対回転が可能であり，かつ，通常は節点にのみ力を受ける構造となるようにつくるので，それぞれの部材には引張りか圧縮かの軸方向力しか作用しない．しかし，ラーメンでは，部材の中間にも荷重が作用してもよく，また部材間の相対回転が固定されているので，部材には軸方向力以外にせん断力も曲げモーメントも作用する.

この結果，断面力の計算の仕方や取扱い方が，トラスとラーメンでは異なってくる．古いトラス構造物では，実際にも部材どうしをピン結合したものもあるが，最近では**図 5.3** に示すように，ガセットプレートと高力ボルトを用いて連結した構造が普通で，部材間は事実上，剛結に近いものが多い．したがって，最近の構造物では，その節点をみただけではトラスかラーメンかの判別がつきにくい場合も多く，剛結節点をもつトラスという意味で剛節トラスといういい方もある．あえていえば，取扱い方（解析法）をどうしたか（部材間の相対回転を許容して軸方向力のみ考えたか，せん断力，曲げモーメントも考えたか)，節点間の部材に直接荷重が作用するかどうかによって，逆にその構造がトラスかラーメンかが定義されると考えてもよい.

トラスの節点をヒンジにしなかったことなどのために生じる，2 次的なせん断力や曲げモーメントによる内部の応力を 2 次応力 (secondary stress) といい，必要に応じ

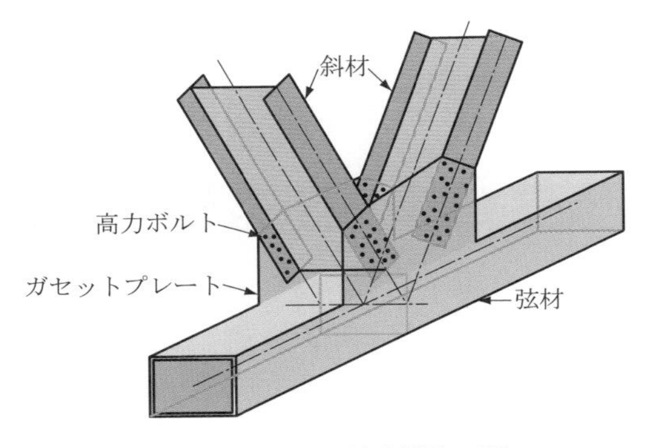

図 5.3　実際の節点構造の例

て別途検討することもある．

さて，実在のトラスは，作用する外力に対して安全な構造とするために立体的に組み立てること（立体トラス）が多いが，平面構造に分解して計算しても実用的にも十分で，かつ設計上便利な場合が多いので，ここでは平面構造物としてのトラス（平面トラス）のみを取り扱う（図 1.6 参照）．構造全体のねじりやトラス面外への変形を考慮する必要があるなどの特殊な場合には，立体トラスとしての解析が必要である．

さて，平面トラスの静力学計算を行う場合には，先に述べた構造力学共通の仮定以外に次の事項を仮定する．

① 一部材の両端は，節点になっていて，ここでほかの部材と結ばれる．
② 節点は完全に摩擦のないヒンジ構造である．
③ 節点の中心を結ぶ直線は部材の軸と一致する．
④ 外力はすべて節点に作用する．すなわち，自重や風荷重のように，部材の途中に作用する荷重は，分解して節点に集中力として作用させる．
⑤ すべての外力の作用線は，トラスを含む平面内にある．

トラスの部材の呼称を，**図 5.4** に示す．弦材とは，トラスの外部を形成する部材で，橋に用いるトラスのように水平に長いトラスでは，上下の弦材を上弦材，下弦材と区別する．腹材は上下弦材を連結する部材であって，鉛直方向の腹材を鉛直材，傾斜し

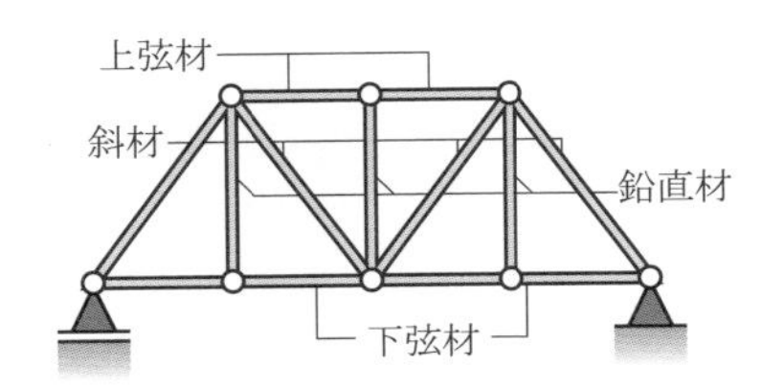

図 5.4　トラス部材の名称と部材力の記号

たものを斜材という．各部材の部材力は，上弦材は U，下弦材は L，鉛直材は V，斜材は D という文字で表すことにする．

5.2 鉄橋の部材にはたらく力を求める方法

外力を受けるトラス部材は，軸方向力のみを受けて抵抗している．トラス部材の断面寸法を決定（設計）するためには，この部材力の大きさを求める必要がある．部材力を求めることをトラスを解くという．トラスの解法には節点法といわれるものと断面法といわれるものがあり，両方とも，第 2 章でバケットを吊るしたケーブルの力を求めたときの，自由物体のつり合いを考えた計算方法と基本的に同じである．

(1) 節点のつり合いを考える

図 5.5(a) に示すトラスの部材 AB の部材力 D_1 と部材 AC の部材力 L_1 を，各節点のつり合いを考えることにより求めてみよう．この方法を**節点法**という．まず，反力 H_A, V_A, V_E を書き出し，トラス全体を自由物体と考えたつり合い式より反力を求める．すなわち，

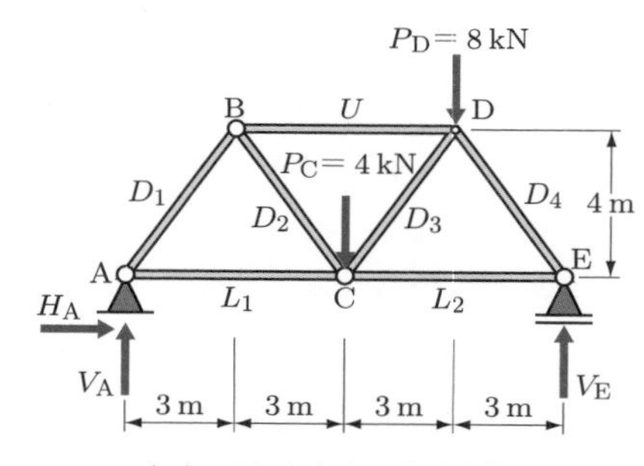

（a）反力を求める自由物体図

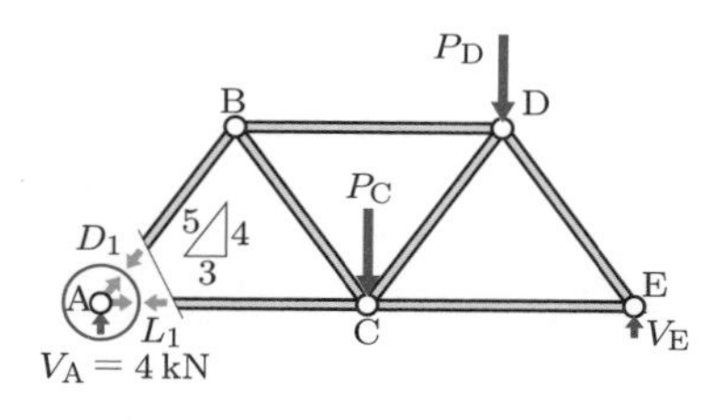

（b）節点 A を自由物体とする

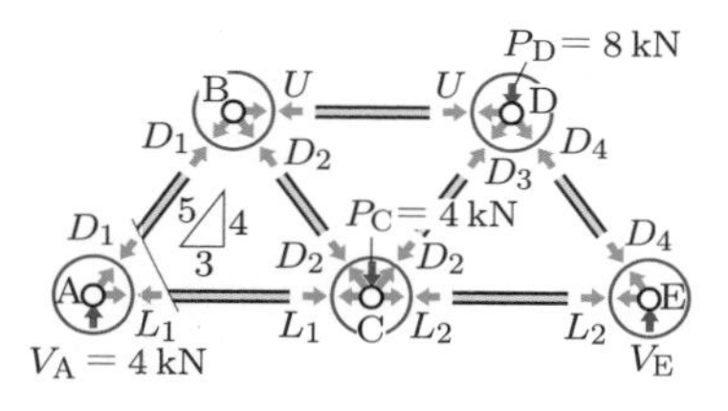

（c）すべての節点を自由物体とする

図 5.5　節点法

$$\sum H = 0: \ H_{\mathrm{A}} = 0$$

$$\sum V = 0: \ V_{\mathrm{A}} - 4 - 8 + V_{\mathrm{E}} = 0$$

$$\sum M_{(\mathrm{A})} = 0: \ 4 \cdot 6 + 8 \cdot 9 - V_{\mathrm{E}} \cdot 12 = 0$$

となる．これらを解いて，$V_{\mathrm{E}} = 8\,\mathrm{kN}, V_{\mathrm{A}} = 4\,\mathrm{kN}$ を得る．

次に，図 5.5(b) に示すように節点 A を切り取り，切断前に作用していたと考えられる部材力 D_1, L_1，反力 V_{A} を作用させ，自由物体として取り出す．このとき，部材力 D_1, L_1 は引張力と仮定し，矢印は節点から遠ざかる向きに描く．自由物体としての節点 A は，切り取る前と力学的に変化はないから，三つの力を受けて静止しているはずである．したがって，節点 A に作用する力の水平成分の和はゼロ，および鉛直成分の和もゼロという二つのつり合い式が成立する．すなわち，

$$\sum H = 0: \ D_1 \cdot \left(\frac{3}{5}\right) + L_1 = 0$$

$$\sum V = 0 : D_1 \cdot \left(\frac{4}{5}\right) + V_{\mathrm{A}} = 0$$

となる．これを解いて

$$D_1 = -4 \cdot \left(\frac{5}{4}\right) = -5\,\mathrm{kN}$$

$$L_1 = -D_1 \cdot \left(\frac{3}{5}\right) = -(-5) \cdot \left(\frac{3}{5}\right) = 3\,\mathrm{kN}$$

を得る．D_1 については負値を得たから，力は仮定した方向と逆の圧縮力が作用していることがわかる．図 (c) に示すように，ほかの節点 B, C, D, E についても同様のことを行えば，すべての部材力が順次求められる．以上の手続きを段階ごとにまとめると，以下のようになる．

① 支点反力を求める（一部の部材力のみ求める場合は必要ない場合もある）．

② 任意の節点において，これに連結されるすべての部材を切断し，切断前にはたらいていた部材軸力，反力，外力を作用させ，節点を自由物体として取り出す．

③ 部材力は，はじめは引張りか圧縮か不明であるが，すべて引張力と仮定して，矢印を節点から遠ざかる向きに記入する（引張力を正とする）．計算の結果，負値を得れば圧縮力（力の向きは節点に向かう方向）と考えればよい．ここで引張りか圧縮かは，部材について定義しているわけで，図 (c) でわかるように，節点から遠ざかる矢印の向きの力と部材を引っ張る力は，同じ力の作用と反作用の関係に

ある．

④ 節点 i に作用するすべての力について，水平方向と鉛直方向について，つり合い式をたてる．すなわち，次を得る．

$$\sum H_{(i)} = 0 \quad \text{および} \quad \sum V_{(i)} = 0$$

⑤ 一つの節点について，上記の二つの方程式が成立するから，すべての節点について方程式をたてて，これらを連立して解けば未知の部材力が求められる．ただし，一つの節点に二つの部材しか集まっていないときは，上の例のようにほかの方程式と連立させなくてもすぐに未知の部材力が計算できる．したがって，そのような節点から解きはじめて順次隣の節点に移り，その都度，未知部材力が二つずつになるようにできれば早く解ける．

TRY! ▶ 演習問題 5.1 を解いてみよう．

(2) 切断した部分のつり合いを考える

節点法では，各節点のまわりで部材を切断した．一方，とくに細長いトラスでは，節点にこだわらず，求めたい部材力を伝える部材を横切る断面で切断して部材力を求める方法が用いられる．2 分したトラスの左右どちらかの部分を自由物体と考えて，$\sum H = 0$, $\sum V = 0$, $\sum M = 0$ の三つのつり合い式をたてて解けば，未知部材力が求められる．この方法を**断面法**という．

先の図 5.5(a) の問題の部材力 U, D_2, L_1 を断面法で求めてみよう．まず，反力を求めたあと，**図 5.6** のように，U, D_2, L_1 を含む断面で切断し，切断面を引き出す方向に力 U, D_2, L_1 を作用させる．左側の部分を自由物体と考えてつり合い式をたてると

$$\sum H = 0: \quad U + D_2 \left(\frac{3}{5}\right) + L_1 = 0$$

$$\sum V = 0: \quad D_2 \left(\frac{4}{5}\right) - V_{\mathrm{A}} = 0$$

$$\sum M_{(\mathrm{B})} = 0: \quad V_{\mathrm{A}} \cdot 3 - L_1 \cdot 4 = 0$$

となる．これらを解くと，次のようになる．

第 2 式より $\quad D_2 = V_{\mathrm{A}} \left(\frac{5}{4}\right) = 5\,\mathrm{kN}$

第 3 式より $\quad L_1 = V_{\mathrm{A}} \left(\frac{3}{4}\right) = 3\,\mathrm{kN}$

第1式に代入して，$U = -D_2\left(\frac{3}{5}\right) - L_1 = -6\,\mathrm{kN}$ を得る．

同様の考え方で，求めようとする部材力以外の部材力の作用線の交点を中心につり合い式 $\sum M = 0$ をたてると，求めたい部材力が即座に得られる．そこで，モーメントの中心を適切に移動して，モーメントのつり合い式のみですべての部材力を求めようとする方法が考えられる．いままでと同じ例の，図 5.6 の U, D_2, L_1 を求める場合を考える．左側の自由物体について，U と D_2 の交点 B まわりのモーメントのつり合いを考えると，残りの未知力 L_1 が求められる．

$$\sum M_{(\mathrm{B})} = 0 :\ V_\mathrm{A} \cdot 3 - L_1 \cdot 4 = 0 \rightarrow L_1 = V_\mathrm{A}\left(\frac{3}{4}\right) = 3\,\mathrm{kN}$$

同様に，D_2 と L_1 の交点 C まわりのモーメントのつり合いを考えると，残りの未知力 U が求められる．

$$\sum M_{(\mathrm{C})} = 0 :\ V_\mathrm{A} \cdot 6 + U \cdot 4 = 0 \rightarrow U = -V_\mathrm{A}\left(\frac{6}{4}\right) = -6\,\mathrm{kN}$$

最後の D_2 は，この例の場合 U と L_1 が交わらないので，$\sum M = 0$ の代わりに $\sum V = 0$ を用いて，$D_2 = 5\,\mathrm{kN}$ として求められる．

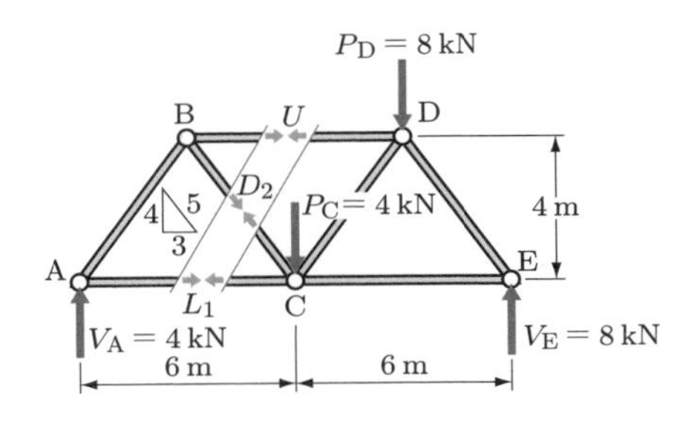

図 5.6　断面法によるトラスの解法

以上，トラスの部材力のすべてを求めなければならないときは，節点法，断面法のどちらを用いてもあまり労力は変わらないが，節点法では前の結果をあとで使って解くため，途中の節点で計算を間違うとあとの結果も間違いとなるので注意を要する．一方，断面法では，求めたい部材力のみ独立して求めることができる利点があるので，一般に有利である．

TRY! ▶ 演習問題 5.2〜5.5 を解いてみよう．

5.3 パンタグラフは不安定なトラス

外力に対して構造物がつねに位置を保つことができる場合を外的安定というと先に述べたが，外力に対して形を崩すことがない場合を内的安定という．図 5.1 でみたように，三つの部材を三角形に組んだ系は，最も簡単な内的に安定したトラスである．そのため，安定トラスを得るには，三角形を単位として部材を組めばよいことがわかる．ここで，内的に安定なトラスの部材の数 m と節点の数 j との間の関係を調べてみよう．

まず，1 本の部材で両端の 2 節点の位置が決まる．その後 2 本の部材によって，新たに一つの節点が定まっていく．これを繰り返せば安定トラスが得られる．最初に 1 部材 2 節点があり，その後 2 部材で 1 節点が定まるのだから，完成されたトラスの全部材数 m と全節点数 j の間には,

$$2+\frac{m-1}{2}=j$$

の関係がある．これよりも部材を減らすと形が保てないが，部材が多くても安定なことに変わりはないから，結局，トラスの内的安定のための必要条件は，次式で表される．

$$j \leqq \frac{m+3}{2} \tag{5.1}$$

ところで，**図 5.7**(a) は，$m=13,\ j=8$ で式 (5.1) を満足しているが，変形可能な四辺形を含むので，不安定トラスである．すなわち，式 (5.1) は十分条件ではないので，これを満足しても節点の位置が確定するかどうかの確認が必要である[*1]．ちなみに，図 (b) は四辺形を含むが，式 (5.1) を満足する安定なトラスの例である．

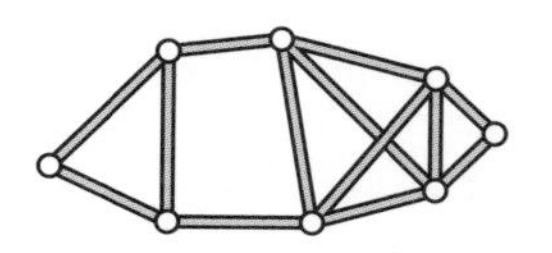

（a）式(5.1)を満足する内的不安定トラスの例（$m=13$，$j=8$）

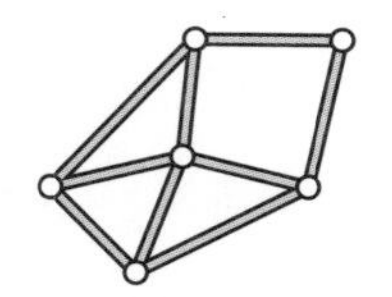

（b）四辺形を含む内的安定トラスの例（$m=9$，$j=6$）

図 5.7　トラスの内的安定と不安定

[*1] トラスを含めて構造物の安定に関する十分条件は，数理的には「独立なつり合い式を連立方程式として解くときの分母の行列式がゼロでないこと」といえるが，実用的でない．
図式判定法［高橋武雄：構造力学入門 I，培風館］もあるが難解でもあるので，ここでは述べない．

5.4 1点に多くの部材が集まると簡単に解けない

支点反力がつり合い式だけから定まる構造を（外的）静定ということは先に述べた．すべての部材力が力のつり合い式だけから求められる構造を内的静定，求められない構造を内的不静定という．

安定なトラスに荷重が作用してつり合い状態にあるとき，部材力と支点反力は未知力である．トラスの場合，未知部材力数は部材数 m と一致するから，支点反力の総数を r とすると未知数の合計は $m+r$ である．一方，5.2節の節点法のところでみたように，j 個の節点について，二つのつり合い式 $\sum H=0$, $\sum V=0$ が成立するので，方程式の数は $2j$ 個となる．したがって，

$$m+r=2j \tag{5.2}$$

の関係をもつ安定トラスは，内的静定トラスである．トラスが単純支持されている場合，$r=3$ であるから，式(5.2)は式(5.1)に一致する．すなわち，**図 5.8**(a)の例のように，内的安定の最小限の条件に合致するトラスを単純支持した構造物は，内的にも外的にも静定である．すでにみたように，$r>3$ のとき外的不静定であり，図(b)に示すトラスのように，$m>2j-3$ のとき内的不静定となる．不静定トラスについて $m-(2j-3)$ で計算される値を不静定次数という．不静定トラスの解法については，下巻で説明する．

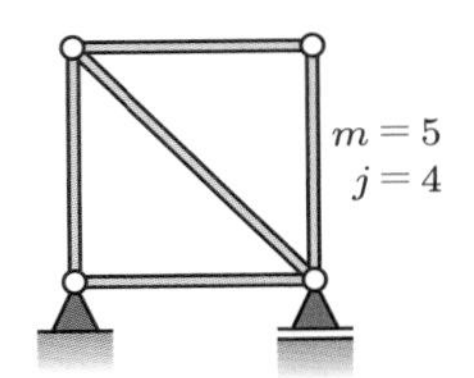

（a）内的静定トラスの例

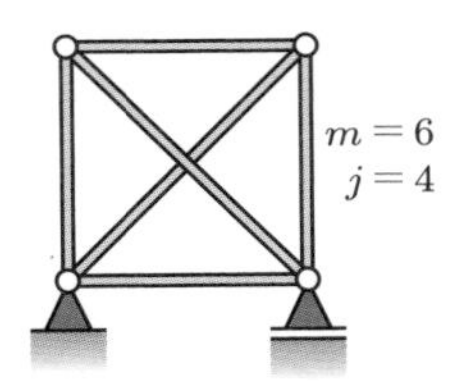

（b）内的不静定トラスの例

図 5.8　トラスの内的静定と内的不静定

TRY! ▶ 演習問題 5.6 を解いてみよう．

演習問題

5.1　**図 5.9** に示すトラスの部材力 D, L を求めよ．

5.2　**図 5.10** に示すトラスの全部材力を節点法と断面法で解いて，その結果と労力を比較せよ．

5.3　**図 5.11** に示すトラスの部材力 U, D, L を求めよ．

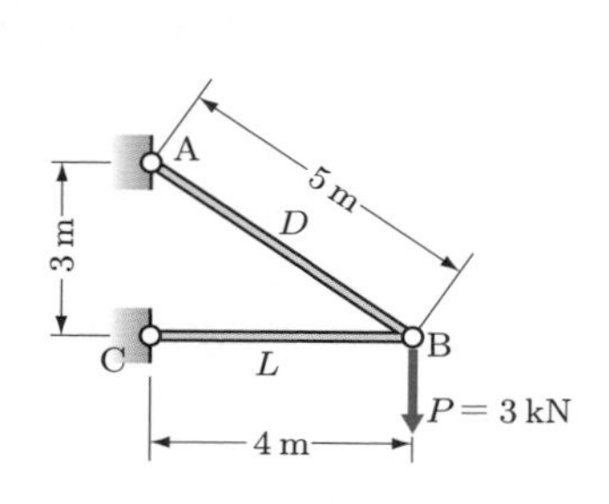

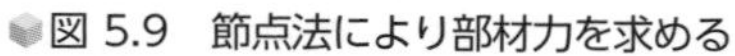
図 5.9　節点法により部材力を求める

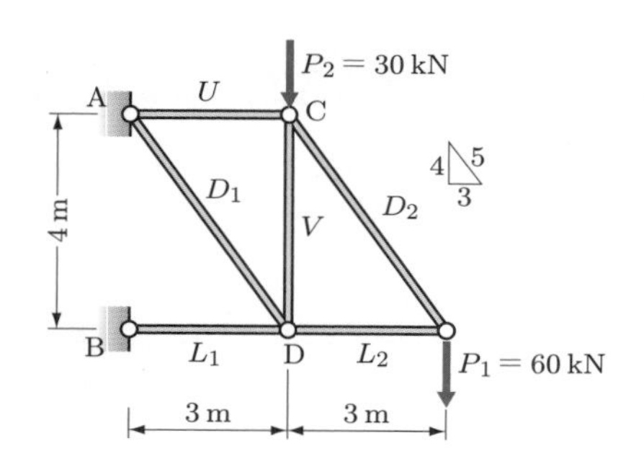

図 5.10　部材力を求める

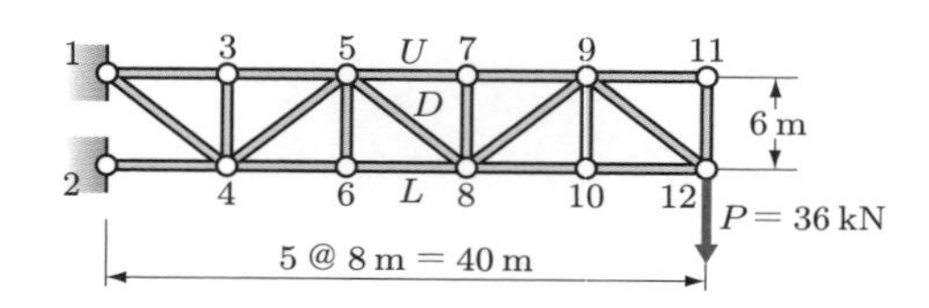

図 5.11　部材力を求める

5.4　**図 5.12** に示すトラスの部材力 U, D, L を，図中の記号を用いて表せ．ただし，荷重 P は，点 A からの任意の位置 x にあるものとし，$x \leqq a_k$ とする．

5.5　図 5.12 に示す同じトラスの部材力 U, D, L を $x \geqq a_j$ の場合について求めよ．

5.6　図 5.8(b) に示す内的不静定トラスを，節点法または断面法で解くことを試みよ．どの節点を自由物体と考えても，節点に作用する未知部材力の数が 3（方程式の数は 2）であること，どの断面を切断しても，切断面に現れる未知部材力の数は 4（方程式の数は 3）となることを知り，いずれの方法でもすぐには解けないことを確認せよ．

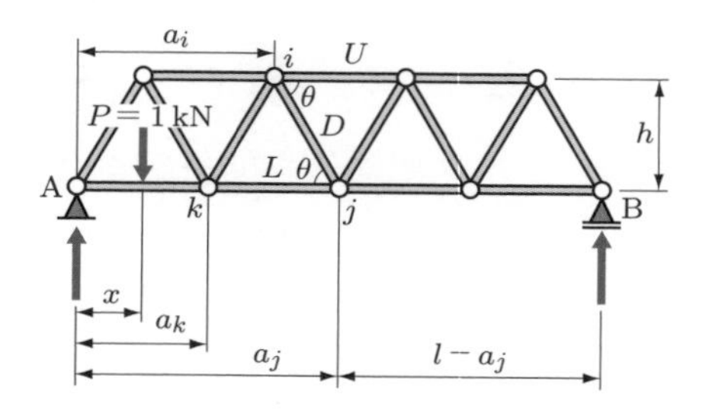

図 5.12　部材力を求める

第6章

構造材料の力学的性質を知ろう

第 4，5 章では，それぞれはりとトラス構造について，部材の内部にはたらく力 $(N,\ Q,\ M)$ の大きさと，材軸方向の分布を求めることについて学んだ．構造物を設計することは，これらの力に安全に抵抗できるように構造物の形状や部材の寸法を定めることである．そのためには，構造物をつくる材料の性質や強さを知らなければならない．ここでは，構造物に用いるおもな材料である鋼，コンクリートを中心に，構造材料の力学的性質について学ぶ．

6.1 異方性材料って何だろう

構造材料は，その内部の組織構造によって，以下のように分類することができる．

(1) 異方性体

物質構成の基礎をなす粒子（原子，分子）が空間的に規則正しく配置され，結晶格子をつくっている場合には，原子，分子の配列が方向によって異なるため，力学的性質も方向によって異なる，すなわち**異方性**を示す．力学的性質が方向によって異なる物体を異方性体 (anisotropic body) という．

たとえば，**図 6.1** に示すような結晶体，木材や一方向に鉄筋の入ったコンクリート床版などが異方性体であり，圧延した鋼板も厳密には圧延方向と直角方向では異方性を示す．

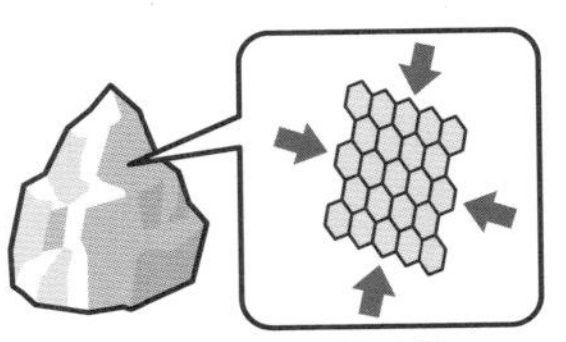

（a）結晶体は異方性体

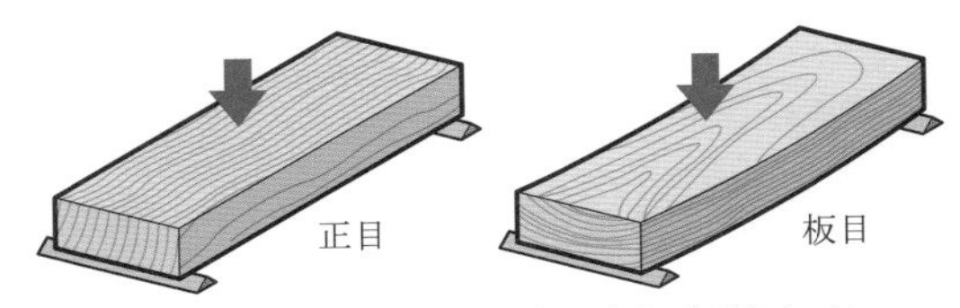

（b）木材は正目のほうが板目より曲がりにくい

図 6.1　力学性状が方向により異なる異方性体

(2) 等方性体

図 6.2(a) に示すように，物質構成の基礎をなす粒子が，全く不規則に配列されたもの（非結晶体など）であって方向による性質の差異がない場合を**等方性**といい，そのような物体を等方性体 (isotropic body) という．等方性体の例としては，ガラス，ろう，液体，気体などがある．

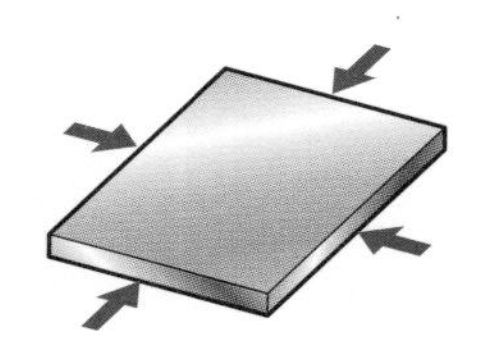

（a）等方性体（ガラスなど）

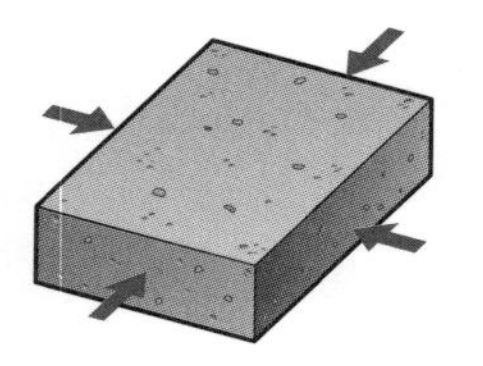

（b）擬等方性体（コンクリートなど）

図 6.2　等方性体と擬等方性体

(3) 擬等方性体

われわれの用いる構造材料は，いずれもその構造組織に立ち入れば異方性であるが，微小結晶粒子は，無数に雑然と集合している状態にあるから，これを全体としてみるときは，異方性を示さず，むしろ等方性に似た性質を示す．そのような物体を擬等方性体 (quasi-isotropic body) という（図 6.2(b) 参照）．擬等方性体の例としては，花こう岩，鋼，コンクリートなどがある．

(4) 等質体

その物体のどの小部分をとっても，その性質が相等しいような物体を等質体 (homogeneous body) といい，ガラス，ろう，ゴムなどがその例である．

(5) 異質体

異質の小部分から構成される物体を異質体 (heterogeneous, non-homogeneous body) といい，花こう岩やコンクリートなどは，厳密には異質体である．しかし，ほとんどの場合，異質の小部分より十分大きな構造部材として用いるので，実用的には等質体として取り扱っても大きな問題は生じない．

以上，結論としては，擬等方性体という定義も紹介はしたが，**構造材料の代表である鋼とコンクリートは，実用的には等方性の等質体として取り扱われる**．

6.2 男性と女性？ いや弾性と塑性

材料が力の作用を受けて変形したあと，原形に戻ろうとする性質を，その材料の**弾性** (elasticity) という．荷重を取り去ったあと，変形が完全にかつ急激に回復するものを完全弾性体，完全には回復しないものを不完全弾性体という．**図 6.3** に示すバネのように，われわれが用いる構造材料の多くは，変形が小さい間は完全弾性体に比較的近いものとみなせるが，変形が大きくなるにつれて不完全弾性体となり，力を取り去っても何らかの変形が残る．これを残留変形という．弾性を回復しない残留変形を，**塑性変形** (plastic deformation) または，永久変形ともいう．

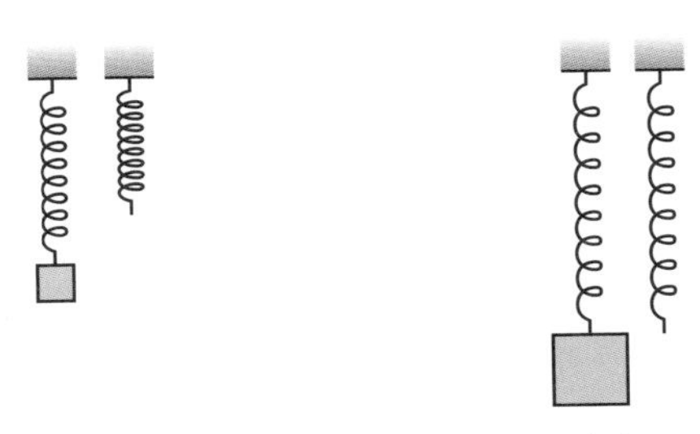
（a）もとに戻るのが弾性変形　（b）もとに戻らないのが塑性変形

図 6.3　弾性変形と塑性変形

本書で扱う理論は，すべて構造物が完全弾性材料でつくられているという仮定のもとでのものである．

6.3 いよいよ登場！ 応力度とひずみ度

棒を軸方向に引っ張れば，内部粒子間に引力が作用し，軸方向に圧縮すれば，内部粒子間に反発しあう力が作用する．このように，外からの力の作用に対して材料の内部に生じる力を**応力** (stress) という．材料は，この応力によって変形したり破壊したりする．いま，**図 6.4**(a) に示す材料 A は，10 cm 平方の断面に 100 kN の力を受けたときに壊れ，図 (b) に示す材料 B は，5 cm 平方の断面に 50 kN の力を受けたときに壊れた．さて，どちらの材料のほうが強いといえるだろうか．この問いに対して，力として大きい 100 kN に耐えた材料 A のほうが強いということには，必ずしもならない．材料 A は断面が大きいから，強いのはあたり前という考えがあるからである．そこで，平等に比較するためには，単位面積 ($1\,\mathrm{cm}^2$) あたり，どれだけの力で壊れたかを考えればよいことがわかる．

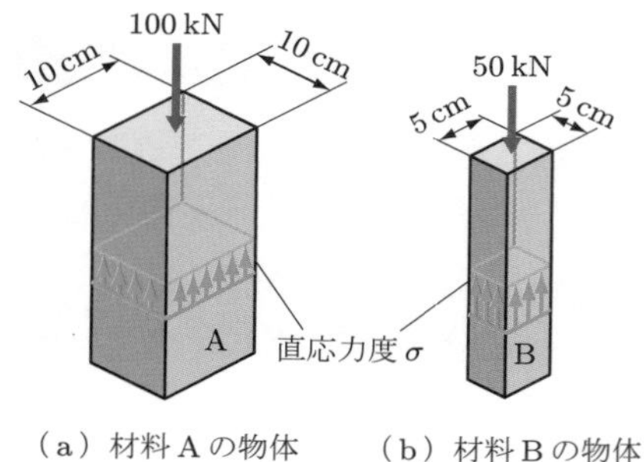

（a）材料 A の物体　　（b）材料 B の物体

図 6.4　直応力度 = 単位面積あたりの断面に垂直な力

この**単位面積あたりの力のことを応力の度合いという意味で応力度** (stress intensity) という．いまの問題の場合，断面内に平均して力が分布するとすると，材料 A の破壊時の応力度は，$100\,\mathrm{kN}/(10 \times 10)\,\mathrm{cm}^2 = 1\,\mathrm{kN/cm}^2$ となり，材料 B の破壊時の応力度は，$50\,\mathrm{kN}/(5 \times 5)\,\mathrm{cm}^2 = 2\,\mathrm{kN/cm}^2$ となる．このように，応力度を計算して比較すると，材料 B は材料 A の倍の強さであることがわかる．

$$\text{平均直応力度} = \frac{\text{軸方向力}}{\text{断面積}}, \quad \sigma = \frac{N}{A}$$

このように，**断面に垂直に作用する応力度を（垂）直応力度** (normal stress) とよび，記号としてギリシャ文字の σ（シグマ）を用いて表す．直応力度のうち，図 6.4 のように断面を押す向きに作用するものを**圧縮応力度** (compressive stress) という．圧縮応力度は，いままでに習った圧力と同じと考えてもよいが，応力度には，断面を引っ張る向きに作用する**引張応力度** (tensile stress) もある．構造力学では，引張応力度を正符号，圧縮応力度を負符号で表すのが普通であるが，引張応力度の作用することが少ない土質力学やコンクリート工学においては，圧縮応力度を正符号とすることが多いので注意を要する．

断面に垂直な応力に対して，**断面に平行な，断面をずらそうとする応力**も存在する．**図 6.5** に示すように，接着剤ではりつけた二つの物体をずらそうとするときに断面に作用する応力がそれで，**せん断応力** (shear stress) という．物体どうしの接触面の摩擦力もせん断応力の仲間と考えてもよい．**単位面積あたりのせん断応力をせん断応力度**といい，ギリシャ文字の τ（タウ）で表す．図 6.5 の例であると，せん断応力度は面に一様に作用すると仮定して，

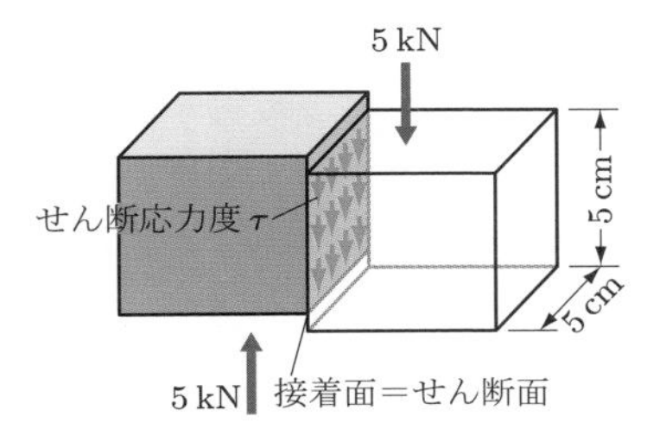

図 6.5　せん断応力度 ＝ 単位面積あたりの断面に平行な力

$$\tau = \frac{5000\,\mathrm{N}}{5 \times 5\,\mathrm{cm}^2} = 200\,\mathrm{N/cm}^2$$

となる．

$$\text{平均せん断応力度} = \frac{\text{せん断力}}{\text{断面積}}, \quad \tau = \frac{Q}{A}$$

上述のように，応力度の単位は，力を kN で面積を cm^2 で表せば，$\mathrm{kN/cm}^2$ などで与えられるが，第 1 章末でみたように，力を kgf で表す重力単位系への換算は

$$1\,\mathrm{kN/cm}^2 = 102\,\mathrm{kgf/cm}^2$$

$$1\,\mathrm{N/mm}^2 = 0.102\,\mathrm{kgf/mm}^2$$

のように行うことができる．

応力は，直接みることはできないが，これにともなう変形は，みたり測ったりすることができる．直応力に対する変形は伸び縮みである．いま，**図 6.6**(a) に示す長さ 2 m の棒 A は，力を受けて 3 cm 伸び，図 (b) に示す長さ 1 m の棒 B は，2 cm 伸びたとした場合，A と B では，どちらが大きく変形しているかという問いに対して，伸び量の絶対値が大きい A のほうが大きいということには，必ずしもならない．やはり，**単位の長さ (1 cm) あたり，どれだけ伸びたかという度合い**で，比較すべきであろう．これを**軸方向ひずみ（度）**(axial strain または，longitudinal strain) とよび，記

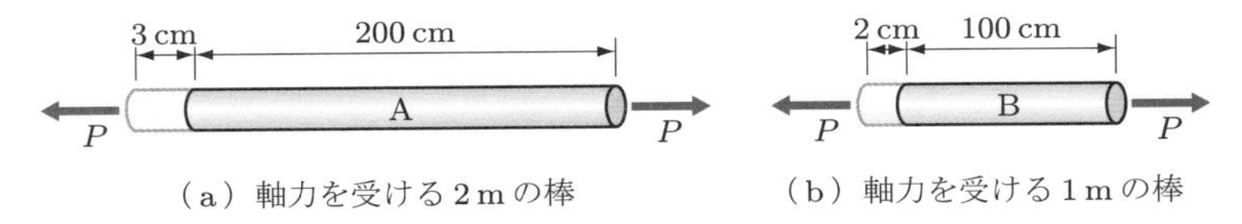

(a) 軸力を受ける 2 m の棒　(b) 軸力を受ける 1 m の棒

図 6.6　軸方向ひずみ度 ε ＝ 単位長さあたりの伸縮量

号 $\overset{\text{イプシロン}}{\varepsilon}$ で表す．すなわち，棒 A の軸方向ひずみは，$\varepsilon_A = 3/200 = 0.015$ であり，棒 B の軸方向ひずみは，$\varepsilon_B = 2/100 = 0.02$ となるから，棒 B のほうがひずみ（度）は大きいことになる．

$$\text{軸方向ひずみ} = \frac{\text{変化した長さ}}{\text{もとの長さ}}, \quad \varepsilon = \frac{\Delta l}{l}$$

せん断応力に対応する変形は，**せん断ひずみ（度）** (shear strain) といわれるずれ変形で，**図 6.7** に示すように，**物体がゆがむときの角度の変化**で定義し，記号 $\overset{\text{ガンマ}}{\gamma}$ を用いる．

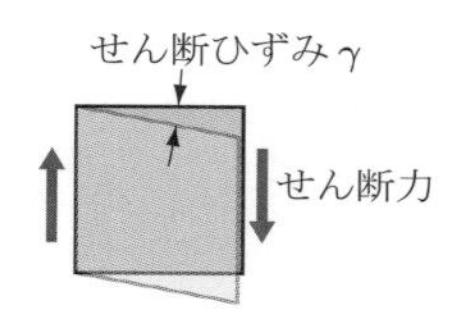

図 6.7　せん断ひずみ γ = ゆがみの角変化量

以上の二つの応力と変形は，一般に同時に起こることもあるので，力が作用する物体内の微小部分断面積 A について，以上のことをまとめると，**図 6.8** のようになる．今後，**単に「応力」や「ひずみ」のように「度」を省略して表現しても，応力度，ひずみ度を意味する場合が多い**ので注意してほしい．

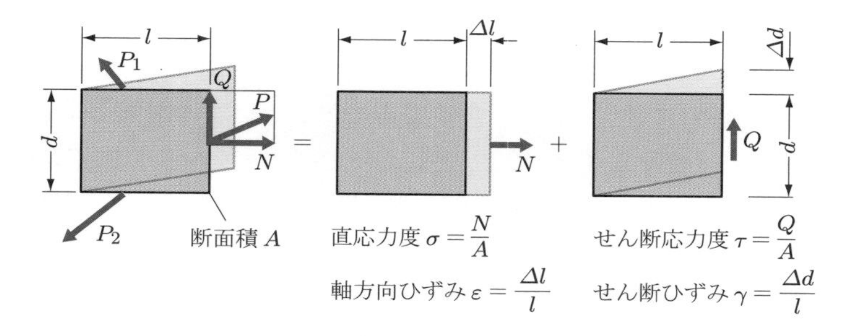

図 6.8　応力度とひずみ度のまとめ

TRY! ▶ 演習問題 6.1～6.3 を解いてみよう．

6.4 フックの法則を思い出そう

応力とひずみの関係は，理論的には求めることは困難で，ただ実験的にのみ知ることができるものである．フック（Robert Hooke，1635～1703）は，鉄のバネを用いて種々の実験を行い，その結果，バネに作用する力と伸縮量の間には，ある範囲内で比例の関係が成立することを発見した．すなわち，作用力を F，伸び量を x，バネ定数とよばれる比例定数を k とすると $F = kx$ で表される関係である．この関係は，バネだけでなく，通常用いられる鋼やコンクリートなどの材料でつくられた部材についても，一定の範囲で成立するとみなせる．バネの太さや部材の大きさにかかわらない一般的な関係は，先の議論のように応力（度）とひずみ（度）を用いればよい．

フックの法則 (Hooke's law) を式で表せば，(応力)/(ひずみ) = (定数) または，(応力) = (定数) × (ひずみ) となる．

図 6.9(a) に示すまっすぐな丸棒が，その軸方向に引張力を受ける場合，丸棒は力の作用によって伸び，伸びが一定値にいたって静止し，力はつり合い状態となる．いま，丸棒の自重を無視し，かつ P を丸棒に作用する引張力，l を丸棒のもとの長さ，Δl を丸棒の伸び，A を丸棒の断面積とすれば，軸方向に直角な断面上では引張応力度 σ が作用し，断面上に一様分布する．一方，第 4 章，第 5 章で学んだように，この丸棒を軸線で抽象化して代表させた場合の，断面力としての軸方向力を N とすると，図 6.9(b) のようになる．したがって，図の右側，あるいは左側の軸方向のつり合い条件は，図 (a) の場合，$P - \sigma \cdot A = 0$ であり，図 (b) については，$P - N = 0$ となる．よって，次式が成り立つ．

$$\sigma = \frac{P}{A} = \frac{N}{A} \tag{6.1}$$

変形はどうかというと，力の作用点の近く以外の部分では，軸方向に一様な伸び Δl を起こす．この場合のひずみは，**引張ひずみ** (tensile strain) であり，その大きさ ε は，次のようになる．

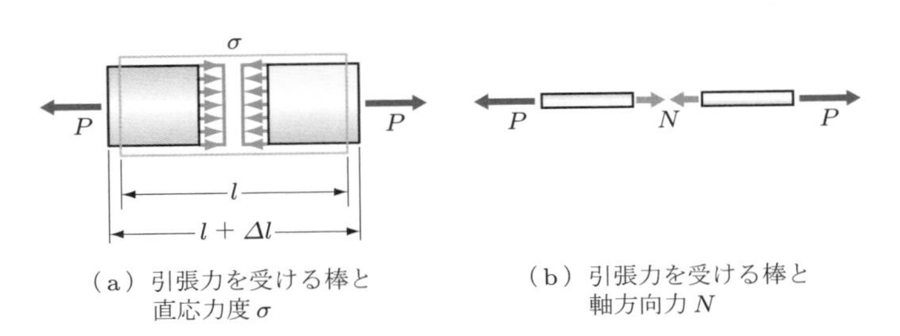

（a）引張力を受ける棒と直応力度 σ　　（b）引張力を受ける棒と軸方向力 N

図 6.9　直応力度と軸方向ひずみ

$$\varepsilon = \frac{\Delta l}{l} \tag{6.2}$$

したがって，この場合のフックの法則は，比例定数を elasticity（弾性）の頭文字をとって E と書くことにすると，次のように表される．

$$\sigma = E\varepsilon \quad \text{あるいは} \quad \frac{N}{A} = E\left(\frac{\Delta l}{l}\right) \tag{6.3}$$

ここに，定数 E はその材料の（縦）**弾性係数** (modulus of elasticity) というが，この関係を調べたヤング (E.W. Young) の名を用いて，**ヤング係数** (Young's modulus) ともいう．

式 (6.3) より明らかなように，ひずみは無名数であるから，弾性係数は応力度と同じ単位をもつことになる．鋼の応力度 σ とひずみ度 ε の関係は，次節で詳しくみるように，当初，直線的であり，その勾配がヤング係数となる．鋼のヤング係数は，ほぼ $200\,\mathrm{kN/mm^2} = 200\,\mathrm{GPa}$ $(= 2.1 \times 10^6\,\mathrm{kgf/cm^2})$ であることを覚えておこう．コンクリートのヤング係数 E_c は，強度の関数となるが，おおよそ $E_\mathrm{c} = 25$〜$35\,\mathrm{kN/mm^2} = (2.5$〜$3.5 \times 10^5\,\mathrm{kgf/cm^2})$ である．

6.5 ゴムひもを引っ張ると細くなる

図 6.9 に示した実験をゴムひもで行ってみるとわかるように，軸方向の伸びにともなって，横方向には縮み細くなる．材料が弾性である範囲においては，横方向の収縮ひずみの軸方向の伸びひずみに対する比は，定数である．この定数を通常 ν（ニュー）または $1/m$ で表す．ν を**ポアソン比** (Poisson's ratio), m をポアソン数 (Poisson's number) という．軸ひずみを ε とすると，横方向の収縮ひずみは $-\nu\varepsilon$ である．構造用金属材料の ν は，1/3〜1/4 であるが，ゴムの場合 1/2，コンクリートは 1/6〜1/12，コルクはほぼ 0 である．$\nu < 1/2$ の場合，正のひずみ（引張り）を受けると体積は増加する．なぜならば，$\nu < 1/2$ の場合，

$$(1+\varepsilon)(1-\nu\varepsilon)^2 \fallingdotseq (1 - 2\nu\varepsilon + \varepsilon) > 1$$

となるからである．

図 6.10 に示すように，平行な 2 面にせん断応力度 τ がはたらく場合のせん断応力

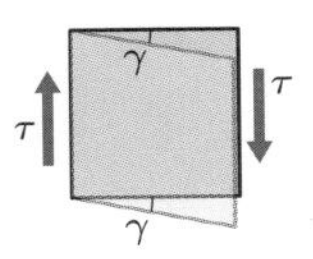

図 6.10　せん断応力度とせん断ひずみ

τ とせん断ひずみ γ との間にもフックの法則が成立し，次式で表せる．

$$\tau = G\gamma \tag{6.4}$$

このとき，G のことを**せん断弾性係数** (shear modulus of elasticity) という．この G とヤング係数 E の間には，次の関係が成立することは，理論的に導かれる．

$$G = \frac{E}{2(1+\nu)} \tag{6.5}$$

鋼では $E = 200\text{kN/mm}^2, \nu = 0.3$ とすると，ほぼ $G = 80\,\text{kN/mm}^2$ となる．G は，また，円柱体をねじることにより実験的に求めることもできる．

TRY! ▶ 演習問題 6.4 を解いてみよう．

6.6　応力 - ひずみ図が描けますか？

構造材料から規定寸法の試験片をつくり，**図 6.11** に示すように，これを試験機にかけて荷重をかけながら，荷重 P と試験片のひずみ $\varepsilon\ (= \Delta l/l)$ を測定する．試験片の最初の断面積を A_0 とすると，荷重の各段階の応力は $\sigma = P/A_0$ として求められ

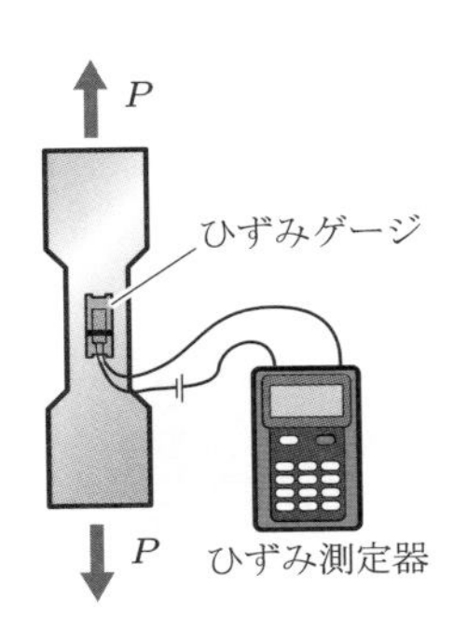

図 6.11　材料の引張試験

る．ひずみ ε は，試験片に張りつけた抵抗線ひずみゲージとひずみ測定器（ゲージ中に埋め込まれた抵抗線が試験片とともに伸びると，横方向の収縮により抵抗線の断面が小さくなり，その結果，抵抗が大きくなる．この抵抗値の変化をひずみ値 ε に換算して読みとることができる）により，求められる．

このようにして得た応力度 σ を縦軸に，ひずみ度 ε を横軸にとって，σ と ε の関係を表すグラフを（公称）**応力－ひずみ図**といい，簡単に σ－ε 図とよぶ．常温の軟鋼（JIS 規格の SS400，SM400 など）では，**図 6.12** のようになる．図 (b) は図 (a) の最初の部分を拡大して描いたものである．図中のいくつかの特徴的な点の名称とその意味を以下に説明する．

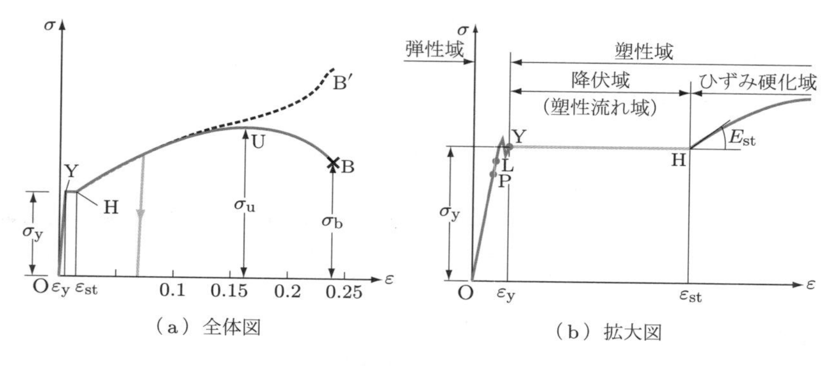

図 6.12　軟鋼の応力－ひずみ関係

比例限度 P：フックの法則（直線関係）が成立する最高点．

弾性限度 L：それ以下であれば，その材料が完全弾性を示す限度の点．

降伏点 Y：塑性流れ（plastic flow ＝荷重はほぼ一定のまま伸びが急激に生じ，曲線がほぼ水平になる軟鋼に特有の状態）の開始点．試験機の荷重計が止まるので，明確に測定可能な点である．軟鋼の材料強度を知るのに重要な点である．この点の応力度を降状応力度といい，σ_y で表し，ひずみを降伏ひずみといい，ε_y で表す．

最大応力点 U：曲線の最高点で，この点以後，試験片にくびれが生じる重要な点．この点の応力度 σ_u を引張強さ (tensile strength) という．

破断点 B：試験片が破断した点．この点の応力度 σ_b を破断強さという．

ひずみ硬化開始点 H：塑性流れが終了し，ひずみの増加のために応力の増加が必要な状態の開始点である．この点のひずみ（ひずみ硬化開始ひずみ）を ε_{st} で表す．

そのほかの軟鋼の性質を列挙すると，以下のようである．

① OL 間の直線の勾配の正接 (tangent) がヤング係数 E であり，$\sigma = E\varepsilon$ の関係がある．

本書で扱うのは，すべてこの範囲の応力（度）σ とひずみ（度）ε である．6.4 節ですでに述べたように，鋼のヤング係数は，ほぼ $200\,\mathrm{kN/mm^2} = 200\,\mathrm{GPa}$ $(= 2.1 \times 10^6\,\mathrm{kgf/cm^2})$ である．

② 曲線が U から降下するのは σ の計算にはじめの断面積 A_0 を用いたからである．伸びにともなう断面積の減少を考慮して，そのときごとの断面積で実応力を計算すると，図の破線のように B′ は U の上に出る．

③ このように UB 間は実際と異なるので，一般には引張強さ σ_u をもって材料の強さを表す．鋼種 SS400 などというときの数値 400 は，引張強さが $400\,\mathrm{N/mm^2}$ 以上あることを示している．

④ 破断したときの伸び $\Delta l_{\max}$（たとえば，距離 5 cm の二つの標点の破断後の距離の変化より求める）を用いて平均的なひずみを計算し，これをパーセントで表した値 $(\Delta l_{\max}/l_0) \times 100$ を伸び（率）といい，材料のねばり強さを判定する一つの目安とする．軟鋼の場合，20～30% の値を示すのが普通である．

⑤ 軟鋼の降伏（点）応力度 σ_y は $240\,\mathrm{N/mm^2}$ $(24\,\mathrm{kgf/mm^2})$ 程度であり，降伏ひずみ ε_y は，$0.0012 = 1200 \times 10^{-6} = 1200\,\mu$（マイクロ）程度である．

⑥ 軟鋼以外の材料では σ - ε 図ははじめからカーブして，フックの法則も降伏点の存在も不明確であるので，便宜的な定義によりヤング係数 E が定められる．降伏点 (= 0.2 % 耐力 $\sigma_{0.2}$) は，**図 6.13** に示すように，0.2% の永久ひずみを生じる点などとして定義される．

⑦ たとえば，コンクリートの応力 - ひずみ曲線は，直径 15 cm 高さ 30 cm の円柱を圧縮して得られるが，**図 6.14** に示すようになるので，強度 f_c' のほぼ 1/3 の点を結ぶ割線でヤング係数 E_c の値を定める．E_c の値は，強度 f_c' の関数で近似的に $E_\mathrm{c} = 40000 f_\mathrm{c}'^{1/3}\,[\mathrm{kgf/cm^2}] = 183000 f_\mathrm{c}'^{1/3}\,[\mathrm{N/cm^2}]$ で与えられるが，鋼のヤング係数の約 1/8 と覚えておけばよい．

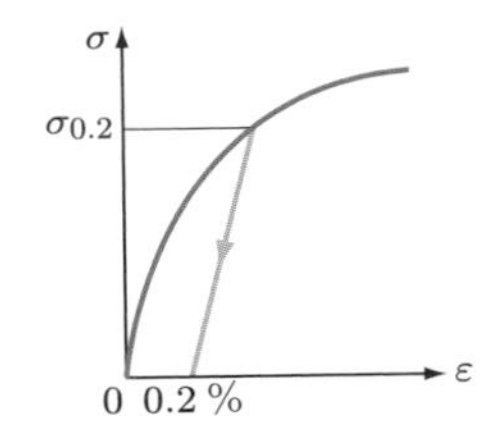

図 6.13　便宜的な降伏点応力度 $\sigma_{0.2}$

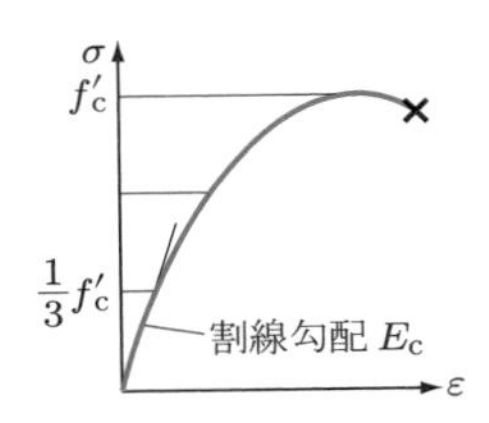

図 6.14　コンクリートの応力 - ひずみ図とヤング係数 E_c

例題 6.1

図 6.15 のように，材質の異なった材料①，②の両端に剛板をつけて，剛板を平行に保って両端を P で引っ張るとき，材料①，②が受けもつ引張力 P_1, P_2 を求めよ．ただし，それぞれの断面積を A_1, A_2，縦弾性係数を E_1, E_2 とする．

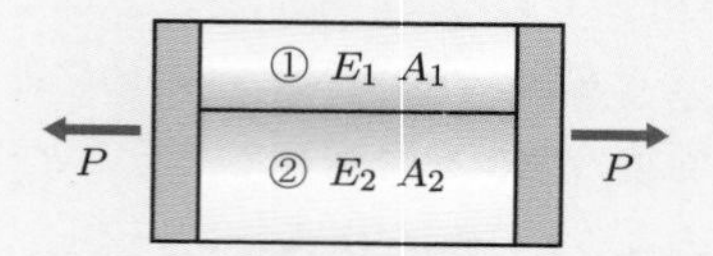

図 6.15　異種材料の並列部材の引張り

解答

つり合い式のみでは解けない問題である．材料①，②のひずみが同じであるという変形条件に着目し，そのひずみを ε とすると，応力は

$$\sigma_1 = E_1\varepsilon, \quad \sigma_2 = E_2\varepsilon$$

となり，受けもつ力は

$$P_1 = A_1\sigma_1 = A_1E_1\varepsilon, \quad P_2 = A_2\sigma_2 = A_2E_2\varepsilon$$

となる．

図 6.16 に示す自由物体のつり合い式より

$$P - P_1 - P_2 = 0$$

$$P = P_1 + P_2 = (A_1E_1 + A_2E_2)\varepsilon$$

である．これより ε を求めると

$$\varepsilon = \frac{P}{A_1E_1 + A_2E_2}$$

となる．もとの式に代入して，

$$P_1 = \frac{A_1E_1}{A_1E_1 + A_2E_2}P, \quad P_2 = \frac{A_2E_2}{A_1E_1 + A_2E_2}P$$

を得る．

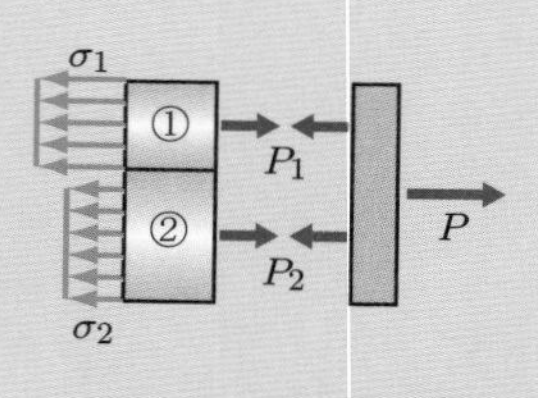

図 6.16　自由物体図

TRY! ▶ 演習問題 6.5 を解いてみよう.

例題 6.2

図 6.17 に示すように，長さ 100 cm の棒が固定壁間に，すき間なく入っている．いま，15℃ の温度上昇があったとき，棒の応力度はどれほどか．ただし，$E = 20 \times 10^6\ \mathrm{N/cm^2}$，線膨張係数 $\alpha = 1.0 \times 10^{-5}$/℃ とする．

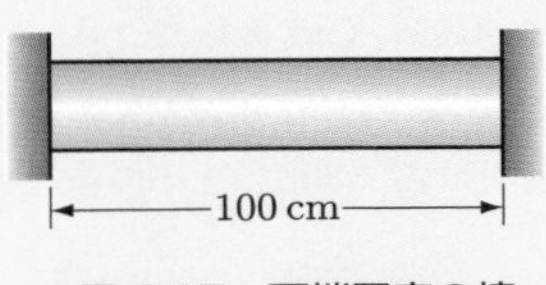

図 6.17　両端固定の棒

解答

温度応力は，温度による伸縮を拘束することにより生じる（拘束しなければ応力は生じない）．

この種の問題は，次の方針で解くことができる．

① 拘束がないとして伸縮量（ひずみ）Δl を計算する（**図 6.18**(a) 参照）．

② 伸縮量をもとの長さに戻す力（応力）P を求める（図 (b) 参照）．

この方針によると，Δl は次のようになる．

$$\Delta l = l\alpha t = 100 \times 1.0 \times 10^{-5} \times 15 = 15 \times 10^{-3}\ \mathrm{cm}$$

つり合いより

$$\sigma = \frac{P}{A}$$

となり，フックの法則より

$$\sigma = E\varepsilon = E\frac{\Delta l}{l}$$

となる．よって

$$\sigma = \frac{P}{A} = E\frac{\Delta l}{l}$$

$$= 20 \times 10^6 \times \frac{15 \times 10^{-3}}{100} = 3000\ \mathrm{N/cm^2}$$

を得る．

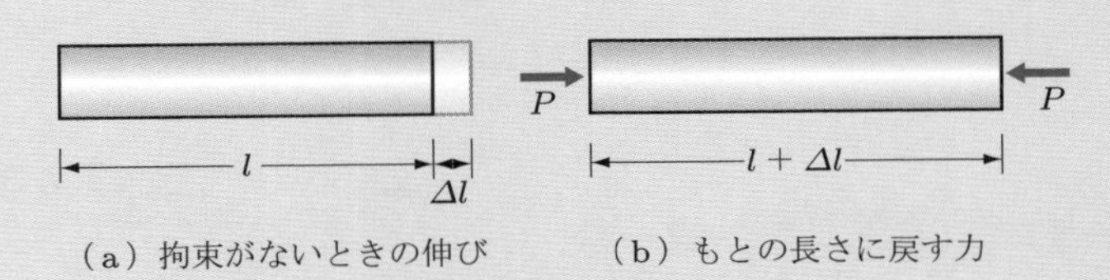

図 6.18　温度応力の計算

TRY! ▶ 演習問題 6.6, 6.7 を解いてみよう．

演習問題

6.1 **図 6.19** に示すように，コンクリートの標準供試体（直径 15 cm，高さ 30 cm）を圧縮試験したところ，$P = 450\,\mathrm{kN}$ で破壊した．このときの圧縮応力度を求めよ．

6.2 **図 6.20** に示すように，直径 22 mm の鋼棒（ボルト）3 本で連結した 2 枚の板（単せん断継手）を，$P = 120\,\mathrm{kN}$ で両側に引っ張るとき，鋼棒（ボルト）に生じるせん断応力度を求めよ．

6.3 **図 6.21** に示すように，複せん断継手（ボルト 1 本あたりせん断される面が複数（2 面）ある継手）が，$P = 400\,\mathrm{kN}$ の引張りを受けるとき，必要なボルトの本数を求めよ．ただし，ボルトは $\phi 22\,\mathrm{mm}$ を用い，許容せん断強さを $\tau_\mathrm{a} = 10\,\mathrm{kN/cm^2}$ とする．

6.4 直径 20 mm で長さが 1 m の鋼棒を軸方向に $P = 50\,\mathrm{kN}$ で引っ張ったとき，ヤング係数 $E = 200\,\mathrm{kN/mm^2}$，ポアソン比 $\nu = 0.25$ として，以下のものを計算せよ．

(1) 直応力度　(2) 軸ひずみ　(3) 伸び量　(4) 横ひずみ　(5) 体積の増減率

6.5 **図 6.22** に示すように，両端が壁に固定された棒 AB の三等分点 C に軸方向荷重 P が作用している．棒の断面積を $A = 10\,\mathrm{cm^2}$，縦弾性係数を $E = 20 \times 10^6\,\mathrm{N/cm^2}$ として次の問いに答えよ．

(1) 反力 $R_\mathrm{A}, R_\mathrm{B}$ を求めよ．

(2) AC 間の応力度 σ_AC と CB 間の応力度 σ_CB を求めよ．

(3) 点 C の変位を求めよ．

6.6 **図 6.23** に示すように，異種材料からなる二つの棒 1, 2 が固定壁間にすき間なく入っている．20°C の温度上昇を生じたときの棒 1, 2 の応力度 σ_1，σ_2 と点 C の変位を求めよ．

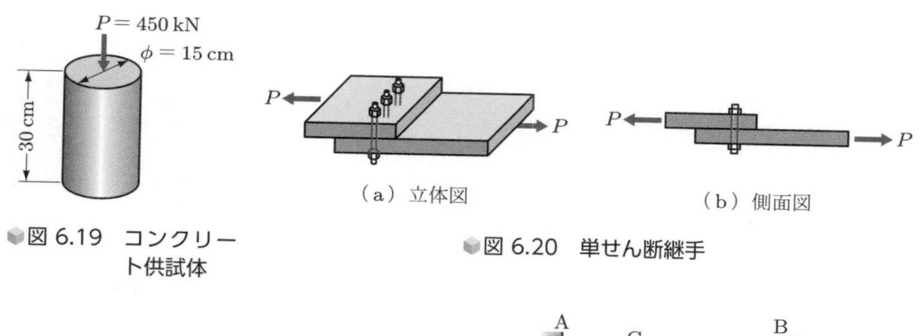

図 6.19　コンクリート供試体

図 6.20　単せん断継手

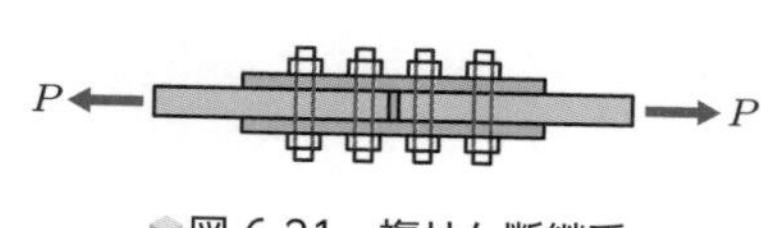

図 6.21　複せん断継手

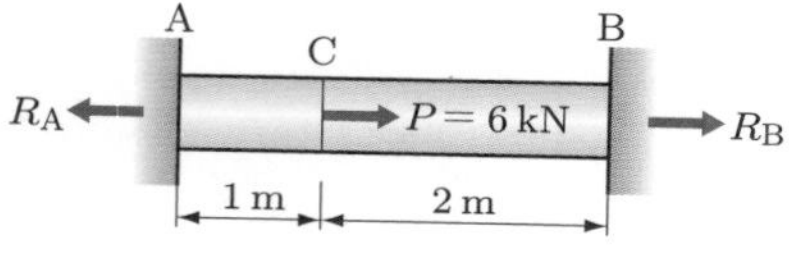

図 6.22　中間に軸力を受ける両端固定棒

ただし，$A_1 = 10\,\mathrm{cm}^2$, $A_2 = 20\,\mathrm{cm}^2$, $E_1 = 20 \times 10^6\,\mathrm{N/cm}^2$, $E_2 = 10 \times 10^6\,\mathrm{N/cm}^2$, 線膨張係数 $\alpha_1 = 1.0 \times 10^{-5}$/℃, $\alpha_2 = 2.0 \times 10^{-5}$/℃ とする．

6.7 両端がヒンジの部材 AC, BC で構成された**図 6.24** に示すような骨組の点 C に荷重 P が作用するとき，点 C の鉛直たわみ δ_{C} を求めよ．ただし，断面積，ヤング係数はすべて A, E とし，変位は微小と考えてよい．（ヒント：部材 AC, BC の伸びを計算し，その鉛直成分の和を求める）

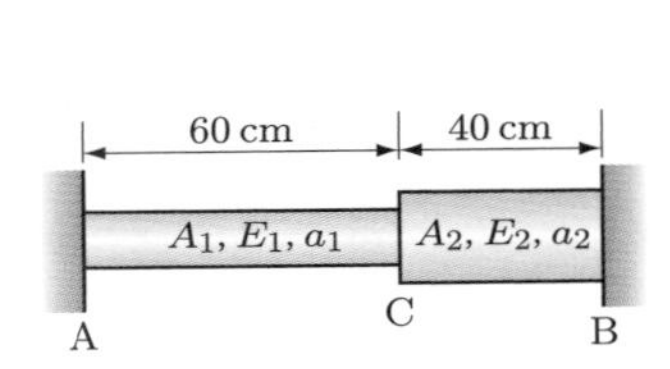

図 6.23　異種材料の直列部材の温度変化

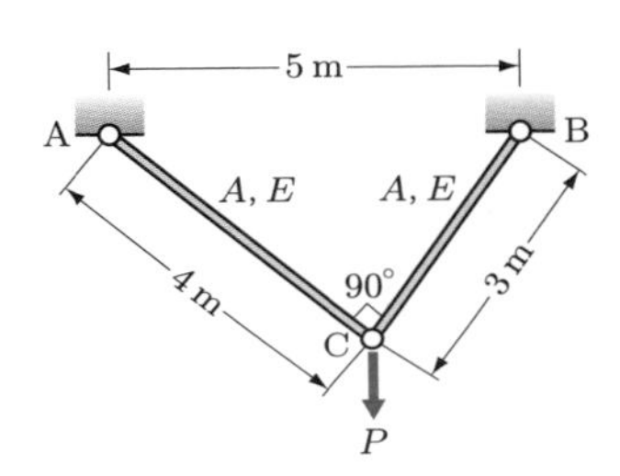

図 6.24　静定トラスのたわみ

第7章

はりの内部にはたらく力の状態を知ろう

7.1 曲がる変形も伸び縮みにより生じる

軸対称な断面をもつはりが，対称軸を含む面内に荷重を受けると，その面内にたわむ．その様子を観察するために，**図 7.1**(a) のように，はりの側面に格子状の線を描いて大きく曲げてみると，図 (b) のように変形する．この実験からわかる重要な事実は，図の格子線の縦の線は，はりが曲がったあとも直線を保っていることである．このことは，はりの奥行き方向にも成り立っているので，**変形前にはりの軸に垂直であった断面は，はりが荷重を受けて変形したあとも，はりの軸に垂直で平面を保っている**ということもできる．このことは，変形が小さい間は実験的に確認できることで，**平面保持の法則**とよぶ．

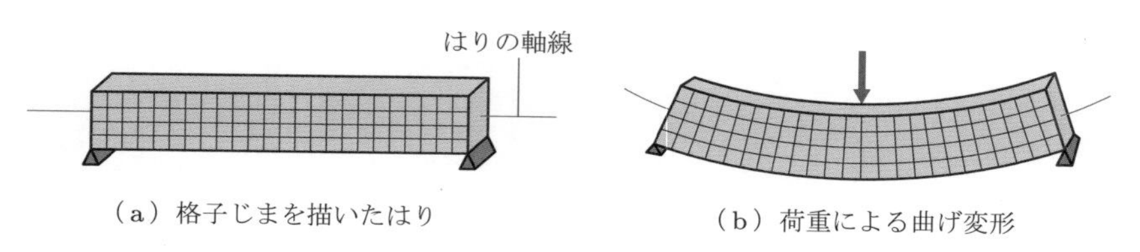

（a）格子じまを描いたはり　（b）荷重による曲げ変形

図 7.1　平面保持の法則の実験的確認

さて，もう一度図 7.1(b) の格子の変形を観察すると，上部の格子は細く縮まり，下部の格子は横に伸びて長くなっている．いま，はりが長さ方向の繊維を束ねてつくられていると考えると，上部の繊維は圧縮されて縮み，下部の繊維は引っ張られて伸びることによって，図のような曲げ変形が生じる．すなわち，**曲げ変形は，上側が縮み，下側が伸びる長さ方向の伸縮によって生じる**と考えてよい．

また，上部の縮む繊維から下部の伸びる繊維への移り変わりの途中に，伸び縮みしない繊維があることも観察される．**図 7.2** に示すように，このような伸縮しない繊維を含む水平面を**中立面** (neutral plane)，中立面と断面との交線を**中立軸** (neutral axis) という．

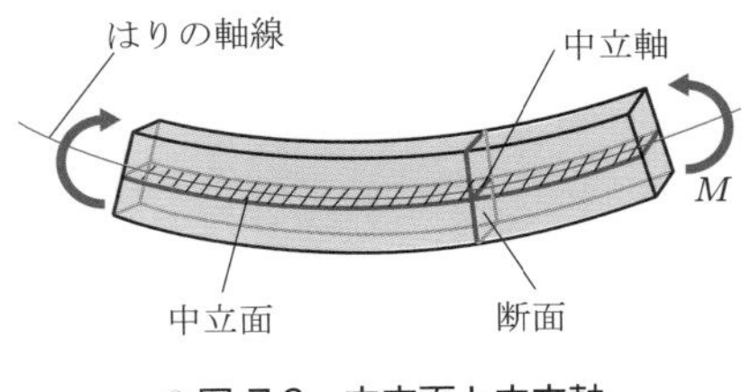

図 7.2　中立面と中立軸

7.2 曲げられた物体の内部の力

いま，**図 7.3**(a) に示すように，距離 dx を隔てた 2 断面で切り取られる部分の変形を考えてみよう．

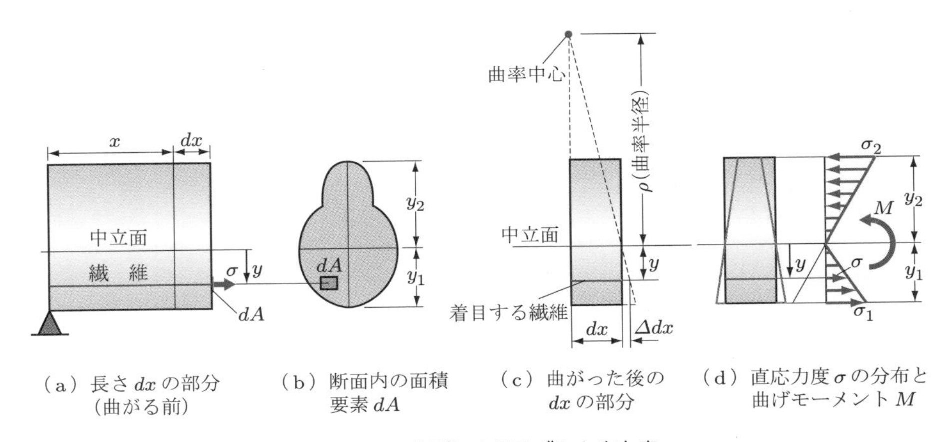

(a) 長さ dx の部分（曲がる前）　(b) 断面内の面積要素 dA　(c) 曲がった後の dx の部分　(d) 直応力度 σ の分布と曲げモーメント M

図 7.3　曲げによるひずみと応力度

7.1 節で説明したように，はりが曲げを受けると，上部では圧縮され，下部では引っ張られる．その結果，2 断面は図 7.3(c) の破線のように平面（直線）を保ちながら傾斜する．それと同時に，長さ方向の繊維は曲率をもつことになる．断面と繊維は直交しているので，2 断面を上に延長して得られる交点は**曲率中心**とよばれる点になる．曲率中心から中立面までの距離 ρ を**曲率半径**という．

いま，中立軸から y の距離にある断面上の 1 点を考え，この点を通る繊維のひずみを求めてみよう．図 7.3(c) に示す ρ を 1 辺とする三角形と，y を 1 辺とする三角形の相似関係より，次式が得られる．

$$\varepsilon = \frac{\Delta dx}{dx} = \frac{y}{\rho} \tag{7.1}$$

この伸び（縮み）ひずみは，繊維が受ける応力に対応して生じたものであり，その応

力の大きさはフックの法則より

$$\sigma = E\varepsilon = E\frac{\Delta dx}{dx} = \frac{E}{\rho}y \tag{7.2}$$

となる．E/ρ は，一つの断面については一定値であるから，曲げによる応力（繊維の伸縮による断面に垂直な応力）は，図 (d) に示すように，中立軸からの距離 y に比例して生じることがわかる．この応力は，中立軸より上の断面を圧縮し，中立軸より下の断面を引っ張って，断面を中立軸まわりに回転させようとするモーメントを生じる．このモーメントは，第 5 章で説明したように，はりを線にモデル化したときの断面力としての曲げモーメント M にほかならない．この曲げ（回転）モーメントの大きさは，次のようにして求められる．

いま，着目している繊維と考えている断面との交点のまわりに面積要素 dA (図 7.3(b) 参照）を考えると，この部分に $\sigma \cdot dA$ の力がはたらく．この力の中立軸まわりのモーメント $y \cdot \sigma dA$ を全断面積について集めたものが曲げモーメント M となるから，積分を用いて次式が得られる．

$$M = \int y\sigma \, dA$$

この式に，式 (7.2) を代入して

$$M = \frac{E}{\rho}\int y^2 \, dA = \frac{EI}{\rho} \tag{7.3}$$

となる．このとき，

$$I = \int y^2 \, dA \tag{7.4}$$

という量を定義した．I は，断面の形状・寸法が与えられればそれだけで決まる定数で，**断面 2 次モーメント** (moment of inertia of area) とよばれる重要な断面量である．式 (7.3) より $E/\rho = M/I$ であるから，この関係を式 (7.2) に代入すると，次式を得る．

$$\sigma = \frac{M}{I}y \tag{7.5}$$

これが曲げモーメント M を受ける断面の任意点（中立軸から y の位置の点）の，直応力度を求める式である．

σ の最大値は，y の最大の点，すなわち中立軸から最も遠い縁において生じる．この応力を縁端応力 (extreme fiber stress) といい，下縁の縁端応力を σ_1，上縁の縁端応力を σ_2 で表せば（図 7.3(d) 参照）

$$\sigma_1 = \frac{M}{I} y_1 \text{(引張り)}, \quad \sigma_2 = \frac{M}{I} y_2 \text{(圧縮)}$$

となる．ここで，y_1，y_2 を縁端距離とよぶ．

いま，断面 2 次モーメントを縁端距離で割った量を

$$W_1 = \frac{I}{y_1}, \quad W_2 = \frac{I}{y_2} \tag{7.6}$$

とおくと，断面内の最大応力 σ_1, σ_2 は

$$\sigma_1 = \frac{M}{W_1} \text{(引張り)}, \quad \sigma_2 = \frac{M}{W_2} \text{(圧縮)}$$

と簡単に表すことができる．W_1，W_2 のことを**断面係数** (section modulus) というが，これも形状寸法のみで決まる断面量で，製品カタログなどで部材断面の曲げ性能を表すのにも用いられる．

ここで，もう一度図 7.3(d) に戻って考えてみると，断面を圧縮する応力と引っ張る応力が作用するが，断面全体としては押しも引かれもしない．すなわち，断面力としての軸方向力は作用しない（軸方向の外力が作用しない）ので，$\sigma \cdot dA$ を断面全体で積分してもゼロとなるべきである．すなわち，

$$N = \int \sigma \, dA = \frac{E}{\rho} \int y \, dA = 0$$

となるから，結局，

$$\int y \, dA = 0$$

となる．この積分

$$G = \int y \, dA \tag{7.7}$$

は，**断面 1 次モーメント**とよばれる断面量である．以上より，中立軸に関しては断面 1 次モーメントがゼロになるという事実がわかる．このことを利用して，断面の中立軸の位置を求めることができる．

7.3 断面の形の幾何学的性質

本章で学ぶ曲げによって生じる直応力度やせん断応力度，そして第 8 章のたわみを計算するのに必要な断面の形に関する幾何学的諸量の定義と計算方法をここでまとめておく．

(1) 断面 1 次モーメントってどんなモーメント？

図 7.4(a), (b) に示すように，座標軸を設定し，部材の断面を図 (c) のように取り出し，平面図形として考える．図形内の 1 点 $(y,\ z)$ を囲む面積要素を dA とするとき，次式で定義される量を，この図形の（面積の）z 軸に対する **1 次モーメント** (geometrical moment of area) という．

$$G_z = \int y\,dA \tag{7.8}$$

とくに，構造部材の断面形についていうときは，**断面 1 次モーメント**という．同様に，y 軸に対する 1 次モーメントは，

$$G_y = \int z\,dA \tag{7.9}$$

と定義される．

1 次モーメントは，**図 7.5** に示すように，面積要素 dA が面積に比例した重さをもつと考えたときの，z 軸もしくは y 軸まわりの回転モーメントを表していると考えることもできる．

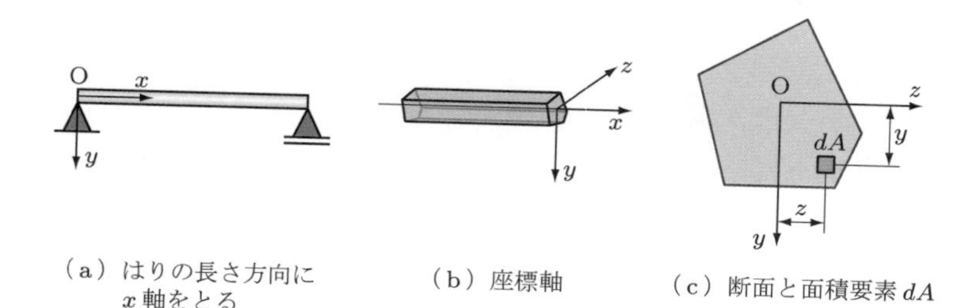

（a）はりの長さ方向に x 軸をとる　（b）座標軸　（c）断面と面積要素 dA

図 7.4　座標軸と断面

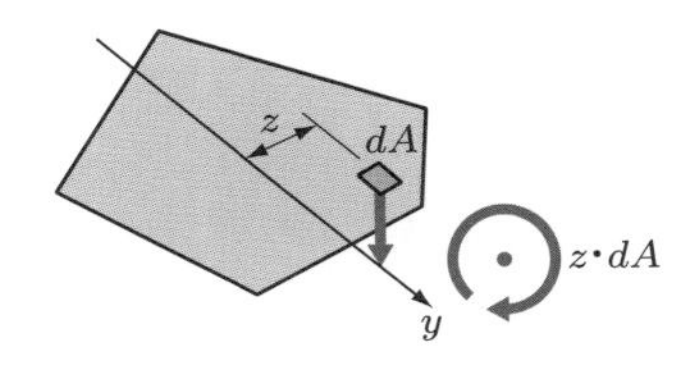

図 7.5　断面 1 次モーメントと回転モーメント

(2) 図心は図形の中心

上記のように，図形が面積に比例した重さをもつと考えると，理論的にはその重さの中心（重心 = center of gravity）が求められれば，その点で，その図形を支えることができる（**図 7.6**(a) 参照）．このような図形の中心を**図心** (center of figure) という．図心でその図形が支えられるということは，図 (b), (c) に示すように，図心を通るあらゆる軸まわりの重さによる回転モーメントがつり合っていることになるから，図心は，「その点を通る任意の軸に対する図形の（面積の）1 次モーメントが，いずれもゼロになるような点」と定義される．

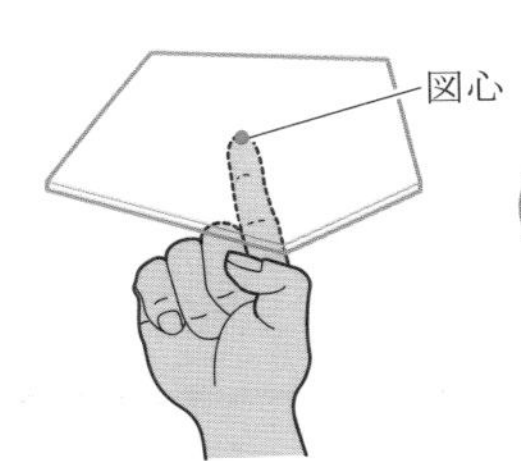

（a） 図形を支えることができる点が図心

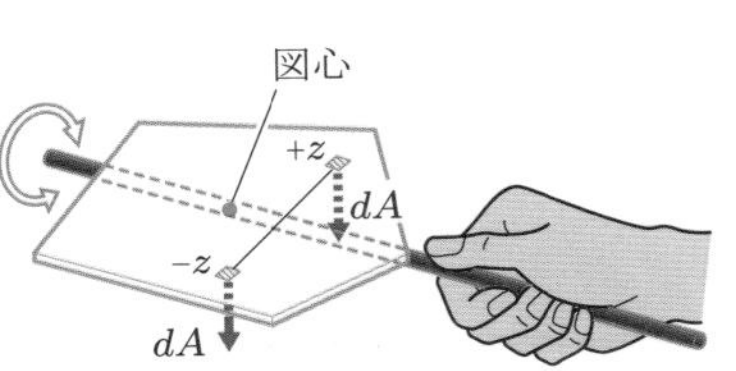

（b） 図心を通る軸まわりの図形の回転力はつり合う

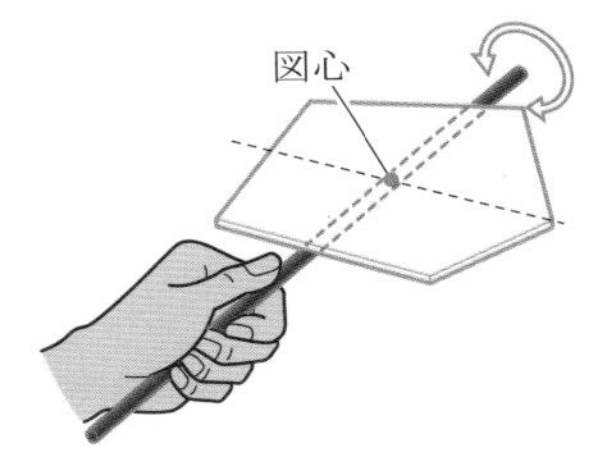

（c） 図形の回転力がつり合う 2軸の交点が図心となる

図 7.6　実験的に図心を求める

また，上記の定義と議論により，図形の対称軸に関しては，図形の 1 次モーメントがゼロになることは明らかなので，図心の位置に関する下記の事実がすぐにわかる．

① 図形が 2 本以上の対称軸をもつときは，それらの交点が図心である．

② 1 本の対称軸をもつ図形では，その軸上に図心がある．

対称軸のない一般図形について図心の位置を求めるには，以下のようにする．

いま，**図 7.7** に示すように，座標軸 $y-z$ を y 軸方向に y_0，z 軸方向に z_0 平行移動した軸を v, w とすると，定義より

$$G_w = \int v\,dA = \int (y - y_0)\,dA = \int y\,dA - \int y_0\,dA$$

となるから，次式を得る．

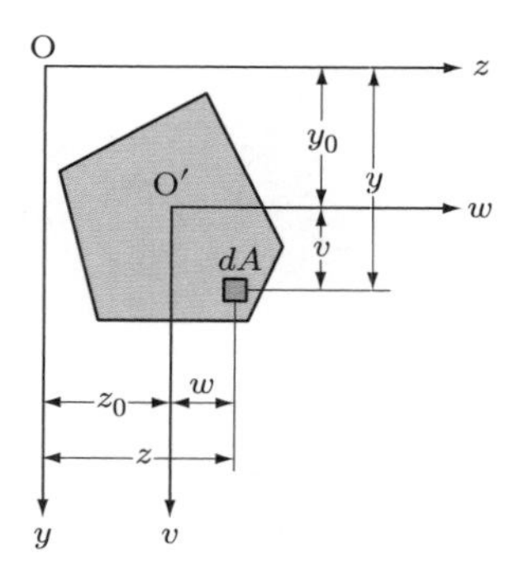

図 7.7　図心位置を計算する

$$G_w = G_z - y_0 A$$

同様に

$$G_v = G_y - z_0 A \tag{7.10}$$

となる．ここで，v，w 軸の原点 O′ が図心だとすると，式 (7.10) の左辺はゼロになるから，図心の座標 y_0，z_0 が次式で求められる．

$$y_0 = \frac{G_z}{A}, \quad z_0 = \frac{G_y}{A} \tag{7.11}$$

また，この式を $G_z = Ay_0, G_y = Az_0$ と理解すれば，図心の位置が既知の図形の 1 次モーメントは，考えている軸から図心までの距離と面積との積で求められることもわかる．

ところで，7.2 節でみたように曲げを受ける断面の中立軸に関しては，断面 1 次モーメントがゼロになるので，中立軸は図心を通ることになる．すなわち，断面の図心を連ねた線は，曲げに関して代表軸としての意味をもつので，**はりを一本の線で表す場合は，その線を断面の図心を連ねた軸線と考える．**

例題 7.1　幅 b，高さ h の長方形断面の図心を求め，重心（対角線の交点）に一致することを確認せよ．

解答　**図 7.8** のように y, z 軸を設定すると，幅が一定のとき $dA = b \cdot dy$ と考えてよいから，式 (7.8) より

$$G_z = \int y\,dA = \int_0^h yb\,dy = b\left[\frac{1}{2}y^2\right]_0^h = \frac{bh^2}{2}$$

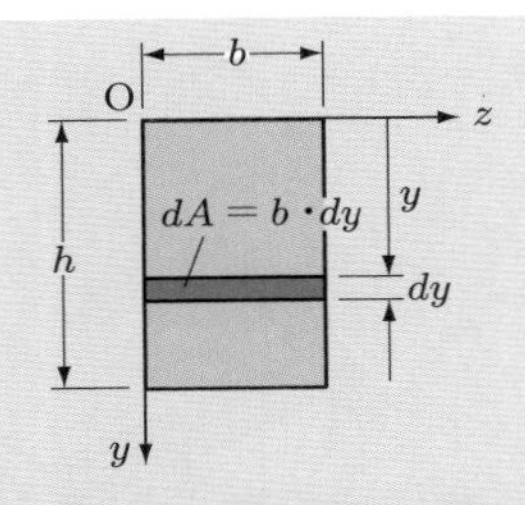

図 7.8　長方形断面の図心

$$G_y = \int z\,dA = \int_0^b zh\,dz = h\left[\frac{1}{2}z^2\right]_0^b = \frac{hb^2}{2}$$

となる．式 (7.11) を用いて

$$y_0 = \frac{G_z}{A} = \frac{bh^2/2}{bh} = \frac{h}{2}$$

$$z_0 = \frac{G_y}{A} = \frac{hb^2/2}{bh} = \frac{b}{2}$$

が成り立つ．すなわち，図心は重心に一致する．

三角形，円，長方形などの単純な図形の図心は自明であるから，**図 7.9** のように，単純な部分図形に分けられるような集合図形の図心を求める場合には，次のことを用いるとよい．

① 集合図形の 1 次モーメントは，部分図形の 1 次モーメントの和である．

② 部分図形の 1 次モーメントは，(その面積) × (図心から考えている軸までの距離) で求められる．

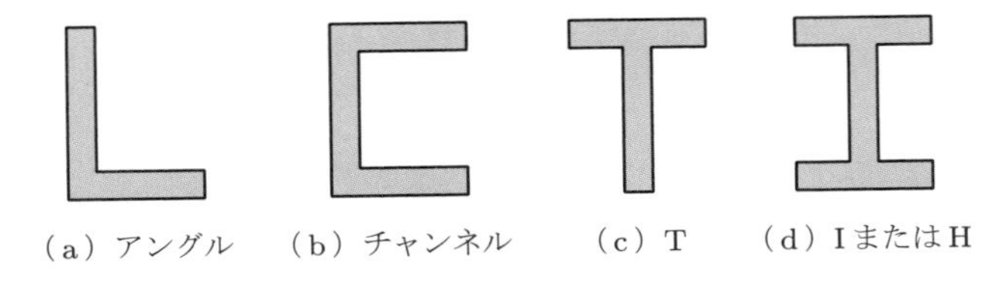

図 7.9　集合図形の例

図 7.10 に示す例で説明すると，面積 A_1, A_2, A_3 の三つの部分図形に分けて考えて，

$$G_z = A_1y_1 + A_2y_2 + A_3y_3$$

$$G_y = A_1z_1 + A_2z_2 + A_3z_3$$

となる．

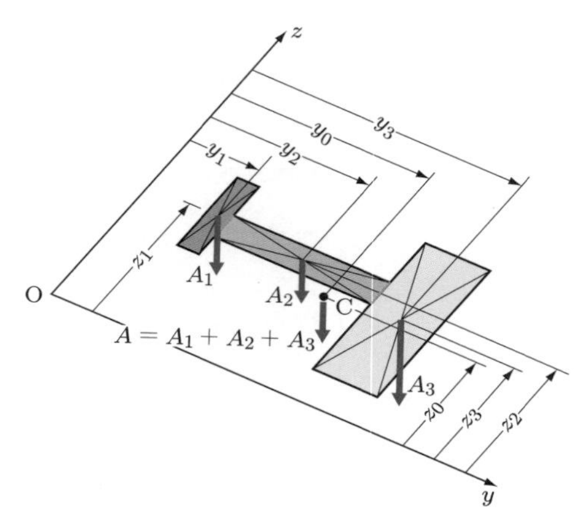

図 7.10　集合図形の図心を求める

したがって，n 個の部分図形に分けられる集合図形の場合，式 (7.11) は，次式のように書ける．

$$\left.\begin{aligned} y_0 &= \frac{G_z}{A} = \frac{A_1y_1 + A_2y_2 + \cdots + A_ny_n}{A_1 + A_2 + \cdots + A_n} \\ z_0 &= \frac{G_y}{A} = \frac{A_1z_1 + A_2z_2 + \cdots + A_nz_n}{A_1 + A_2 + \cdots + A_n} \end{aligned}\right\} \tag{7.12}$$

すなわち，図 7.10 を参照してわかるように，面積に重さを考えたとき，個々の部分図形の重さ $A_1, \cdots, A_n$ がつくる y または z 軸まわりの回転モーメントの和は，全重量 $(A = A_1 + \cdots + A_n)$ が y または z 軸まわりにつくる回転モーメントに等しいということを用いて，全重量の作用点の座標 (y_0, z_0) を求めればよい．

図 7.11 に示す図形の図心を求めよ．

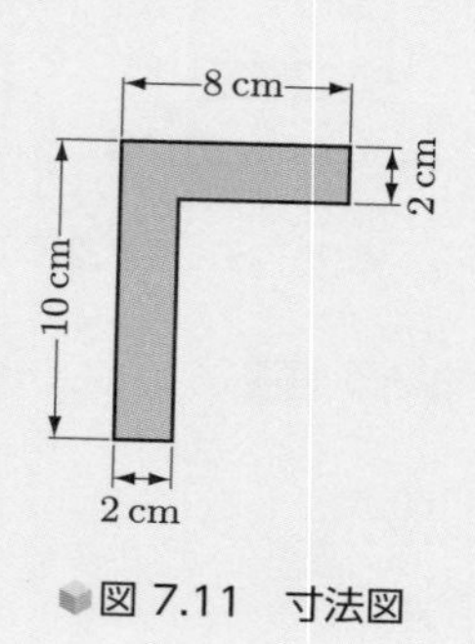

図 7.11　寸法図

解答 ① **図 7.12** のように，y, z 軸を設定する．

② 二つの長方形①，②に分けて考える．

③ 式 (7.12) を用いて

$$
\begin{aligned}
y_0 &= \frac{G_z}{A} = \frac{A_1 y_1 + A_2 y_2}{A_1 + A_2} = \frac{2\times 8\times 6 + 2\times 8\times 1}{2\times 8 + 2\times 8} \\
&= \frac{112}{32} = 3.5\,\mathrm{cm} \\
z_0 &= \frac{G_y}{A} = \frac{A_1 z_1 + A_2 z_2}{A_1 + A_2} = \frac{2\times 8\times 1 + 2\times 8\times 4}{2\times 8 + 2\times 8} \\
&= \frac{80}{32} = 2.5\,\mathrm{cm}
\end{aligned}
$$

となる．

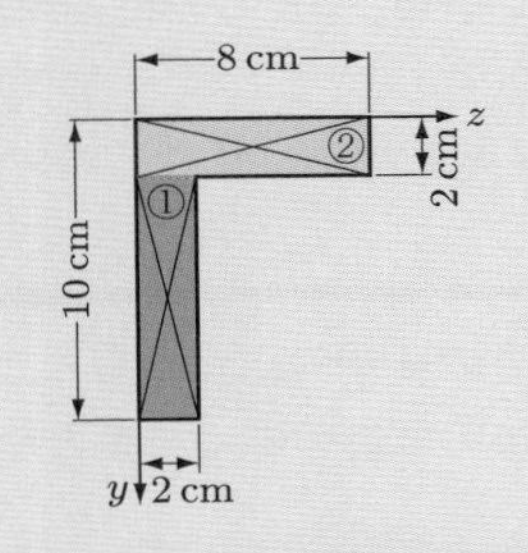

図 7.12　長方形①②に分割

TRY! ▶ 演習問題 7.1 を解いてみよう．

さて，いままで部材は，図心を連ねた線（太さのある棒）で抽象化してきた．いいかえると，荷重は，図心に作用することを前提にしていたわけで，たとえば**図 7.13** のように，横力が図心軸から偏心して作用するはりにおいては，ねじりモーメントが生じる．また，**図 7.14** に示すように，軸方向力は図心を通らなければ偏心モーメントを生じることに注意しなければならない．

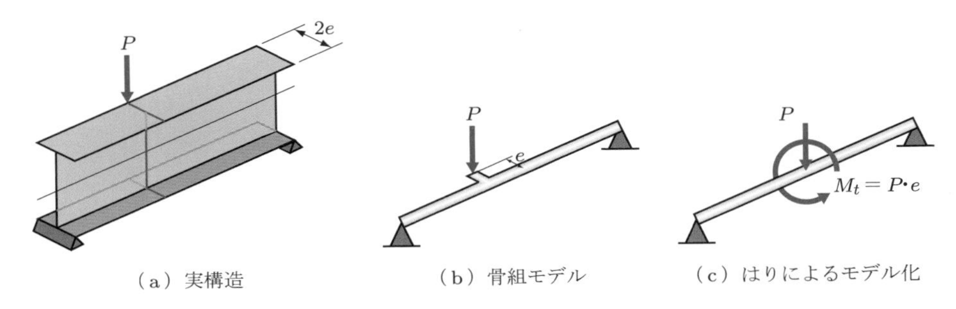

（a）実構造　（b）骨組モデル　（c）はりによるモデル化

図 7.13　偏心横力＝中心横力＋ねじりモーメント

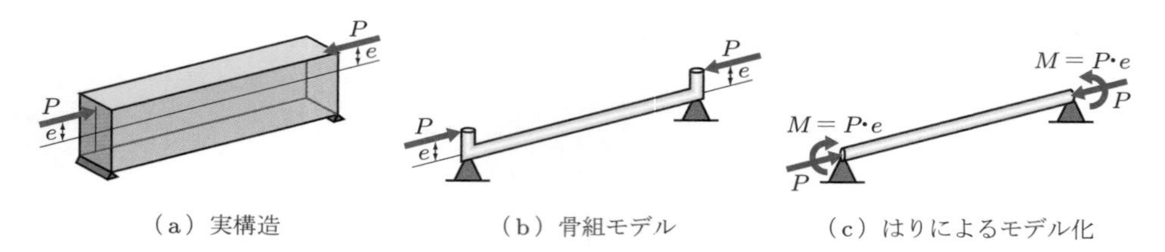

図 7.14　偏心軸力＝中心軸力＋曲げモーメント

(3) 断面 2 次モーメントってどんなモーメント

曲げモーメント M による直応力度を求めるための式 (7.5) に用いた断面 2 次モーメント I（式 (7.4) 参照）の計算の仕方を，ここで説明する．**図 7.15** の図形について，z 軸に対する断面 2 次モーメント I_z として再度記述すると，次式となる．

$$I_z = \int y^2 dA \tag{7.13}$$

断面 2 次モーメントは，長さの 4 乗の次元をもち，部材が曲げを受けるときの抵抗を求める場合，たわみや応力度の計算の際に必要となる重要な量である．

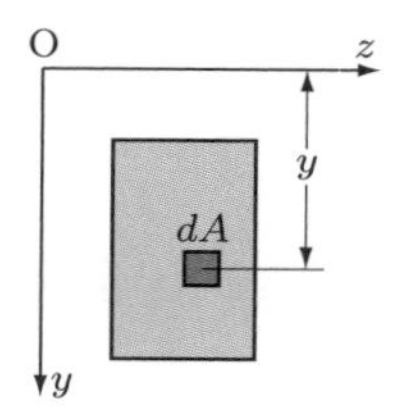

図 7.15　断面 2 次モーメントの定義

図 7.16 に示す長方形断面の図心軸（= 中立軸）z まわりの断面 2 次モーメントを求めよ．

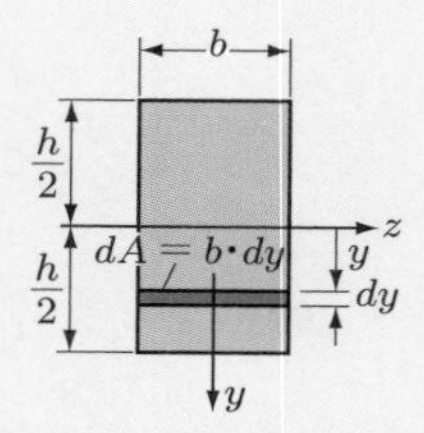

図 7.16　長方形断面の断面 2 次モーメントの計算

解答　定義より，

$$I_z = \int y^2 dA$$

となる．幅が一定なので，図のように $dA = b \cdot dy$ と考えて，y について $-h/2$ から $h/2$ まで積分するとよいから

$$I_z = \int y^2\,dA = \int_{-h/2}^{h/2} y^2(b\,dy) = b\int_{-h/2}^{h/2} y^2 dy = b\left[\frac{1}{3}y^3\right]_{-h/2}^{h/2} = \frac{bh^3}{12}$$

となる．

［例題 7.3］で得られた次式は，幅 b，高さ h の長方形断面の中立軸まわりの断面 2 次モーメントの値としてよく用いるので，必ず覚えておくこと．

$$I_z = \frac{bh^3}{12} \tag{7.14}$$

次に，**図 7.17** に示すように，z 軸を y_1 だけ平行移動した軸を w とすると，定義より次式を得る．

$$I_z = \int y^2\,dA = \int (y_1 + v)^2\,dA = \int ({y_1}^2 + 2y_1 v + v^2)\,dA$$
$$= {y_1}^2 \int dA + 2y_1 \int v\,dA + \int v^2\,dA$$

書き換えると，次式を得る．

$$I_z = {y_1}^2 A + 2y_1 G_w + I_w \tag{7.15}$$

ここで，w 軸が図心を通っているとすると $G_w = 0, y_1 = y_0$ となる．さらに，図心軸に関する 2 次モーメントをとくに I_{z0} と書くことにすると，$I_w = I_{z0}$ であるから，式 (7.15) は次のように書ける．

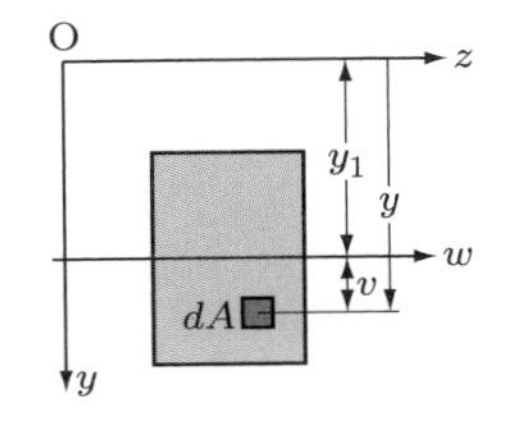

図 7.17　平行移動した軸に対する断面 2 次モーメント

$$I_z = I_{z0} + {y_0}^2 A \tag{7.16}$$

以上の議論は，y 軸に関しても全く同様である．すなわち

$$I_y = \int z^2 dA, \quad I_y = I_{y0} + {z_0}^2 A$$

を得る．

また，式 (7.16) において，${y_0}^2 A$ はつねに正の値であるから，図心軸まわりの（断面）2 次モーメントが最小であることがわかる．

式 (7.16) は，I_z が既知の場合 $I_{z0} = I_z - {y_0}^2 A$ の形で用いることもあるので，+ − の符号がどちらか忘れやすい．そのときは図心まわり，または図心軸に近い軸まわりの 2 次モーメントがつねに小さいことを覚えておいて，+ か − かを思い出すようにすればよい．

例題 7.4

幅 b，高さ h の長方形断面の頂辺を軸と考えて，その軸まわりの断面 2 次モーメントを求めよ．

解答

図 7.18 を参考にして定義式 (7.13) で計算すると

$$I_z = \int y^2 \, dA = b \int_0^h y^2 \, dy = b \frac{1}{3} [y^3]_0^h = \frac{bh^3}{3}$$

となる．公式 (7.16) を用いると，$I_{z0} = bh^3/12$ を用いて，次式を得る．

$$I_z = I_{z0} + {y_0}^2 A = \frac{bh^3}{12} + \left(\frac{h}{2}\right)^2 (bh) = \frac{bh^3}{3}$$

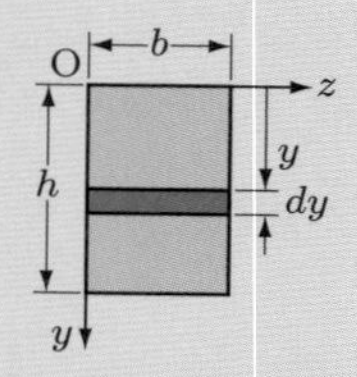

図 7.18 頂辺まわりの断面 2 次モーメント

例題 7.5

［例題 7.2］の図形の図心を通る軸を y, z として，I_z, I_y を求めよ．

解答 **図 7.19** に示す部分図形①②について式 (7.16) を用いる．

$$I_z = I_{z1} + I_{z2}$$
$$= \frac{2 \times 8^3}{12} + 2.5^2 \times 8 \times 2 + \frac{8 \times 2^3}{12} + 2.5^2 \times 8 \times 2 = 290.7\,\mathrm{cm}^4$$
$$I_y = I_{y1} + I_{y2}$$
$$= \frac{8 \times 2^3}{12} + 1.5^2 \times 8 \times 2 + \frac{2 \times 8^3}{12} + 1.5^2 \times 8 \times 2 = 162.7\,\mathrm{cm}^4$$

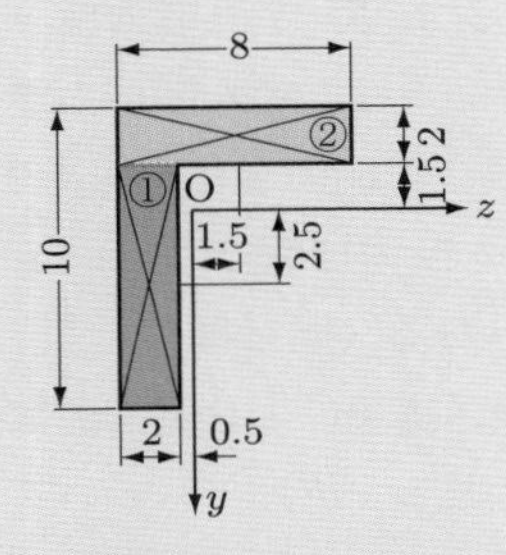

図 7.19　断面 2 次モーメントを求める

TRY! ▶ 演習問題 7.2～7.4 を解いてみよう．

7.4 せん断変形とは，ずれてゆがむ変形のこと

図 7.20(a) に示すように，一定の厚さをもつ長方形の板を接着剤ではりつけて 1 列に並べ，細長いはり状のものをつくったとする．いま，接着剤が硬化するまでに，両端を支えて上から荷重をかけたとすると，図 (b) のようにずれを生じることになる．

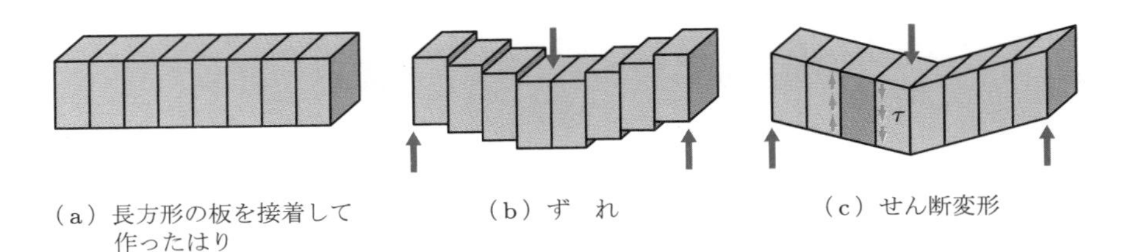

（a）長方形の板を接着して作ったはり　（b）ず　れ　（c）せん断変形

図 7.20　はりのせん断変形

ところが，実際のはりでは，接着剤が硬化したあとのように一体として挙動しようとするから，接着面に相当する断面には，断面に平行なせん断力が作用することになり，その結果として図 7.20(c) のようなせん断変形を生じることになる．このせん断変形によるたわみの大きさは，はりの高さ h とせん断を受ける支間 l の比 (h/l) に関

係するが，先に述べた曲げ変形によるたわみに比較すれば，通常のはり $(h/l < 0.1)$ では，無視できる程度である．

7.5 せん断応力とは，断面の摩擦力のようなもの

はりにはたらく曲げモーメント M とせん断力 Q の間には，4.5 節で説明したように，$dM/dx = Q$ という関係がある．すなわち，M が変化しつつあるところには，必ず Q が作用し，曲げモーメント M が直応力度 σ として断面に分布しているのと同様に，せん断力 Q は，断面に平行なせん断応力度 τ として断面に分布している．ここでは，その分布のはりの高さ方向の変化を求めてみよう．

7.4 節の考察によると，せん断力は**図 7.21**(a) のように，せん断応力度 τ として断面内に分布していると考えられる．同じはりを図 (b) のように長さ方向の板を重ねたものと考えると，前節と同様の議論により両端面は平面にならなければならないから，図 (c) のように，せん断応力度 τ' が分布していることがわかる．

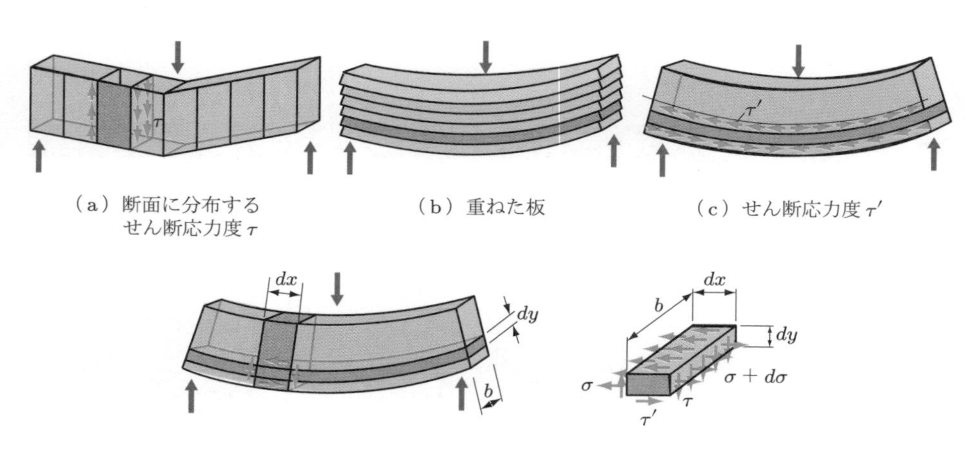

図 7.21　はりのせん断応力度

したがって，図 7.21(a)，(c) をあわせて考えると，はりの内部に考えられる幅 dx，高さ dy（奥行き b）の直方体には，図 (d) のようにせん断応力度が作用していると考えられる．この直方体の両側面には，曲げによる直応力度 σ も作用するので，結局，図 (e) のような力を受けてつり合っていると考えられる．ここで，$dx \cdot dy$ の重心を貫く軸まわりのモーメントのつり合い式をたてると $(\tau b dy)dx - (\tau' b dx)dy = 0$ となり，$\tau = \tau'$ という関係を得る．

すなわち，一つの面にせん断応力度 τ が作用している場合，必ずこれと直角な面にも，τ と大きさの等しいせん断応力度 τ' が作用していることがわかる．これらの等しい一対のせん断応力度を**共役せん断力**（共役とは直交のより一般的な概念）とよぶ．したがって，断面内に作用するせん断応力度 τ を求める代わりに τ' を求めてもよいので，ここでは以下の仮定をもとに τ' を求めることを考える．

① 幅 b，高さ h の長方形断面とする．
② 断面上のすべての点のせん断応力は，Q と同じ鉛直方向に向く（なぜならば，**図 7.22**(a) に示すように τ が水平成分 τ_2 をもてば，それにつり合うべきせん断応力度が物体表面に存在しなければならないが，存在しないため）．
③ 中立軸から同じ距離にある点のせん断応力は等しい（はりの幅方向のつり合いを無視することを意味するが，これによる誤差は，正解に対し無視できる）．

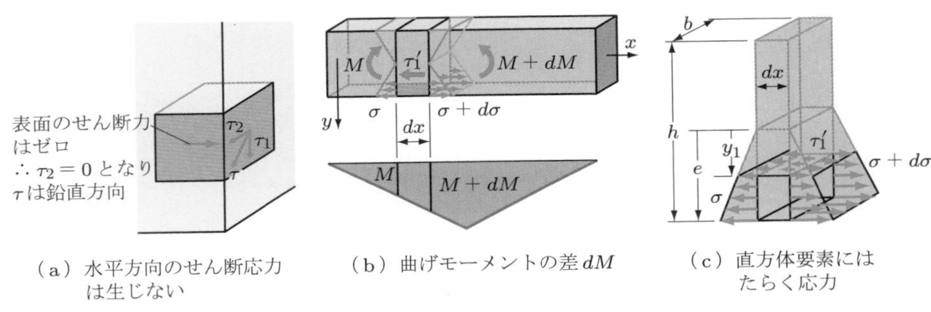

（a）水平方向のせん断応力は生じない　（b）曲げモーメントの差 dM　（c）直方体要素にはたらく応力

図 7.22　せん断応力度を求める

いま，曲げを受けるはりに対して，図 7.22(b) のように dx だけ離れた平行な 2 断面を考える．dx 進む間に曲げモーメントは変化するから，両断面間で，曲げモーメントで dM の差，直応力度にして $d\sigma$ の差が生じていると考えられる．すなわち，式 (7.5) より $d\sigma = (dM/I)y$ である．さらに，中立面から y_1 の距離にある層を考え，この三つの面が切り取る要素を図 (c) のように取り出して考える．この要素の上面には，先の議論によりせん断応力度 τ_1' が作用しているから，この要素の受ける力の水平方向のつり合いより，τ_1' を定めることができる．すなわち，

$$(\text{左へ引く力}) + (\text{上面の力}) - (\text{右へ引く力}) = 0$$

という式をたてると

$$\int_{y_1}^{e} \sigma b\, dy + \tau_1' b\, dx - \int_{y_1}^{e} (\sigma + d\sigma) b\, dy = 0$$

となり，整理して，

$$\tau_1' b\,dx - \int_{y_1}^{e} d\sigma b dy = 0$$

を得る．ここで，$d\sigma = (dM/I)y$ を考慮して第 2 項に用いると

$$\tau_1' b\,dx = \frac{dM}{I}\int_{y_1}^{e} yb\,dy$$

となるから，τ_1' について解くと

$$\tau_1' = \frac{1}{bI}\frac{dM}{dx}\int_{y_1}^{e} yb\,dy$$

となる．さらに，ここで

$$\int_{y_1}^{e} yb\,dy = \int_{y_1}^{e} y\,dA = G_1 \tag{7.17}$$

とおき，4.5 節で導いた関係 $dM/dx = Q$ を考慮すると，$\tau_1' = \tau_1$ を求める式として次式を得る．

$$\tau_1' = \tau_1 = \frac{Q}{bI}G_1 \tag{7.18}$$

G_1 は，せん断応力度 τ_1 を考えている位置から，中立軸に対して外側にある部分（**図 7.23** の色をつけた部分）の断面積の，中立軸に対する 1 次モーメントである．

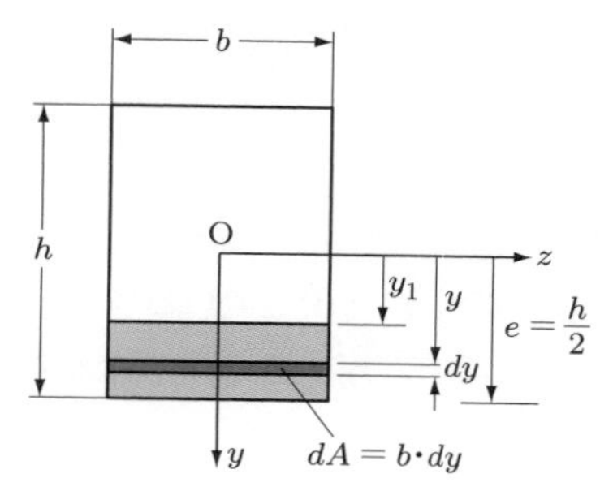

図 7.23　せん断応力度分布の計算

7.6 長方形断面のせん断に対する抵抗力

図 7.23 に示すような長方形断面が，せん断力 Q を受ける場合の高さ方向のせん断

応力度分布を求めてみよう．

図を参照して，7.5 節の結果を用いて，計算に必要な式を求めると

$$G_1 = \int_{y_1}^{e} y\,dA = \int_{y_1}^{h/2} yb\,dy = b\cdot\frac{1}{2}\left[y^2\right]_{y_1}^{h/2} = \frac{b}{2}\left(\frac{h^2}{4} - {y_1}^2\right)$$

$$I = \int y^2\,dA = \int_{-h/2}^{h/2} y^2 b\,dy = b\cdot\frac{1}{3}\left[y^3\right]_{-h/2}^{h/2} = \frac{b}{3}\left\{\frac{h^3}{8} - \left(-\frac{h^3}{8}\right)\right\} = \frac{bh^3}{12}$$

である．よって

$$\tau_1 = \frac{Q}{Ib}G_1 = \frac{Q\cdot(b/2)\left\{(h^2/4) - {y_1}^2\right\}}{(bh^3/12)\cdot b} = \frac{3}{2}\frac{Q}{bh}\left\{1 - \left(\frac{y_1}{h/2}\right)^2\right\}$$

となる．y_1 を変数としてこれを図示すると，**図 7.24** のようになる．すなわち，τ は，断面の高さ方向に放物線状に変化し，その最大値は $y_1 = 0$，すなわち中立軸の位置に生じ，次の値をとる．

$$\tau_{\max} = \frac{3}{2}\frac{Q}{bh} = \frac{3}{2}\frac{Q}{A} = \frac{3}{2}\bar{\tau}$$

ここで，$\bar{\tau}$ はせん断力 Q が断面内で一様に抵抗されると考えたときの，平均せん断応力度である．したがって，最大せん断応力度は，長方形断面の場合，平均せん断応力度の 1.5 倍となることがわかる．

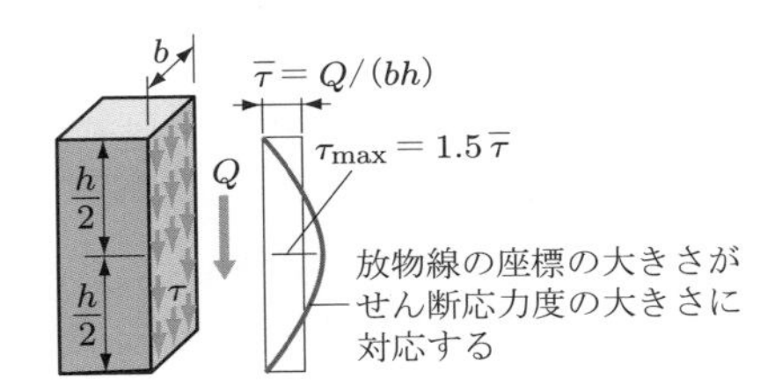

図 7.24　長方形断面のせん断応力度分布

通常，I 形や H 形断面のはりでも，せん断力によって危険になる場合は少ないので，作用せん断力を上下 2 枚の板を結ぶ長方形の板（腹板，ウェブ）の断面積で割った平均せん断応力度か，その 1.5 倍の応力度が，材料強度として許容されるせん断応力度より小さいことを確認すれば十分なことも多い．

TRY! ▶ 演習問題 7.5 を解いてみよう．

7.7 はりを平面的にみたときの主応力度の分布

これまでにみてきたことを，**図 7.25**(a) に示すような，長方形断面のはりが等分布荷重を受ける場合について説明する．

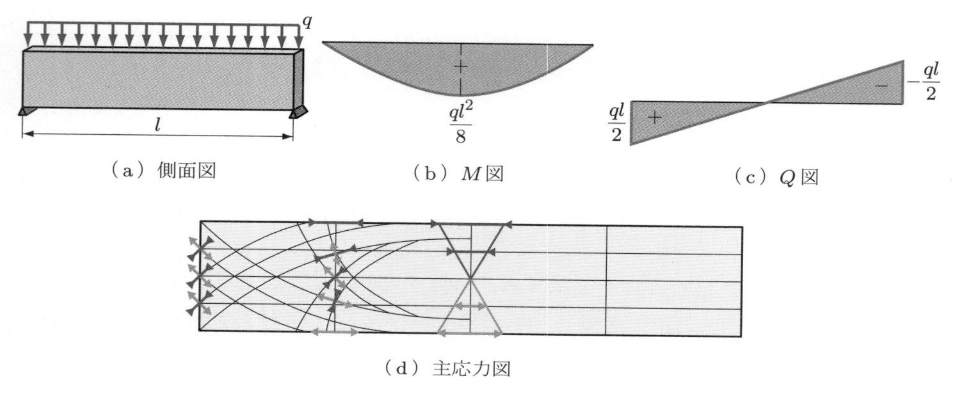

図 7.25 等分布荷重を受ける長方形断面はり

はりに荷重が作用すると，曲げモーメント M とせん断力 Q が発生して，この例の場合は，曲げモーメントは図 7.25(b) のように，せん断力は図 (c) のように長手方向に分布する．

さらに，はりの中の 1 断面に着目すると，曲げモーメント M は断面に垂直な応力度 σ として直線分布（図 7.3(d) 参照）し，せん断力 Q は断面に平行な応力度 τ として分布（図 7.24 参照）する．すなわち，はりの中の 1 点を考えると，直応力度 σ とせん断応力度 τ が同時に作用しているわけである．

以上は，部材軸に直角な断面についての考察であるが，直応力度を考える断面と部材軸のなす角度を変化させたとき，直応力度が最大になる面の方向と，そのときの最大直応力度（主応力度という）が求められる．これを図示すると，図 7.25(d) のようになる．

すなわち，支間中央断面では，$Q = 0$ であるから，主応力度は，図 7.3(d) に示した直応力度の分布と一致して水平に作用し，端断面では $M = 0$ であるが，軸線と 45° 方向に主応力度が作用する．本書では，主応力度の大きさや作用方向を計算する方法については省略するが，この例で示すように，はりを鉛直方向の平面としてみた場合は，このような主応力度の流れがあることを知っておいてほしい．

演習問題

7.1 **図 7.26** に示す図形の図心の位置を求めよ．

7.2 **図 7.27** に示す断面の図心軸 z まわりの断面 2 次モーメントを求めよ．
［この結果が教えている計算法を用いると，I の計算が簡単になる場合が多いので重要］

7.3 **図 7.28** に示す断面の図心軸 z_0–z_0 まわりの断面 2 次モーメントを求めよ．
（ヒント：まず図心軸の位置を求め，各部分図形について式 (7.16) を用いよ）

7.4 **図 7.29** に示すような，幅 12 cm，高さ 20 cm の長方形断面で，支間が 160 cm の単純ばりに，800 N/cm の等分布荷重が作用する場合について，直応力度の最大値とそれの生じる位置（はりの長さ方向の位置と断面内での位置）を示せ．

7.5 演習問題 7.4 と同じはりについて，せん断応力度の最大値とそれの生じる位置を示せ．

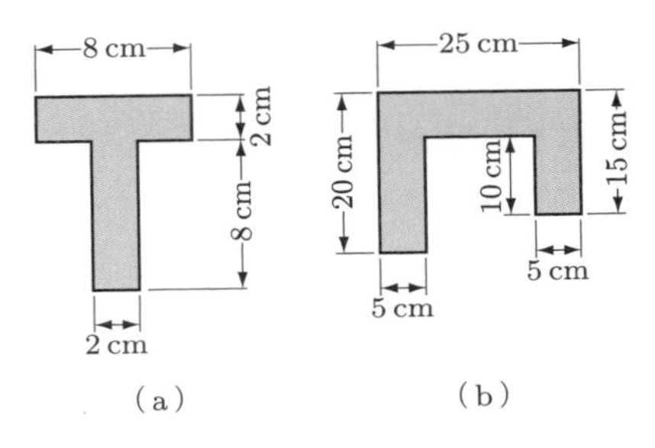

図 7.26　図心の位置を求める

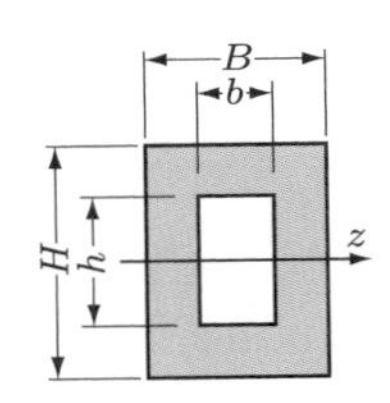

図 7.27　中空断面の 2 次モーメントを求める

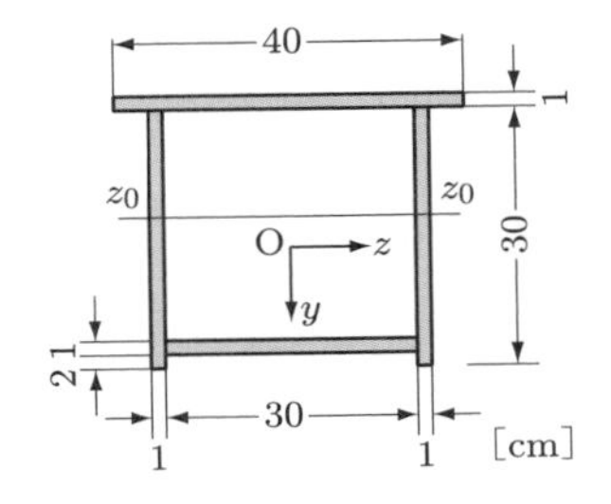

図 7.28　実断面の 2 次モーメントを求める

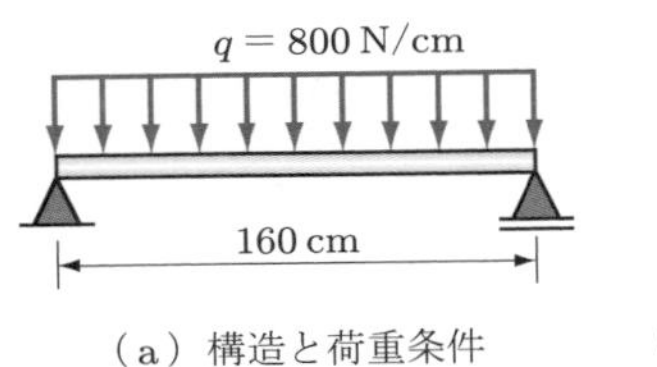

図 7.29　はりの曲げ応力度の最大値を求める

第8章

はりがたわみすぎると恐い

8.1 曲がることによりたわみが生じる

図 8.1 に示すように，川に渡した橋が大きくたわむと，人は折れるかもしれないという不安感をもつので，この橋を渡ろうとしない．すなわち，はりは十分な強さをもつだけでなく，大きく曲がらないことが必要である．**図 8.2**(a) に示すように，はり AB の軸上の 1 点 C は，はりに荷重が載ると C$'$ へ変位する．変位の方向は，必ずしも軸に垂直ではないが，曲がり方が小さい実構造では，曲がりによる支間の変化は小さいので，軸と垂直に変位すると考えてよい．このとき，点 C の変位 v を，点 C のはりの**たわみ** (deflection) という．曲がったはりの軸が示す曲線をはりの**弾性（曲）線**，または**たわみ（曲）線**という．たわみ曲線上の 1 点において引いた接線がもとの軸線の方向となす角 θ を，その点におけるはりの**たわみ角** (deflection angle, slope) という．v は下向きを正，θ は時計まわりを正とする．

図 8.1　強くてもたわみすぎると不安感を与える

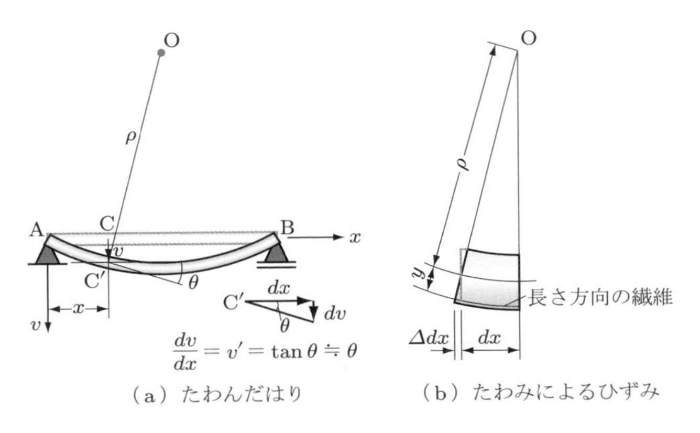

図 8.2　たわみ v，たわみ角 θ，曲率半径 ρ

橋などの実構造の最大たわみは支間の 1/500 程度に制限されるから，通常の構造計算では，変位や変形は微小と考えて無視し，変形前の形状でつり合い式をたてる．すなわち，M，Q や v，θ の計算は，変形しない真直なはりに対して行う．はりのたわみを求める方法としては

① 微分方程式による方法
② モールが考えた方法（弾性荷重法，共役ばり法ともよばれる）
③ エネルギー保存則を用いる方法

などがあるが，ここでは下巻で学ぶ③を除く①，②について学ぼう．

8.2　たわみと曲げる力の間には微分の関係がある

図 8.2 に示したように，はりの左支点 A を原点とし，軸方向に x 軸をとり，v 軸を軸と垂直に下向きにとる．点 C のたわみ v と，曲げモーメント M または荷重との関係を求めよう．まず，7.2 節でみたように，軸方向の繊維の伸縮により，曲げが生じる．図 (b) の幾何学的関係より，中立軸から距離 y 離れた位置にある長さ方向の繊維のひずみ ε，および応力 σ は，ρ を点 C′ の曲率半径として

$$\varepsilon = \frac{\Delta dx}{dx} = \frac{y}{\rho}, \quad \sigma = E\varepsilon = \frac{Ey}{\rho}$$

と表せる．第 7 章で説明したように，この応力が断面の中立軸まわりにつくるモーメントは，断面の受ける曲げモーメントに等しいから，断面 2 次モーメント $I = \int y^2 dA$ を用いて，次式が得られる．

$$M = \int \sigma y \, dA = \frac{E}{\rho} \int y^2 \, dA = \frac{EI}{\rho} \tag{7.3}$$

すなわち，

$$\frac{1}{\rho} = \frac{M}{EI} \tag{8.1}$$

である．ここで，曲率半径の逆数 $1/\rho$，すなわち曲率は，曲がる程度を表す量であるから，当然たわみ v の大きさと直接の関係がある．その幾何学的関係は，次式で表される（誘導は，章末の付録を参照）．

$$\frac{1}{\rho} = \pm \frac{d^2v/dx^2}{\{1 + (dv/dx)^2\}^{3/2}} \tag{8.2}$$

ところで，$dv/dx = \tan\theta$ であるから，たわみ角が小さい通常の場合には，上式の分母の第 2 項は，1 に対して十分小さいので省略できて，近似的に

$$\frac{1}{\rho} = \pm \frac{d^2v}{dx^2} \tag{8.3}$$

と考えてよい．上式は，また

$$\frac{1}{\rho} = \pm \frac{d(dv/dx)}{dx} = \pm \frac{d\theta}{dx}$$

とも書き換えられるから，曲率は近似的にたわみ角 θ の x 方向の変化率であると考えていることになる．上式を式 (8.1) に代入すると，次式が得られる．

$$\frac{d^2v}{dx^2} = \frac{d\theta}{dx} = \pm \frac{M}{EI}$$

ここで，$v(y)$ 軸を下向きにとった場合，**図 8.3** に示すように，正の曲げモーメントを受けて，下に凸に曲がったはりのたわみ曲線の曲率の符号は，数学上負に定義されているから，曲げモーメントと符号を一致させるためには上式の右辺の負の符号を採用するべきで，最終的に次式が得られる．

$$\frac{d^2v}{dx^2} = -\frac{M}{EI} \tag{8.4}$$

これが，**たわみ曲線の微分方程式**である．

さらに，4.5 節で導いた次の関係

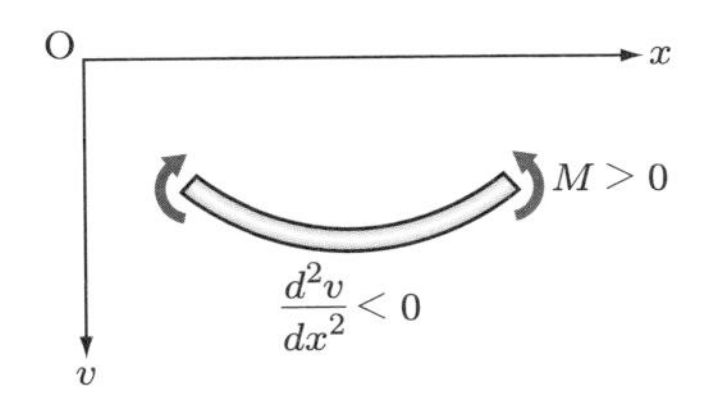

図 8.3　正の曲げを受けるはりのたわみ曲線の曲率は負になる

$$\frac{d^2M}{dx^2} = \frac{dQ}{dx} = -q_x \tag{4.1}$$

に式 (8.4) を代入すると

$$\frac{d^4v}{dx^4} = \frac{q_x}{EI} \tag{8.5}$$

が得られる．これは，たわみ v と左支点 A から x 離れた点の分布荷重強度 q_x を関係づける方程式である．

いま，もう一度式 (8.1) をみてみると，はりが曲がる程度を示す曲率 $1/\rho$ は，曲げモーメントの大きさに比例すると同時に，EI に反比例することがわかる．すなわち，EI が大きいほど，はりは曲がりにくくなる．この EI のことを**曲げ剛性** (flexural rigidity) という．式 (8.1) で曲率を 1 とすると，$M = EI$ となるから，EI は単位の曲率に曲げるのに必要な曲げモーメントであるともいえる．ある材料でできたはりを曲がりにくくするためには，断面 2 次モーメント I を大きくすればよいことになる．ちなみに，幅 b，高さ h の長方形断面の断面 2 次モーメントは，$I = bh^3/12$ であるから，高さ h が 2 倍になれば，断面 2 次モーメント I は 8 倍になる．

長方形断面の板状のプラスチック定規を，幅方向と高さ方向の 2 方向まわりに曲げてみて，曲げに対する抵抗のちがいを実感してみよう．

8.3　簡単な微分方程式でたわみが求められる

式 (8.4) を v について解くことを考えてみよう．式 (8.4) の右辺の M が x に関する連続関数であり，EI が定数（断面寸法と材質が長さ方向に一定）である場合は，2 回積分し，境界条件により二つの積分定数を定めることにより，たわみ v を求めることができる．すなわち，

$$\frac{d^2v}{dx^2} = \frac{d\theta}{dx} = -\frac{M}{EI} \tag{8.4}$$

を一度積分した

$$\frac{dv}{dx} = \theta = -\frac{1}{EI}\int M\,dx + C_1 \tag{8.6}$$

を，さらにもう一度積分して

$$v = -\frac{1}{EI}\int\left(\int M dx\right)dx + C_1x + C_2 \tag{8.7}$$

となる．ここで，積分定数 C_1, C_2 を定めることができれば解けたことになるが，そのためには，たわみ v とたわみ角 θ が既知である（多くの場合ゼロである）条件を二つみつければよい．この条件は，通常，考えている物体と周囲との境界において存在するので，**境界条件**といわれる．たとえば，単純ばりの左右の支点では，**図 8.4**(a) に示すようにたわみ v が生じないので，$x = 0$ で $v = 0$ と，$x = l$ で $v = 0$ が二つの境界条件になるし，片持ちばりなどの固定端では，図 (b) に示すようにたわみもたわみ角も生じないので，$x = 0$ で $v = 0$，$\theta = v' = 0$ が二つの境界条件となる．プラスチック定規を曲げて確認してみればよくわかる．

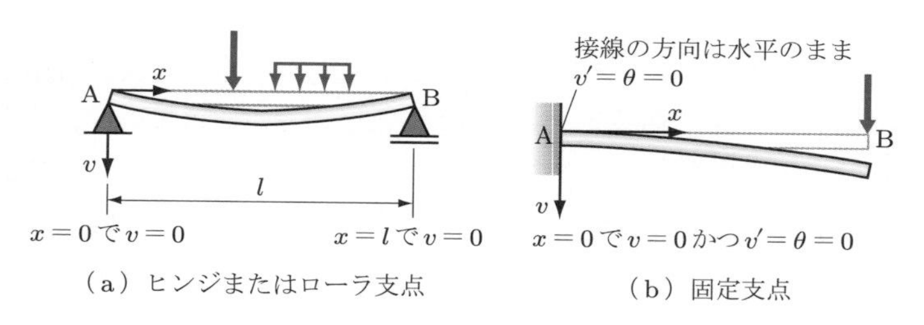

（a）ヒンジまたはローラ支点　　（b）固定支点

図 8.4　よく使う境界条件

これらの境界条件を式 (8.6), (8.7) に代入して定めた C_1, C_2 を，再び式 (8.6), (8.7) に代入したものが，最終の解 v, θ となる．こうして，x の関数として v, θ が求められると，x に特定の数値を代入することにより，その位置のたわみやたわみ角を求めることができるし，x に対して図示すれば，たわみやたわみ角の長さ方向の変化を知ることができる．

もう一度，微分方程式による変形の求め方を箇条書きにすると，次のようになる．

① 反力を求める．

② x 地点の曲げモーメント M_x を求める．

③ 式 (8.4) の右辺に M_x を代入する：$\dfrac{d^2v}{dx^2} = -\dfrac{M}{EI}$　(8.4)

④ 一度積分する：$\dfrac{dv}{dx} = \theta = -\displaystyle\int \dfrac{M}{EI}dx + C_1$ (8.6)

⑤ もう一度積分する：$v = -\displaystyle\iint \dfrac{M}{EI}dxdx + C_1x + C_2$ (8.7)

⑥ 境界条件をみつけ，C_1 と C_2 を定める．

⑦ 求められた C_1, C_2 の値を式 (8.6), (8.7) に代入して解が得られる．

例題 8.1 **図 8.5** に示すような，等分布荷重を満載した単純ばりのたわみ角，たわみを求めよ．曲げ剛性 EI は一定とする．

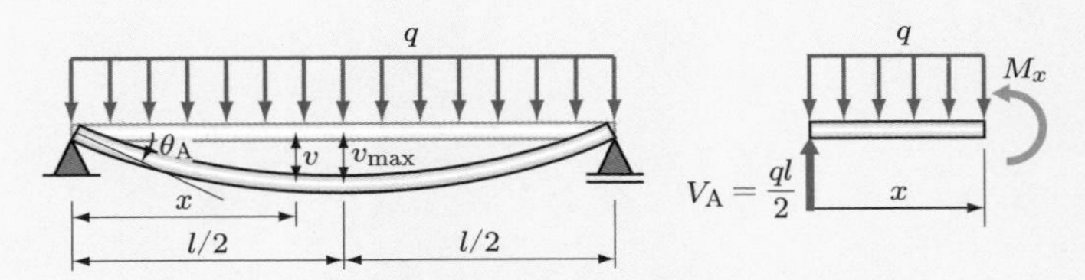

図 8.5　分布荷重を受ける単純ばりの変形

解答 点 x の曲げモーメント M_x は

$$M_x = \frac{ql}{2}x - \frac{q}{2}x^2$$

となる．これを式 (8.4) に代入すると

$$EI\frac{d^2v}{dx^2} = \frac{q}{2}(x^2 - lx)$$

となる．これを積分した

$$EI\frac{dv}{dx} = EI\theta = \frac{q}{2}\left(\frac{1}{3}x^3 - \frac{l}{2}x^2 + C_1\right)$$

を，さらにもう一度積分して

$$EIv = \frac{q}{2}\left(\frac{1}{12}x^4 - \frac{l}{6}x^3 + C_1x + C_2\right)$$

を得る．境界条件として $x = 0$ で $v = 0$ であるから，この条件を v の式に代入して $C_2 = 0$

さらに，$x = l$ で $v = 0$（または $x = l/2$ で $dv/dx = 0$）を v の式に代入して $C_1 = l^3/12$ が得られる．

これらをもとの式に代入して整理すると，次の結果が得られる．

たわみ角：

$$\theta = \frac{q}{2EI}\left(\frac{1}{3}x^3 - \frac{l}{2}x^2 + \frac{l^3}{12}\right) = \frac{ql^3}{24EI}\left\{4\left(\frac{x}{l}\right)^3 - 6\left(\frac{x}{l}\right)^2 + 1\right\}$$

たわみ：

$$v = \frac{q}{2EI}\left(\frac{1}{12}x^4 - \frac{l}{6}x^3 + \frac{l^3}{12}x\right) = \frac{ql^4}{24EI}\left(\frac{x}{l}\right)\left\{\left(\frac{x}{l}\right)^3 - 2\left(\frac{x}{l}\right)^2 + 1\right\}$$

ここで，最大たわみ角は，両支点 $x = 0, l$ で生じ，$\theta_{\max} = ql^3/(24EI)$ となり，最大たわみは，支間中央 $x = l/2$ で生じ，$v_{\max} = 5ql^4/(384EI)$ となる．

TRY! ▶ 演習問題 8.1, 8.2 を解いてみよう．

例題 8.2 **図 8.6** に示すような集中荷重 P を受ける単純ばりのたわみ角，たわみを求めよ．曲げ剛性 EI は一定とする．

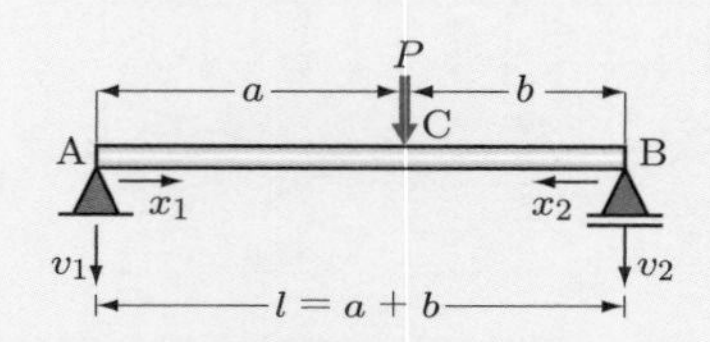

図 8.6　集中荷重を受ける単純ばり

解答 1 2 階の微分方程式 (8.4) を用いるが，**図 8.7**(a) に示すように，曲げモーメント $M(x)$ は，一つの関数で表現できず，AC 間と CB 間では別の関数になる．このような場合，AC 間と CB 間を別々の微分方程式で解き，境界条件に加えて，点 C で左右のたわみとたわみ角が連続するという条件を用いて解く．

$0 \leqq x \leqq a$ のとき

$$M(x) = \frac{bP}{l}x_1$$

$$EIv_1'' = -M(x_1) = -\frac{bP}{l}x_1$$

となる．1 回積分して

$$EIv_1' = -\frac{bP}{2l}{x_1}^2 + C_1$$

であり，もう一度積分して

$$EIv_1 = -\frac{bP}{6l}{x_1}^3 + C_1x_1 + C_2$$

を得る．境界条件は

$$(EIv_1)_{x_1=0} = 0 = C_2$$

となる．

$a \leqq x \leqq l$ のとき

$$M(x) = \frac{aP}{l}(l - x_1)$$

$$EIv_2'' = -M(x_2) = -\frac{aP}{l}x_2$$

となる．1 回積分して

$$EIv_2' = -\frac{aP}{2l}{x_2}^2 + D_1$$

であり，もう一度積分して

$$EIv_2 = -\frac{aP}{6l}{x_2}^3 + D_1x_2 + D_2$$

を得る．境界条件は

$$(EIv_2)_{x_2=0} = 0 = D_2$$

となる．

連続条件は，両側を独立に解いたたわみ v とたわみ角 θ が，点 C で等しくなればよいから，図 (b) を参照して以下を得る．

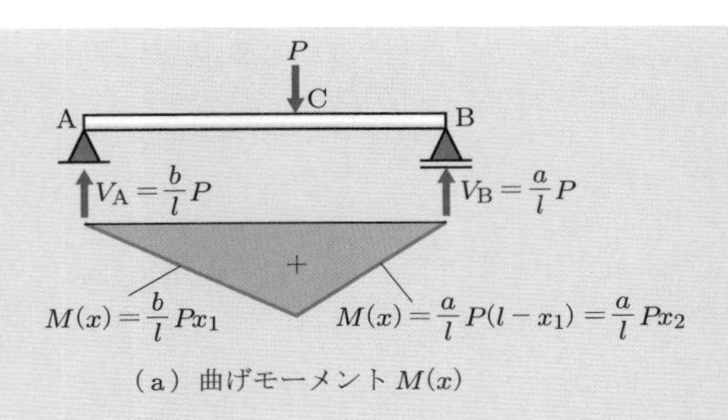

（a）曲げモーメント $M(x)$

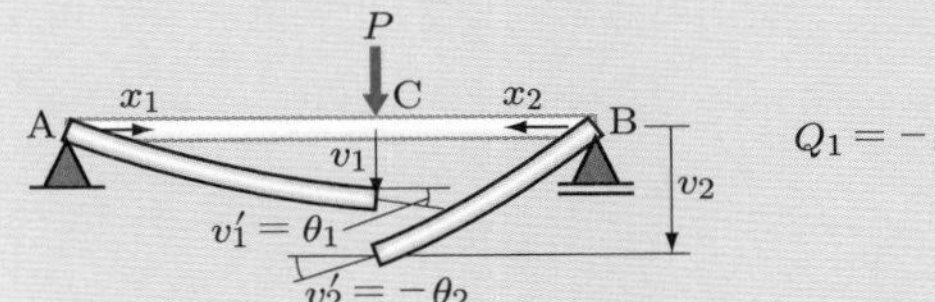

（b）点Cにおける連続条件　（c）点Cの左右のせん断力

図 8.7　集中荷重を受ける単純ばりの変形

$$(EIv_1)_{x_1=a} = -\frac{bP}{6l}a^3 + C_1 a = (EIv_2)_{x_2=b} = -\frac{aP}{6l}b^3 + D_1 b \tag{1}$$

$$(EIv_1')_{x_1=a} = -\frac{bP}{2l}a^2 + C_1 = -(EIv_2')_{x_2=b} = \frac{aP}{2l}b^2 - D_1 \tag{2}$$

式 (1) × a − 式 (2) より $D_1 = ab(2a+b)P/(6l)$

式 (2) に代入して $C_1 = ab(a+2b)P/(6l)$

結局，次の解を得る．

$$EIv_1 = -\frac{bP}{6l}x_1\{{x_1}^2 - a(a+2b)\}$$
$$= -\frac{Pl^3}{6}\frac{b}{l}\frac{x_1}{l}\left\{\left(\frac{x_1}{l}\right)^2 - 2\left(\frac{a}{l}\right)\left(\frac{b}{l}\right) - \left(\frac{a}{l}\right)^2\right\}$$

$$EIv_2 = -\frac{aP}{6l}x_2\{{x_2}^2 - b(b+2a)\}$$
$$= -\frac{Pl^3}{6}\frac{a}{l}\frac{x_2}{l}\left\{\left(\frac{x_2}{l}\right)^2 - 2\left(\frac{a}{l}\right)\left(\frac{b}{l}\right) - \left(\frac{b}{l}\right)^2\right\}$$

$$EIv_1' = EI\theta_1 = -\frac{bP}{6l}\{3{x_1}^2 - a(a+2b)\}$$
$$= -\frac{Pl^2}{6}\frac{b}{l}\left\{3\left(\frac{x_1}{l}\right)^2 - 2\left(\frac{a}{l}\right)\left(\frac{b}{l}\right) - \left(\frac{a}{l}\right)^2\right\}$$

$$-EIv_2' = EI\theta_2 = \frac{aP}{6l}\{3{x_2}^2 - b(b+2a)\}$$
$$= \frac{Pl^2}{6}\frac{a}{l}\left\{3\left(\frac{x_2}{l}\right)^2 - 2\left(\frac{a}{l}\right)\left(\frac{b}{l}\right) - \left(\frac{b}{l}\right)^2\right\}$$

$a=b=l/2$ のとき，たわみは最大値 $v_{\max}=Pl^3/(48EI)$ をとる．また，たわみ角は次のようになる．

$$\theta_A=-\theta_B=\frac{Pl^2}{16EI}\quad (v_2'=-\theta_2 \text{ に注意})$$

解答 2 4 階の微分方程式 (8.5) を用いる．AC 間，CB 間を独立に解いて点 C での連続条件を用いる点は，解 1 と同じである．図 8.6 を参照して

$0\leqq x_1\leqq a$ のとき

$$EIv_1''''=0$$

を，4 回積分して

$$EIv_1'''=C_1$$

$$EIv_1''=C_1x_1+C_2$$

$$EIv_1'=\frac{1}{2}C_1{x_1}^2+C_2x_1+C_3$$

$$EIv_1=\frac{1}{6}C_1{x_1}^3+\frac{1}{2}C_2{x_1}^2+C_3x_1+C_4$$

を得る．境界条件

$$(EIv_1)_{x_1=0}=0=C_4$$

より，曲げモーメントがゼロという条件を変位で表して

$$(EIv_1'')_{x_1=0}=0=C_2$$

となる．

$a\leqq x_2<l$ のとき

$$EIv_2''''=0$$

を，4 回積分して

$$EIv_2'''=D_1$$

$$EIv_2''=D_1x_2+D_2$$

$$EIv_2'=\frac{1}{2}D_1{x_2}^2+D_2x+D_3$$

$$EIv_2=\frac{1}{6}D_1{x_2}^3+\frac{1}{2}D_2{x_2}^2+D_3x_2+D_4$$

を得る．境界条件

$$(EIv_2)_{x_2=0}=0=D_4$$

より，曲げモーメントがゼロという条件を変位で表して

$$(EIv_2'')_{x_2=0}=0=D_2$$

となる．

連続条件

$$(EIv_1)_{x_1=a}=(EIv_2)_{x_2=b}$$

$$(EIv_1')_{x_1=a}=-(EIv_2')_{x_2=b}\quad (x_2 \text{ が逆方向だから } - \text{ がつく})$$

点 C の左右で曲げモーメントが等しいという条件を変位で表すと

$$(EIv_1'')_{x_1=a}=(EIv_2'')_{x_2=b}$$

が成り立つ．図 8.7(c) を参考に点 C の左右でのせん断力の関係を変位で表すと

$$-(EIv_1''')_{x_1=a}=(EIv_2''')_{x_2=b}+P$$

$$(Q_1-P-Q_2=0)$$

である．これらを解くと，解 1 と同じ結果を得る．

［例題 8.1, 8.2］で得られた最大たわみに関する下記の結果は，記憶にとどめておくと便利なことが多い．すなわち，等分布荷重 q を満載する単純ばりの最大たわみは，次のようになる．

$$v_{\max} = \frac{5ql^4}{384EI}$$

また，集中荷重 P が中央に作用する単純ばりの最大たわみは，次のようになる．

$$v_{\max} = \frac{Pl^3}{48EI}$$

TRY! ▶ 演習問題 8.3 を解いてみよう．

8.4 要するに何度か積分すればよい

2 階微分の基本式と 4 階微分の基本式の関係，およびそれぞれの基本式から出発して，たわみ v，たわみ角 θ を求める流れをまとめると，以下のようになる．

2 度微分：$EIv'''' = -\dfrac{d^2M(x)}{dx^2} = q(x)$ ⟶ 基本式：$EIv'''' = q(x)$

↑

1 度微分：$EIv''' = -\dfrac{dM(x)}{dx} = -Q(x)$

↑

基本式：$EIv'' = -M(x)$

↓

1 度積分：$EIv' = EI\theta = -\displaystyle\int M(x)dx + C_1$

↓

2 度積分：$EIv = -\displaystyle\iint M(x)dxdx + C_1x + C_2$

（基本式 $EIv'''' = q(x)$ から）

↓

1 度積分：$EIv''' = \displaystyle\int q(x)dx + D_1$

↓

2 度積分：$EIv'' = \displaystyle\iint q(x)dxdx + D_1x + D_2$

↓

3 度積分：$EIv' = \displaystyle\iiint q(x)dxdxdx + \frac{1}{2}D_1x^2 + D_2x + D_3$

↓

4 度積分：$EIv = \displaystyle\iiiint q(x)dxdxdxdx + \frac{1}{6}D_1x^3 + \frac{1}{2}D_2x^2 + D_3x + D_4$

積分定数を定めるための境界条件，連続条件は，**表 8.1** のものを適宜用いる．

表 8.1　境界条件，連続条件

場　所	記　号	境界条件,連続条件
固定端		$v=0$, $v'=\theta=0$
回転端		$v=0$, $v''=0(\because M=0)$
移動端		$v=0$, $v''=0(\because M=0)$
鉛直変位δおよびモーメントMを受ける端	δ M	$v=\delta$, $v''=-\dfrac{M}{EI}$
集中荷重Pを載荷する自由端	P	$v''=0(M=0)$, $v'''=\dfrac{P}{EI}$
集中荷重Pの載荷点	P Q_1 Q_2 添字1 添字2	$v_1=v_2$, $v_1'=v_2'$, $v_1''=v_2''(\because M_1=M_2)$ $v_1'''+v_2'''=-\dfrac{P}{EI}$ $\left\{\begin{aligned}\because P=Q_1-Q_2&=-EIv_1'''-(EIv_2''')\\&=-EI(v_1'''+v_2''')\end{aligned}\right\}$

8.5 モールさんが考えたたわみの求め方

与えられた分布荷重 $q(x)$ によるたわみ v は，4 階の微分方程式を解けば得られるが，その作業を 2 階の微分方程式

$$\frac{d^2M}{dx^2}=-q,\quad \frac{d^2v}{dx^2}=-\frac{M}{EI}$$

を段階的に解くと考えれば，次のようにして，微分方程式を解くことなく変形を求める方法がみつかる．

すなわち

① $(d^4v/dx^4)=q/(EI)$ を解いて

$$v=\iiiint\frac{q}{EI}dxdxdxdx+\frac{1}{6}C_1x^3+\frac{1}{2}C_2x^2+C_3x+C_4$$

を得る代わりに

② $(d^2M/dx^2)=-q$ を解いて与えられた系（与系）について，荷重 q から曲げモーメント M を求める．

数学的には $M=-\iint qdxdx+D_1x+D_2$ であるが，これは荷重を与えて曲げモーメント図を求めることと同じであり，いままでに積分を用いないで，つり

合い関係から解くことに習熟している．

③ $(d^2v/dx^2) = -\{M/(EI)\}$ $(= -z)$ を解いて，②で求められた M からたわみ v を求めることを考えるのだが，数学的には

$$v = -\iint \left(\frac{M}{EI}\right) dxdx + E_1 x + E_2$$

であり，8.2, 8.3 節でみたように解くこともできる．

しかし，この③の微分方程式は，②の微分方程式と記号は違うが，形のうえでは全く同じであり，**表 8.2** の対応がある．

表 8.2

②の式	③の式
荷重 q	$z = M/(EI)$
モーメント M	たわみ v
せん断力 $Q = dM/dx$	たわみ角 $\theta = dv/dx$
$dQ/dx = -q$	$d\theta/dx = -M/(EI)$

④ ③の式と同形の式②が積分を用いずに解けたわけであるから，③の式も積分を用いずに②を解いたのと同じ方法（われわれが習熟している荷重を与えてモーメント図を求める方法）で解けるはずである．そのためには，②で求められた M を用いて $z = M/(EI)$ を計算し，これを荷重と考え（z 荷重という），もう一度モーメントに相当する量 $\overline{M}$ を求めればよく，それが結果として与系のたわみ v になる．また同様に，$dQ/dx = -q$ と $d\theta/dx = -M/(EI)$ の対比より，せん断力に相当する量 $\overline{Q}$ を求めれば，それが結果として与系のたわみ角 θ となることもわかる．

以上の関係を，考案者の名をとって**モール** (Mohr) **の定理**という．

図 8.8 に示すような，集中荷重 P を受ける単純ばり（[例題 8.2] に同じ）のたわみ角，たわみを求めよ．曲げ剛性 EI は一定とする．

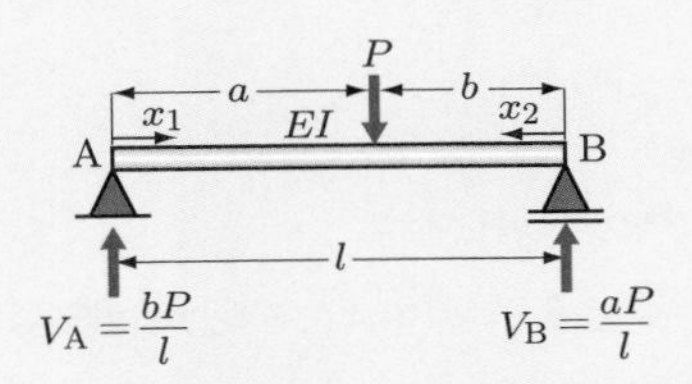

図 8.8　集中荷重を受ける単純ばり

解答 ① M 図を描く（**図 8.9**(a) 参照）.

② $z = M/(EI)$ を載荷する．M 図の縦距を $1/(EI)$ した M 図と相似の図形を荷重と考える（図 (b) 参照）．このとき，正の M 図を上から下へ作用する荷重としてはりの上に載せる.

③ せん断力 $\overline{Q}_x$ を求める.

反力は

$$V_{\mathrm{A}} = \frac{1}{l}\left\{\frac{a^2bP}{2EIl}\left(b + \frac{1}{3}a\right) + \frac{ab^3P}{3EIl}\right\} = \frac{Pab(l+b)}{6EIl}$$

$$V_{\mathrm{B}} = \frac{abP}{2EI} - V_{\mathrm{A}} = \frac{Pab(l+a)}{6EIl}$$

となる．よって，図 (c), (d) を用いて

$$\theta_1 = \overline{Q}_{x_1} = V_{\mathrm{A}} - \frac{bP{x_1}^2}{2EIl}$$

$$\theta_2 = \overline{Q}_{x_2} = -V_{\mathrm{B}} + \frac{aP{x_2}^2}{2EIl}$$

となる.

④ 曲げモーメントは,

$$v_1 = \overline{M}_{x_1} = V_{\mathrm{A}}x_1 - \frac{bP{x_1}^2}{2EIl}\frac{x_1}{3}$$

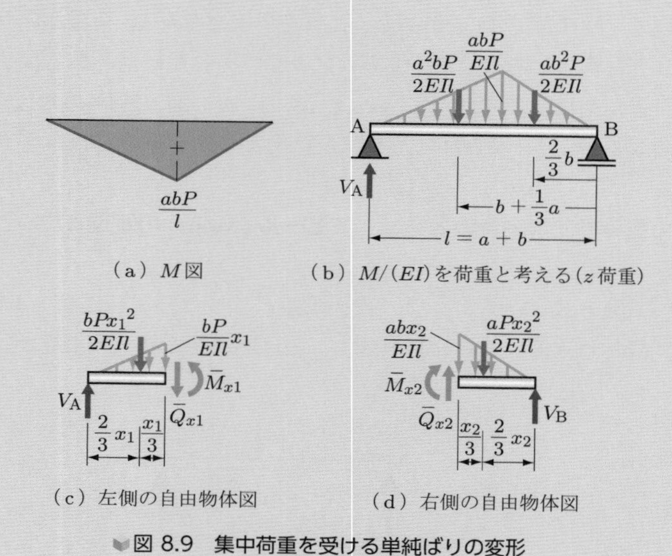

（a）M 図　（b）$M/(EI)$ を荷重と考える（z 荷重）

（c）左側の自由物体図　（d）右側の自由物体図

図 8.9　集中荷重を受ける単純ばりの変形

$$v_2 = \overline{M}_{x_2} = V_{\mathrm{B}} x_2 - \frac{aP{x_2}^2}{2EIl}\frac{x_2}{3}$$

である．

これらを整理すると［例題 8.2］の解 1 で示した結果に一致する．

TRY! ▶ 演習問題 8.4 を解いてみよう．

ところで，［例題 8.3］では z 荷重を載荷するはりは，もとのはりと同じ単純ばりであったが，これは特別な場合で，必ずしももとのはりではなく，**共役ばり**とよばれる別のはりを考える必要がある．もともと微分方程式を解いているため，もとのはりでたわみ v（たわみ角 θ）が満足すべき境界条件は，共役ばりではモーメント $\overline{M}$（せん断力 $\overline{Q}$）が満足しなければならない．すなわち，共役ばりは，下記の対応関係を考慮して，与えられたはりより必然的に決まるものであり，共役ばりを適切に定めることが，境界条件を満足するように積分定数を定めることになっている．

与えられたはり $\longrightarrow$ 共役ばり
たわみ v $\longrightarrow$ モーメント $\overline{M}$
たわみ角 θ $\longrightarrow$ せん断力 $\overline{Q}$

モールの定理を用いて変形を求めるときは，上の対応関係を用いて自分で考えて，与えられたはりから共役ばりをつくらなければならない．たとえば，与えられたはりの固定端では，たわみ v とたわみ角 θ がゼロであるから，その点では，それに対応する曲げモーメント $\overline{M}$ とせん断力 $\overline{Q}$ がゼロになるように共役ばりをつくらねばならない．曲げモーメントもせん断力も生じないのは自由端しかないので，与えられたはりの固定端は，共役ばりの自由端に置き換わることになる．

表 8.3　支点条件の対応関係

与えられたはり		共役ばり	
固定端	$v = 0$	モーメント $\bar{M} = 0$	自由端
	$\theta = 0$	せん断力　$\bar{Q} = 0$	
ヒンジ端	$v = 0$	モーメント $\bar{M} = 0$	ヒンジ端
	$\theta \neq 0$	せん断力　$\bar{Q} \neq 0$	
自由端	$v \neq 0$	モーメント $\bar{M} \neq 0$	固定端
	$\theta \neq 0$	せん断力　$\bar{Q} \neq 0$	
中間支点	$v = 0$	モーメント $\bar{M} = 0$	中間ヒンジ
	$\theta_1 = \theta_2$	せん断力　$\bar{Q}_1 = \bar{Q}_2$	
中間ヒンジ	$v_1 = v_2$	モーメント $\bar{M}_1 = \bar{M}_2$	中間支点
	$\theta_1 \neq \theta_2$	せん断力　$\bar{Q}_1 \neq \bar{Q}_2$	

このように，与えられたはりの各支点，中間ヒンジなどを対応する支点や中間ヒンジに置き換えると，共役ばりが得られる．

与えられたはりと共役ばりの支点条件の対応関係をまとめると**表 8.3** のようになる．

したがって，これらを組み合わせて，**図 8.10** のように与えられたはりから共役ばりをつくることができる．前出の［例題 8.1～8.3］では，単純ばりの共役ばりは単純ばりになるので，とくに問題にならなかっただけである．

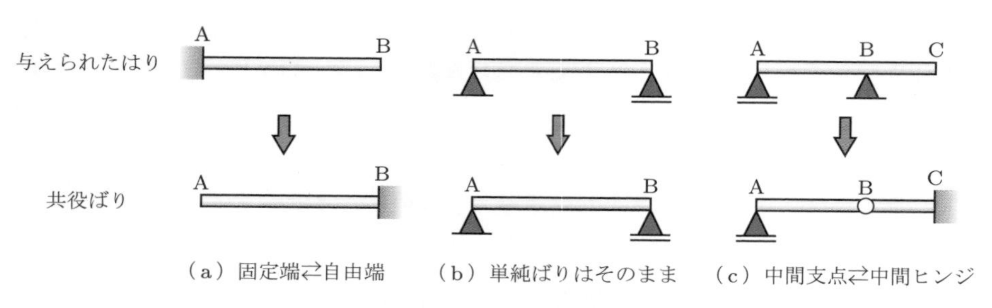

図 8.10　与えられたはりから共役ばりをつくる

8.6　M 図を分布荷重と考える弾性荷重法

8.5 節で説明したモールの定理を用いて，曲げモーメント図を荷重のように扱って変形を求める方法を，**弾性荷重法**という．次のように，段階を追って計算を行えば，いままで習熟してきたせん断力図やモーメント図を描く作業を 2 回繰り返すことにより，はりのたわみ v とたわみ角 θ が計算できる（**図 8.11** 参照）．

① 与えられた荷重と与えられたはりに対して，M 図を描く（図 (a) 参照）．

② M を EI で割り，z 図を描く（図 (b) 参照）．

$$z = \frac{M}{EI}$$

（このとき，z は荷重扱いとするので，M 図の正負にかかわらず縦距を上にとり，荷重として扱いやすくする）

③ 共役ばりを作成し，z 荷重を載荷する（図 (c) 参照）．

④ 共役ばりのせん断力 $\overline{Q}$ を求めると，得た値が与えられたもとのはりのたわみ角 θ となる（図 (d) 参照）．

⑤ 共役ばりの曲げモーメント $\overline{M}$ を求めると，得た値が与えられたもとのはりのたわみ v となる（図 (e) 参照）．

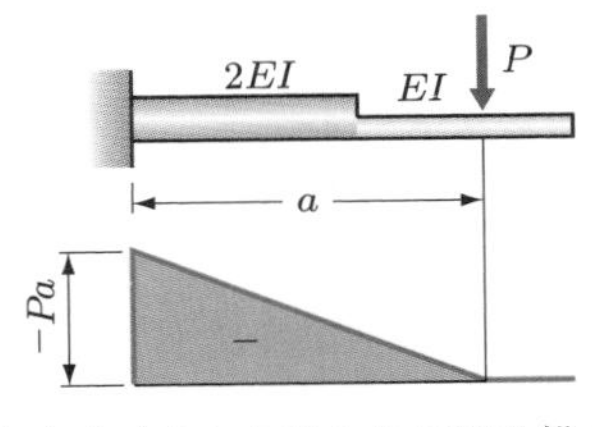

(a) 与えられたはりの M 図を描く

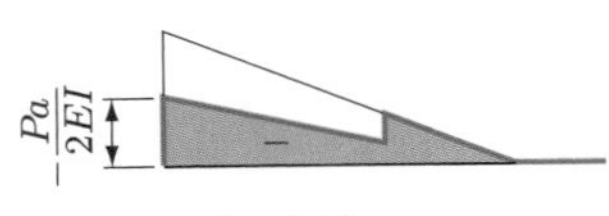

(b) $z\left(=\dfrac{M}{EI}\right)$ 図を描く

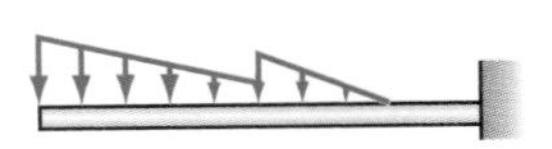

(c) 共役ばりに z 荷重を載荷

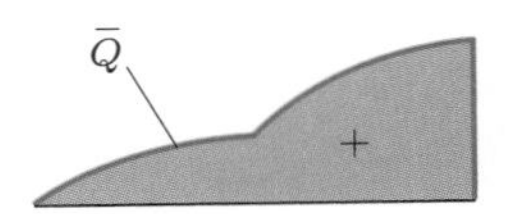

(d) 共役ばりのせん断力図($\overline{Q}$ 図)を求める

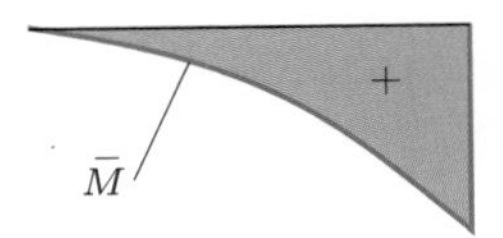

(e) 共役ばりの曲げモーメント図($\overline{M}$ 図)を求める

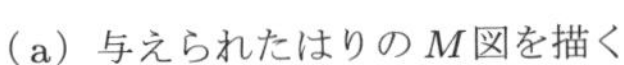

図 8.11　弾性荷重法の解法手順

例題 8.4

図 8.12 に示すように，自由端にモーメント M を受ける変断面片持ちばりの自由端 A のたわみ角 θ_{A} とたわみ v_{A} を求めよ．

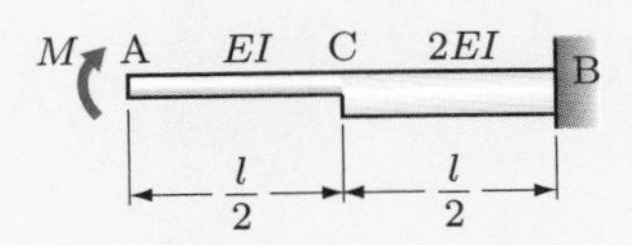

図 8.12　変断面片持ちばり

解答

図 8.13(a)～(f) を参考に下記のように解く．

① M 図を描く（図 (a) 参照）．$M_x = M$

② z 荷重を計算する（図 (b) 参照）．

③ 共役ばりを作成し，z 荷重を載荷する．このときの反力は，図 (c) を参照して次式となる．

$$V_{\mathrm{A}} = \frac{Ml}{2EI} + \frac{Ml}{4EI} = \frac{3Ml}{4EI}$$

$$M_{\mathrm{A}} = \frac{Ml}{2EI}\frac{l}{4} + \frac{Ml}{4EI}\frac{3l}{4} = \frac{5Ml^2}{16EI}$$

④ 共役ばりのせん断力 $\overline{Q}_x$ を求める．図 (d), (e) を参照して次式となる．

$$\theta_1 = \overline{Q}_{x_1} = V_{\mathrm{A}} - \frac{M}{EI}x = \frac{3Ml}{4EI} - \frac{M}{EI}x$$

$$\theta_2 = \overline{Q}_{x_2} = \frac{M}{2EI}(l - x)$$

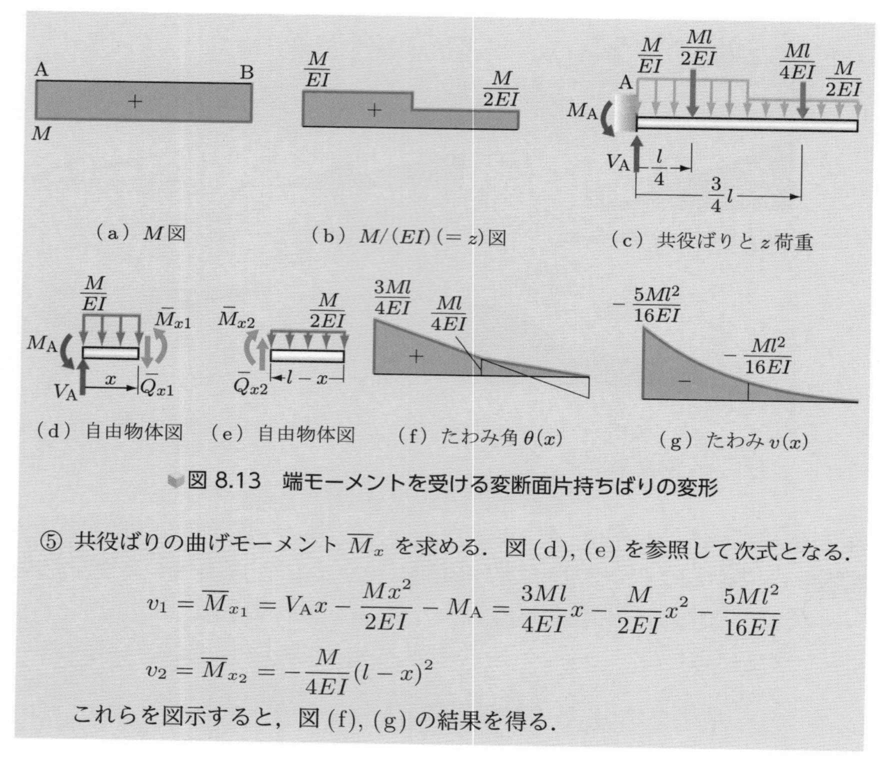

図 8.13　端モーメントを受ける変断面片持ちばりの変形

⑤ 共役ばりの曲げモーメント $\overline{M}_x$ を求める．図 (d), (e) を参照して次式となる．

$$v_1 = \overline{M}_{x_1} = V_{\mathrm{A}}x - \frac{Mx^2}{2EI} - M_{\mathrm{A}} = \frac{3Ml}{4EI}x - \frac{M}{2EI}x^2 - \frac{5Ml^2}{16EI}$$

$$v_2 = \overline{M}_{x_2} = -\frac{M}{4EI}(l-x)^2$$

これらを図示すると，図 (f), (g) の結果を得る．

TRY! ▶ 演習問題 8.5～8.7 を解いてみよう．

以上，変形の解法として，微分方程式による方法と弾性荷重法を学んだが，問題によっては，一方で容易に解け，他方で行うと複雑になる場合があるので，問題に応じて方法を選択するのがよい．この点に関して，以上の例題，演習を通していえることをまとめると，次のようになる．

① モーメント図が全支間にわたって一つの式で表現できない場合，微分方程式では場合に分けて連続条件を用いて解く必要があり，弾性荷重法が有利である[*1]（[例題 8.2, 8.3] 参照）．

② 断面寸法が急変する場合も，微分方程式では場合分けの必要があるから，弾性荷重法が有利である（[例題 8.4] 参照）．

③ 指定された点のたわみ角やたわみのみ求める場合は，共役ばりのその点のせん断力や曲げモーメントのみ計算すればよいから，弾性荷重法が有利である．

④ M 図が 1 次式以上の高次式になる場合，**図 8.14** に示すような面積公式を知らな

[*1] 微分方程式に Macaulay bracket を用いる方法があるが，本書では取り上げていない．このことについては，文献 [9, 10] を参照してほしい．

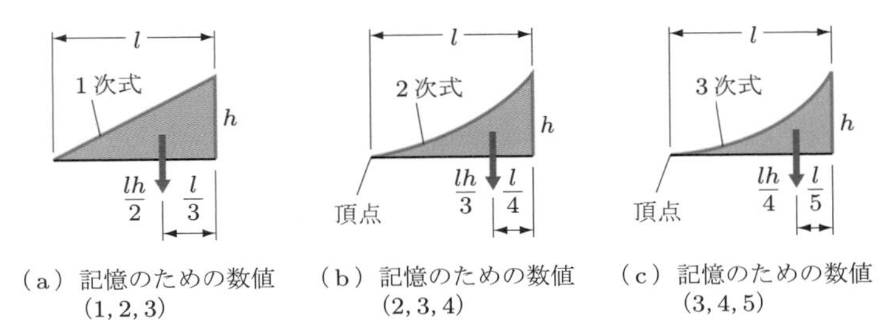

（a）記憶のための数値 (1, 2, 3)　（b）記憶のための数値 (2, 3, 4)　（c）記憶のための数値 (3, 4, 5)

図 8.14　1 次，2 次，3 次式の囲む面積と図心の位置

いならば，微分方程式による方法が有利である．

⑤ 不静定ばりは，4 階の微分方程式でしか解けない（2 階の微分方程式，弾性荷重法は，M 図が求められる場合にのみ適用可能である）．

付録　たわみと曲率の関係

図 8.15 に示すように，x，y 面に曲線 $y = v(x)$ を考え，曲線に沿った座標 s を別に考えることにする．いま，任意点 P に引いた接線が x 軸となす角を θ，P から距離 ds だけ離れた点を Q とし，点 Q において引いた接線が x 軸となす角を $\theta + d\theta$ とする．曲線の曲率 κ（カッパ）は，点 P から点 Q まで進む間の角度化として次式で定義される．

$$\kappa = \lim_{\Delta s \to 0} \frac{\Delta\theta}{\Delta s} = \frac{d\theta}{ds} \tag{a}$$

さらに，点 P，Q に引いた接線の垂線の交点 O を曲率中心，OP を曲率半径 ρ とすると

$$\kappa = \frac{d\theta}{ds} = \frac{ds/\rho}{ds} = \frac{1}{\rho} \tag{b}$$

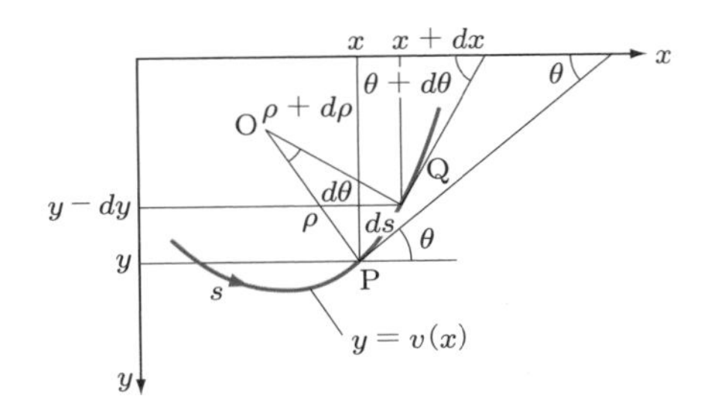

図 8.15　曲率の定義

という関係となる．

いま，曲線の方程式が $y = v(x)$ で表されているから

$$\kappa = \frac{d\theta}{ds} = \frac{d\theta}{dx}\frac{dx}{ds} \tag{c}$$

と書ける．ところで，

$$\tan\theta = \lim_{\Delta x \to 0}\left(\frac{-\Delta y}{\Delta x}\right) = -\frac{dy}{dx} = -v'(x)$$

であるから，この式の両辺を x で微分すると

$$\frac{d(\tan\theta)}{dx} = \frac{d(\tan\theta)}{d\theta}\cdot\frac{d\theta}{dx} = -v''(x) \tag{d}$$

となる．ここで，

$$\begin{aligned}\frac{d(\tan\theta)}{d\theta} &= \frac{d(\sin\theta/\cos\theta)}{d\theta} = \frac{\cos^2\theta - (-\sin^2\theta)}{\cos^2\theta} = \frac{1}{\cos^2\theta}\\ &= \frac{1}{(dx/ds)^2} = \left(\frac{ds}{dx}\right)^2\end{aligned} \tag{e}$$

である．また，$(ds)^2 = (dx)^2 + (dy)^2$ であるから

$$\frac{d(\tan\theta)}{d\theta} = \left(\frac{ds}{dx}\right)^2 = 1 + \left(\frac{dy}{dx}\right)^2 = 1 + v'(x)^2 \tag{f}$$

という関係が得られる．この式を式 (d) に代入すると

$$\frac{d\theta}{dx} = -\frac{v''(x)}{1 + v'(x)^2} \tag{g}$$

となる．さらに，式 (f) を用いることにより，次式が得られる．

$$\frac{dx}{ds} = \frac{1}{ds/dx} = \frac{1}{\{1 + v'(x)^2\}^{1/2}} \tag{h}$$

式 (g) と式 (h) を式 (c) に代入すると，前出の式 (8.2) が得られる．

$$\kappa = \frac{1}{\rho} = \frac{-v''}{1 + (v')^2}\cdot\frac{1}{\{1 + (v')^2\}^{1/2}} = \frac{-v''}{\{1 + (v')^2\}^{3/2}} \tag{8.2}$$

演習問題

8.1 **図 8.16** に示す，自由端に集中荷重を受ける片持ちばりについて，任意点のたわみ角とたわみを求めよ．また，自由端 A のたわみ角 θ_A とたわみ v_A を求め，たわみに対する抵抗が EI/l^3 に比例することを確認せよ．

8.2 **図 8.17** に示す支点にモーメントを受ける単純ばりについて，任意点のたわみ角とたわみを求めよ．さらに，支点 A, B のたわみ角 θ_A, θ_B を求め，回転に対する抵抗が，EI/l に比例することを確認せよ．

8.3 **図 8.18** に示す両端固定ばりの支間中央のたわみを求めよ．EI は一定とする．

（ヒント：このはりは，不静定ばりであるからつり合い式だけから反力を求めて，式 (8.4) の右辺の $M(x)$ を求めることができない．そこで，不静定ばりにも適用できる式 (8.5) の 4 階の微分方程式を適用する．）

8.4 図 8.17 の単純ばりについて，支点 A, B のたわみ角 θ_A, θ_B をモールの定理を利用して求めよ．

8.5 図 8.16 に示す片持ちばりについて，任意点のたわみ角とたわみを弾性荷重法で求めよ．また，自由端 A のたわみ角 θ_A とたわみ v_A を求めよ．

8.6 **図 8.19** に示すように，自由端に集中荷重を受ける変断面片持ちばりの自由端のたわみ角 θ_A とたわみ v_A を求めよ．微分方程式による方法と弾性荷重法と，どちらが簡単に解けるか概略の方針をたてて判定したうえで，より簡単な方法で解け．

8.7 **図 8.20** に示すように，自由端に集中荷重を受ける変断面張出しばりの，自由端 C のたわみ角 θ_C とたわみ v_C を求めよ．微分方程式による方法と弾性荷重法と，どちらが簡単に解けるかを概略の方針をたてて判定したうえで，より簡単な方法で解け．

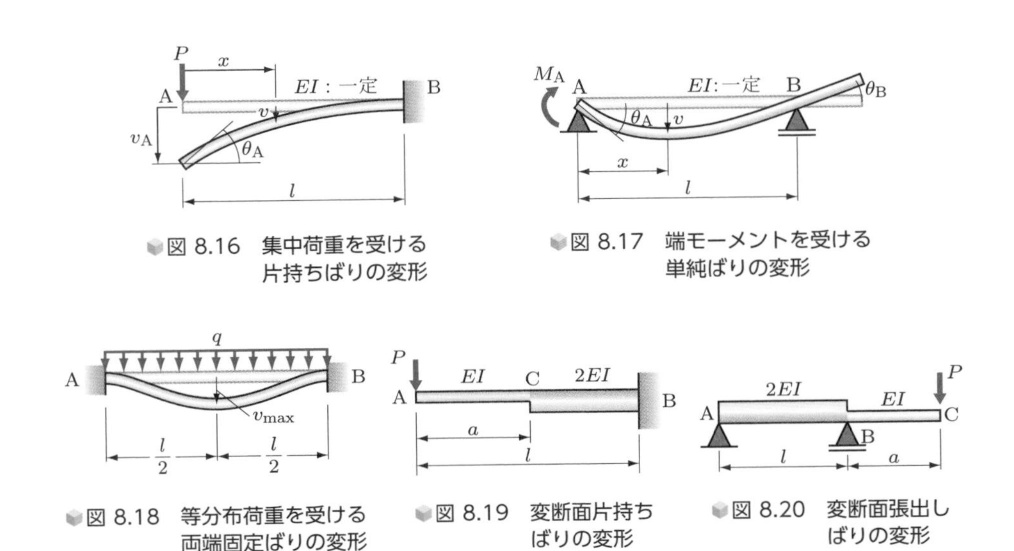

図 8.16　集中荷重を受ける片持ちばりの変形

図 8.17　端モーメントを受ける単純ばりの変形

図 8.18　等分布荷重を受ける両端固定ばりの変形

図 8.19　変断面片持ちばりの変形

図 8.20　変断面張出しばりの変形

第9章

影響線って何ですか？

この章で説明する影響線という考え方は，複数の荷重や移動する荷重に対して構造物を設計する場合に便利なもので，土木の分野では多用されるが，移動荷重を考えることの少ない建築の分野では用いられることは少ない．

9.1 影響線といっても影響する

図 9.1 に示すように，長さ l の棒の一端を A 君が，他端を B 君がかついでいるとしよう．棒には溝が切ってあるとして，いま，1 N の力を及ぼす 0.1 kg の鋼球を A 君のほうから B 君のほうへ，溝に沿ってころがして移動させることを考える．このとき，A 君が肩に感じる重さ（反力 V_A の大きさ）は，どのように変化するだろうか．いま，A 君から測った鋼球の位置を x [cm] とすると，$x=0$ のとき A 君がすべての重さを支え，$x=l$ のとき B 君がすべての重さを支えることになるから，0.1 kgf ≒ 1 N として，

$$x=0 \text{ のとき} \quad V_A = 1\,\text{N}$$

$$x=l/2 \text{ のとき} \quad V_A = 0.5\,\text{N}$$

$$x=l \text{ のとき} \quad V_A = 0\,\text{N}$$

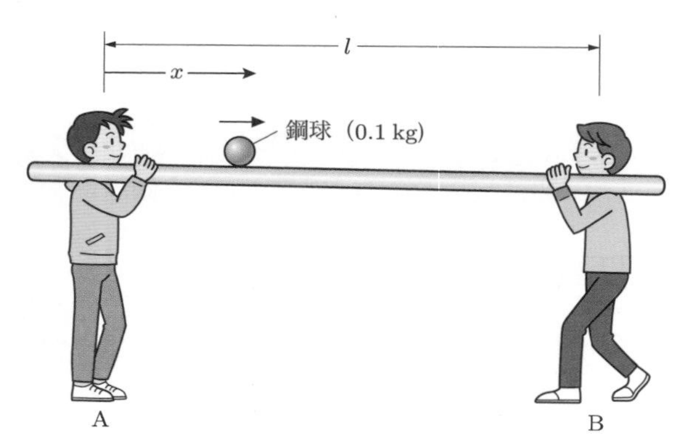

図 9.1　鋼球の移動（位置 x）によって肩に感じる重さが変化する

と変化することが感じとれる．

この反力 V_{A} の変化を，鋼球（荷重）の位置 x の関数として式で表そう．**図 9.2**(a) に示すように，単位荷重 $P = 1\,\mathrm{N}$ が左支点 A より x の位置にあるときの点 A の反力 V_{A} を求めると，図 (b) を参照して，次式を得る．

$$\sum M_{(\mathrm{B})} = 0: \ V_{\mathrm{A}} l - 1 \cdot (l - x) = 0$$

これより

$$V_{\mathrm{A}} = 1 \cdot \frac{l - x}{l} = 1 - \frac{x}{l}$$

となる．これを x に対して図示すると，図 (c) に示すような線図が得られる．これを，反力 V_{A} の**影響線** (influence line) という．この図は，反力 V_{A} の大きさを荷重の位置の直下に描いたことになっている．この図より，$P = 1$ が点 A 上のとき $V_{\mathrm{A}} = 1$ で，$P = 1$ が点 B 上のとき $V_{\mathrm{A}} = 0$ となり，荷重が AB 間を動くとき，直線的に変化することがわかる．

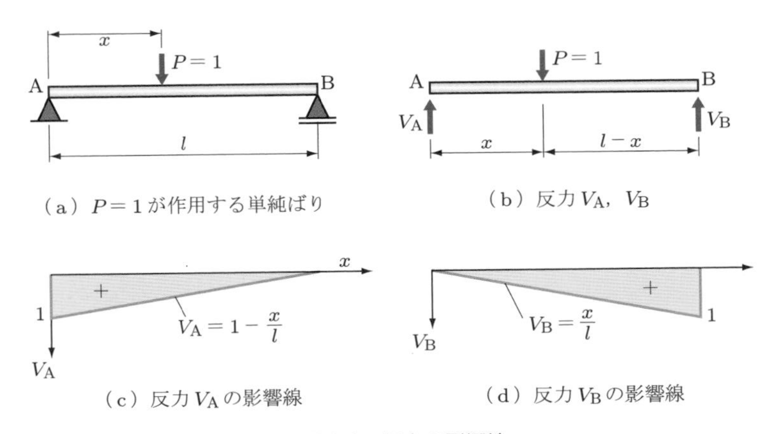

図 9.2　反力の影響線

同様に，B 君が肩に感じる力である反力 V_{B} を求めると，図 9.2(b) を利用したモーメントのつり合い式

$$\sum M_{(\mathrm{A})} = 0: \ V_{\mathrm{B}} l - 1 \cdot x = 0$$

より

$$V_{\mathrm{B}} = \frac{x}{l}$$

となり，図 (d) が得られる．

影響線は，上の例のような反力だけでなく，種々の点の力（応力度）や変位（変形）についても描くことができる．すなわち，以上のことを一般化してまとめると，影響線の定義，求め方，その意味は以下のようになる．

① 影響線とは，荷重の移動にともなって，着目点の着目量が変化する様子を表した線図である（上の例では着目点は点 A，着目量は反力ということになる）．

② 単位荷重 $P=1$ が，構造物の基準点（たとえばはりの左支点 A）から x の位置にあるときの着目点の着目量を x の関数として求め，図示することにより得られる．

③ このとき，着目点の着目量は，荷重作用点直下の線図の縦距（影響線値）で与えられる．

④ 着目量としては，反力，断面力（曲げモーメント，せん断力，軸力），たわみ，応力度などが，必要に応じて考えられる．

9.2 影響線のどこが便利なの？

一度影響線が求められていると，多くの荷重が同時に載る場合でも，着目点の着目量が，次のようにかけ算と足し算だけで簡単に計算される．

① 大きさ P の単一集中荷重が任意点に作用するときは，荷重作用点直下の影響線値 y を P 倍すれば，着目点の着目量が得られる．たとえば，**図 9.3**(a) の場合の反力 V_A は $V_A = P \cdot y$ で求められる．y の値のことを**影響線値**という．

② 等分布荷重 q が任意の区間に作用するときは，図 (b) に示すように，その区間の影響線が囲む面積 F を求めて $V_A = q \cdot F$ として求められる．

③ これらの荷重が複数存在する場合，重ね合せの原理が成立するとして，それぞれの和を求めればよい．すなわち，図 (c) に示す荷重状態の場合の反力 V_A は次式で求められる．

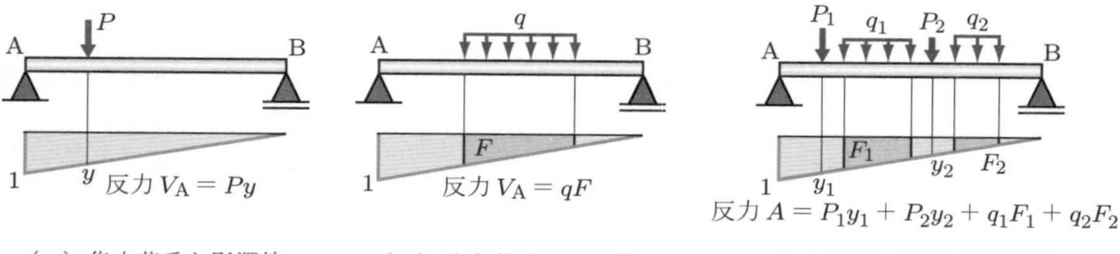

（a）集中荷重と影響線　（b）分布荷重と影響線　（c）複数の荷重と影響線

図 9.3　影響線の活用

$$V_A = P_1 y_1 + P_2 y_2 + q_1 F_1 + q_2 F_2$$

以上のことは，着目量が断面力や応力度の場合も同様に成立する．設計計算では，ある部材の断面寸法を決めるために，種々の荷重状態について検討し，その部材が受ける最大の力をみつけなければならないので，影響線が威力を発揮する．土木の分野では，橋の設計を学ぶ際に，これを駆使することになる．以下では，いくつかの基本的な影響線の求め方を学んでおこう．

TRY! ▶ 演習問題 9.2(1), 9.3(1) を解いてみよう．

9.3 断面力に対しても影響線が描ける

(1) せん断力の影響線を描く

図 9.4(a) に示す単純ばりの点 C（着目点）のせん断力 Q_C（着目量）を求める．

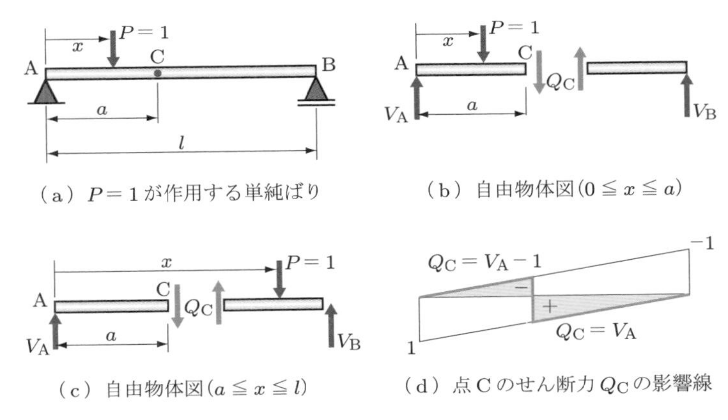

（a）$P=1$ が作用する単純ばり　（b）自由物体図（$0 \leqq x \leqq a$）

（c）自由物体図（$a \leqq x \leqq l$）　（d）点 C のせん断力 Q_C の影響線

図 9.4　定点 C のせん断力 Q_C の影響線と求め方

$x \leqq a$ のとき：図 (b) の自由物体を考えて

$$Q_C = V_A - 1 = -\frac{x}{l}$$

となる．

$x \geqq a$ のとき：図 (c) の自由物体を考えて

$$Q_C = V_A = 1 - \frac{x}{l}$$

となる．

これより，前出の反力 V_A の影響線を利用して，図 (d) のような点 C のせん断力の影響線が描ける．$V_A - 1$ は V_A の影響線を -1 だけ平行移動すると考えればよい（Q 軸は下向きを正にとっている）．

(2) 曲げモーメントの影響線を描く

図 9.5(a) に示す単純ばりの点 C（着目点）の曲げモーメント M_C（着目量）を求める．

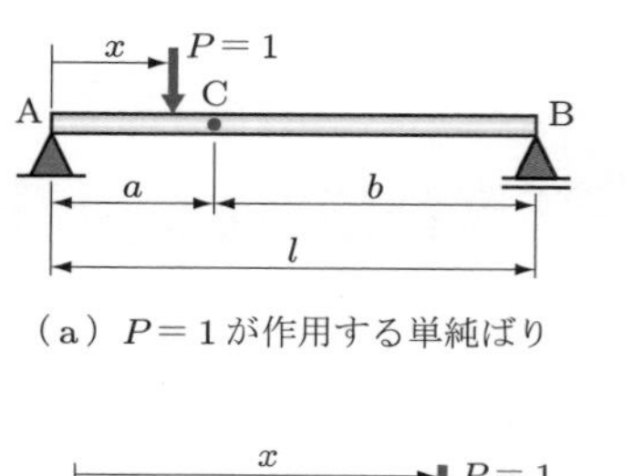

（a）$P = 1$ が作用する単純ばり

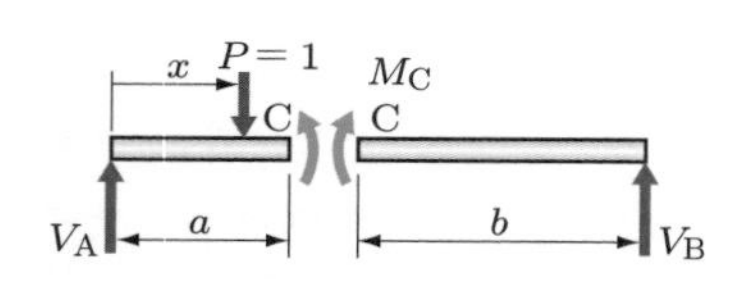

（b）自由物体図（$0 \leqq x \leqq a$）

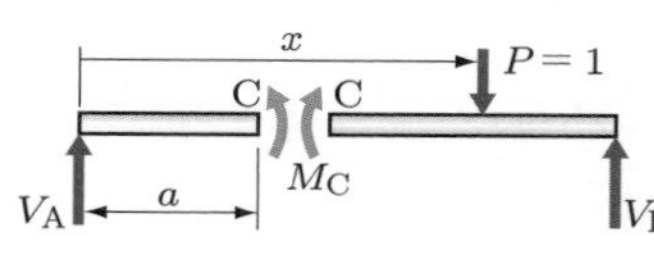

（c）自由物体図（$a \leqq x \leqq l$）

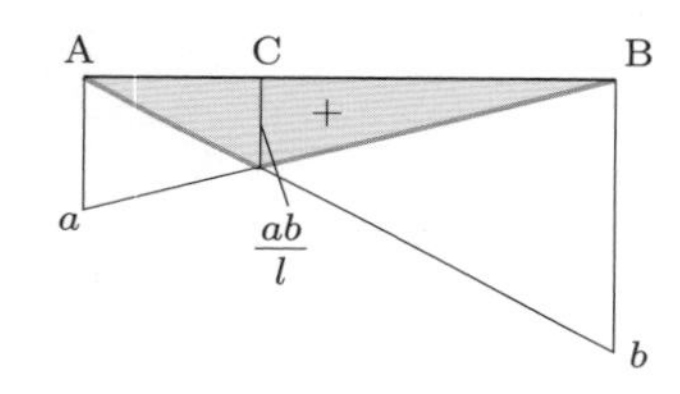

（d）点 C の曲げモーメント M_C の影響線

図 9.5　定点 C の曲げモーメント M_C の影響線と求め方

$x \leqq a$ のとき：図 (b) の右側部分を考えて

$$M_C = V_B b$$

となる．

$x \geqq a$ のとき：図 (c) の左側部分を考えて

$$M_C = V_A a$$

となる．

これより，反力 V_A，V_B の影響線の縦距をそれぞれ a 倍，b 倍したものを合成することにより，図 (d) のような点 C の曲げモーメントの影響線が描ける．

TRY! ▶ 演習問題 9.1〜9.3 を解いてみよう．

9.4 間接荷重も恐くない

(1) 間接荷重って何ですか？

実際の構造物においては，**図 9.6**(a) のように，荷重が直接主構造に作用しないで，その上に設けられた縦桁，横桁等を介して荷重が加わる場合が多い．とくに，節点荷重しか考えないトラス構造では，このような仕組みになっている．このように，主構造には間接的にしか作用しない荷重を**間接荷重**とよぶ．ここでは，図 (b) に示すような間接荷重を受けるはりの Q 図，M 図，影響線について考える．考え方としては，

① 縦桁 (stringer) は，横桁 (cross beam) を支点とする単純ばりと考える（図 (c) 参照)．

② ①より，縦桁の支点反力を逆向きにした力が節点荷重として，主構造に作用する (図 (d) 参照)．

③ 節点荷重が求められれば，主構造の計算は，いままでの議論を用いればよい．

④ 主構造の反力を求める場合は，いままでどおり，縦桁，横桁などを区別する必要はなく，全体を自由物体として考えればよい．

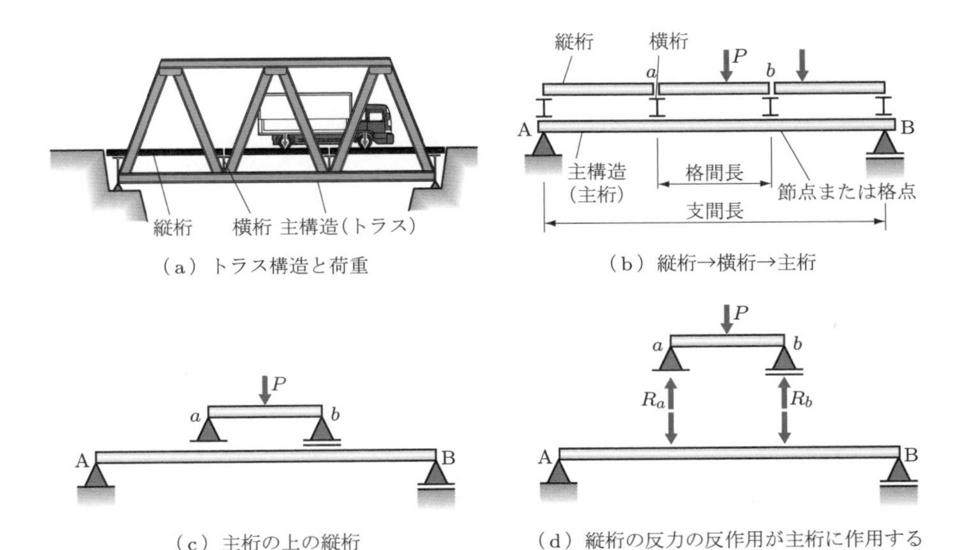

図 9.6　間接荷重とその考え方

(2) Q 図と M 図は問題なし！

図 9.7(a) のような荷重は，いずれにしても図 (b) のように節点荷重になるから，Q 図，M 図は多くの集中荷重を受ける場合と同様になる．

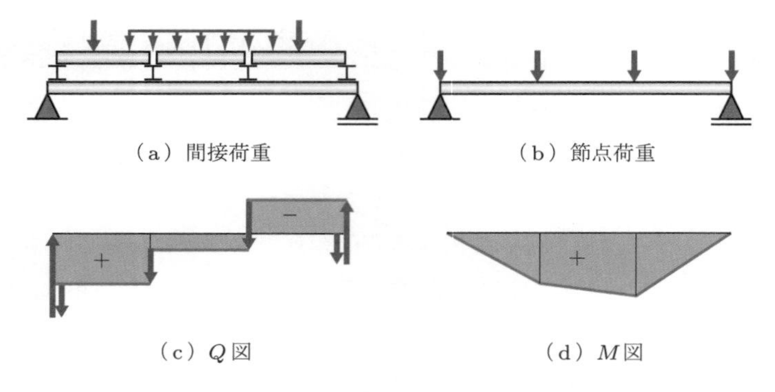

図 9.7　間接荷重に対する Q 図と M 図

① Q 図は，節点で階段状変化をする．一つのパネル（格間）の間では，Q の値は等しい．これをパネルせん断力とよぶ．

② M 図は，節点からおろした垂線上で折れ曲がる多角形状となる．

(3) 影響線はどうなるの？

図 9.8(a) のように，主桁上の 1 点 C のせん断力 Q_C と曲げモーメント M_C の影響線を求めることを考えよう．点 C はパネル DE 間にあるものとし，図中の記号を用いると，次のようになる．

① $P = 1$ が AD 間のとき，図 (b) の自由物体図より次式を得る．

$$Q_C = V_A - 1$$

$$M_C = V_A a - 1 \cdot (a - x) = V_B (l - a)$$

② $P = 1$ が EB 間のとき，図 (c) の自由物体図より次式を得る．

$$Q_C = V_A$$

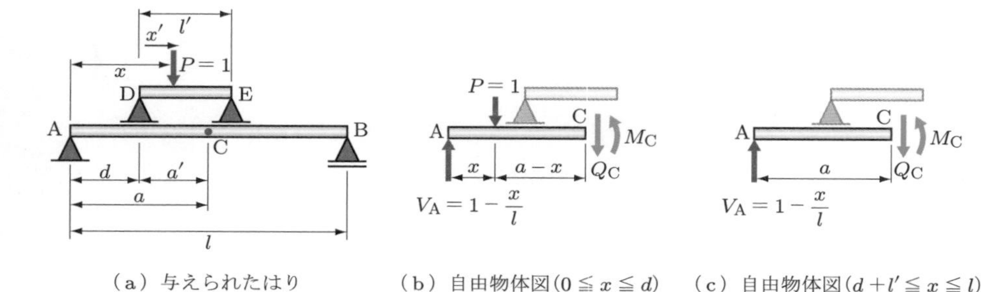

図 9.8　間接荷重に対する影響線（荷重が AD 間または EB 間の場合）

$$M_C = V_A a$$

すなわち，荷重がパネル外にある場合は，直接荷重の場合と同じ結果になる．

問題は，**図 9.9**(a) に示すような，$P = 1$ が点Cのあるパネル間に入った場合である．この場合は $P = 1$ を直接考えずに，図 (b) に示すように，点Dの反力 R_D のみを考慮すればよい．

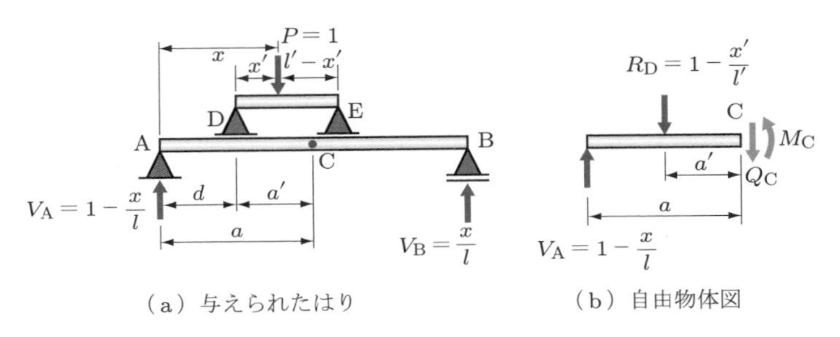

図 9.9　間接荷重に対する影響線（荷重が DE 間の場合）

③ $P = 1$ が DE 間のとき，図 (b) の自由物体のつり合いより，

$$Q_C = V_A - R_D = \left(1 - \frac{x}{l}\right) - \left(1 - \frac{x'}{l'}\right)$$

$$M_C = V_A a - R_D a' = \left(1 - \frac{x}{l}\right) a - \left(1 - \frac{x'}{l'}\right) a'$$

となる．

さて，Q_C, M_C を x または x' の関数として描くこともできるが，以下のように考えると簡単に描くことができる．

④ Q_C の影響線の作図法

③で導いた式 $Q_C = V_A - R_D$ を用いて，**図 9.10**(a) に示すように以下の方針で描くことができる．

AD 間：$(V_A - 1)$ 線

EB 間：V_A 線

DE 間：V_A 線から R_D 線を図形的に差し引く

⑤ M_C の影響線の作図法

③で導いた式 $M_C = V_A a - R_D a'$ を用いて，図 (b) に示すように，以下の方針で描くことができる．

AD 間：V_B 線の縦距を $(l - a)$ 倍して，$V_B(l - a)$ 線を描く

EB 間：V_A 線の縦距を a 倍して $(V_A a)$ 線を描く

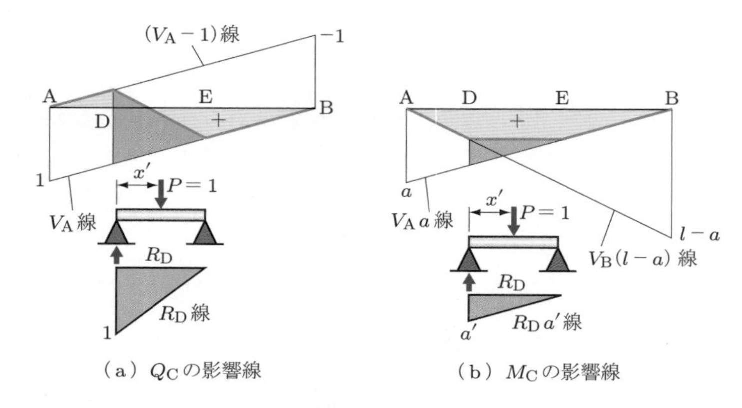

図 9.10　間接荷重の Q_C と M_C の影響線の作図法

$Q_C=0$ の点で $V_B(l-a)$ 線と交わる

DE 間：$V_A a$ 線から $R_D a'$ 線を図形的に差し引く

以上で Q_C の影響線，M_C の影響線が描けたわけである．点 C が DE 間のどこにあっても，これらの図は変化しないことがわかる．したがって，一度理屈がわかれば，今後このような手続きはせずに，AD 間と EB 間を描き，DE 間はその両端を結べばよい．

9.5 トラスの部材力の影響線が描ければ一人前

トラスの部材の寸法の決定は，その部材力が最大になる載荷状態に対して行う．部材力が最大になる載荷状態は，影響線が求められていれば容易に求めることができる．ここでは，**図 9.11**(a) に示すトラスの上弦材，下弦材，斜材の部材力の影響線を求めてみよう．荷重は床組の横桁からトラスの下弦材の格点に，間接荷重として作用するものとする．

(1) 上弦材の部材力 U の影響線

図 9.11(b) のように，部材力の影響線を求めたい上弦材を含むパネルで切断して，断面法により求める．

$x \leqq a_j$ のとき　左側の自由物体について考えると，次式を得る．

$$\sum M_{(j)}=0: V_A a_j + Uh - 1\cdot(a_j - x) = 0$$

$$U = -\frac{a_j}{h}(V_A - 1) - \frac{1}{h}x$$

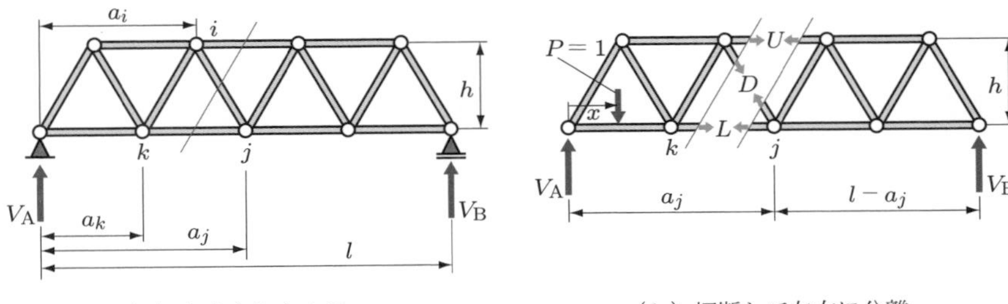

（a）与えられたトラス　　（b）切断して左右に分離

図 9.11　断面法により部材力を求める

$$= \frac{a_j}{h} V_B - \frac{1}{h} x$$

右側の自由物体について考えると，次式を得る．

$$\sum M_{(j)} = 0 : V_B(l - a_j) + Uh = 0$$

$$U = -V_B \frac{l - a_j}{h}$$

$x \geqq a_j$ のとき　左側の自由物体で $P = 1$ が作用しない場合を考えると，次式を得る．

$$\sum M_{(j)} = 0 : V_A a_j + Uh = 0$$

$$U = -\frac{a_j}{h} V_A$$

V_A 線，V_B 線を利用して，これらの結果を図示すると，**図 9.12** に示す U の影響線を得る．この図より，上弦材の軸力 U は，荷重がどこに作用しても圧縮力 (–) になることがわかる．

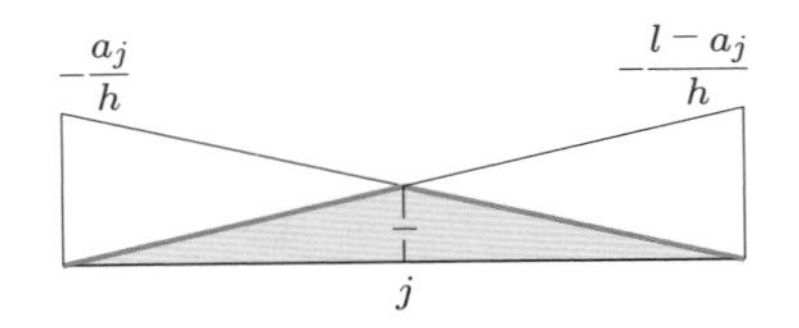

図 9.12　上弦材の部材力 U の影響線

(2) 下弦材の部材力 L の影響線

図 9.11(b) のように，部材力の影響線を求めたい下弦材を含むパネルで切断して，断面法により求める．

$x \leqq a_k$ のとき　左側の自由物体について考えると，次式を得る．

$$\sum M_{(i)} = 0 : V_{\rm A} a_i - 1 \cdot (a_i - x) - Lh = 0$$

$$L = \frac{a_i}{h}(V_{\rm A} - 1) + \frac{1}{h}x$$

$$= -\frac{a_i}{h} V_{\rm B} + \frac{1}{h}x$$

右側の自由物体について考えると，次式を得る．

$$\sum M_{(i)} = 0 : Lh - V_{\rm B}(l - a_i) = 0$$

$$L = V_{\rm B}\frac{l - a_i}{h}$$

$x \geqq a_j$ のとき　左側の自由物体で $P = 1$ が作用しない場合を考えると，次式を得る．

$$\sum M_{(i)} = 0 : V_{\rm A} \cdot a_i - Lh = 0$$

$$L = \frac{a_i}{h} V_{\rm A}$$

$a_k < x < a_j$ のとき　9.4 節（3）の結果によれば，上の計算で得られた直線の両端を結べば得られるが，念のため示しておく．**図 9.13**(a) のように取り出して，次式を得る．

$$\sum M_{(i)} = 0 : V_{\rm A} a_i - R_k(a_i - a_k) - Lh = 0$$

$$L = \frac{a_i}{h} V_{\rm A} - R_k \frac{a_i - a_k}{h}$$

先の結果をまとめて示すと，L の影響線は図 9.13(b) のようになる．この図より，下弦材の軸力 L は，荷重がどこに作用しても引張力 (+) になることがわかる．

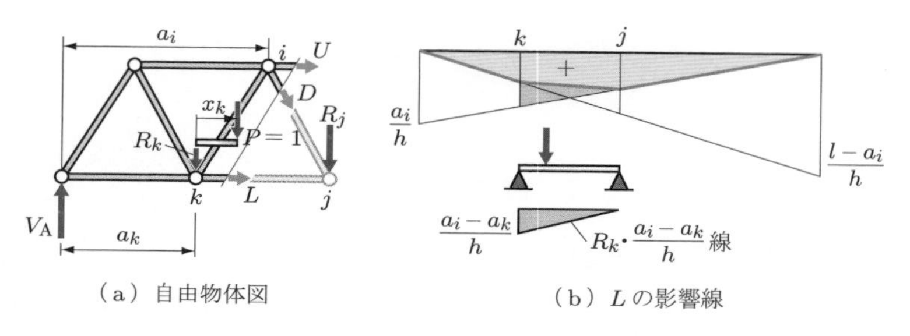

図 9.13　下弦材の部材力 L の影響線

(3) 斜材の部材力 D の影響線

図 9.11(b) のように，部材力の影響線を求めたい斜材を含むパネルで切断して，断面法によって求める．

$x \leqq a_k$ のとき　左側の自由物体について考えると，次式を得る．

$$\sum V = 0 : V_{\mathrm{A}} - 1 - D\sin\theta = 0$$
$$D = \frac{V_{\mathrm{A}} - 1}{\sin\theta} = -V_{\mathrm{B}}\,\mathrm{cosec}\,\theta$$

$x \geqq a_j$ のとき　左側の自由物体で $P = 1$ が作用しない場合を考えると，次式を得る．

$$\sum V = 0 : V_{\mathrm{A}} - D\sin\theta = 0$$
$$D = \frac{V_{\mathrm{A}}}{\sin\theta} = V_{\mathrm{A}}\,\mathrm{cosec}\,\theta$$

$a_k < x < a_j$ のとき　9.4 節 (3) の結果によれば，上で得られた線図の両端を結べば得られるが，念のため示しておく．**図 9.14**(a) に示す自由物体を考えると，次式を得る．

$$\sum V = 0 : V_{\mathrm{A}} - R_k - D\sin\theta = 0$$
$$D = (V_{\mathrm{A}} - R_k)\,\mathrm{cosec}\,\theta$$

これらの結果をまとめて示すと，D の影響線は，図 9.14(b) のようになる．この図より，斜材の軸力 D は，荷重の作用位置によって引張 (+) になったり圧縮 (−) になったりすることわかる．

TRY! ▶ 演習問題 9.4 を解いてみよう．

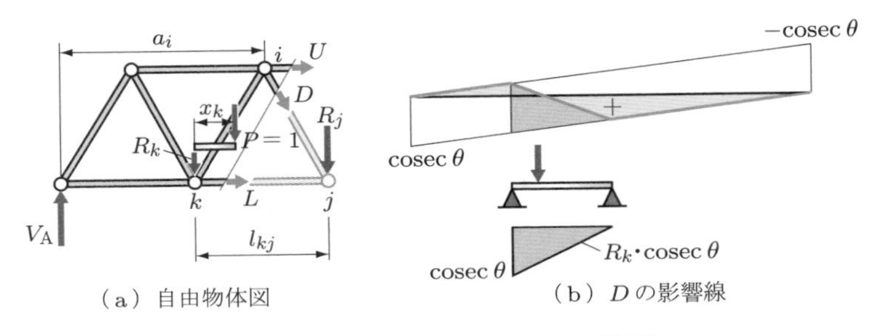

図 9.14　斜材の部材力 D の影響線

演習問題

9.1 **図 9.15** に示す片持ちばりの点 C のせん断力 Q_C と曲げモーメント M_C の影響線を描け．図 (a) の場合と図 (b) の場合とでは，Q_C の影響線の符号が異なることを確かめよ．

9.2 **図 9.16** に示す張出しばりについて，次の量の影響線を描け．

(1) 点 B の反力 R_B

(2) 点 B の曲げモーメント M_B

9.3 **図 9.17** に示すゲルバーばりについて，次の量の影響線を描け．

(1) 点 C の反力 R_C

(2) 点 C の曲げモーメント M_C

9.4 **図 9.18** に示すトラスについて，次の問いに答えよ．

(1) 図中に示す部材の部材力 U, L, D の影響線を描き，必要な縦距を与えよ．

(2) 死荷重 4 kN/m と集中活荷重 20 kN が作用するときの，各部材の最大値 U_{max}，L_{max}，D_{max} を求めよ．

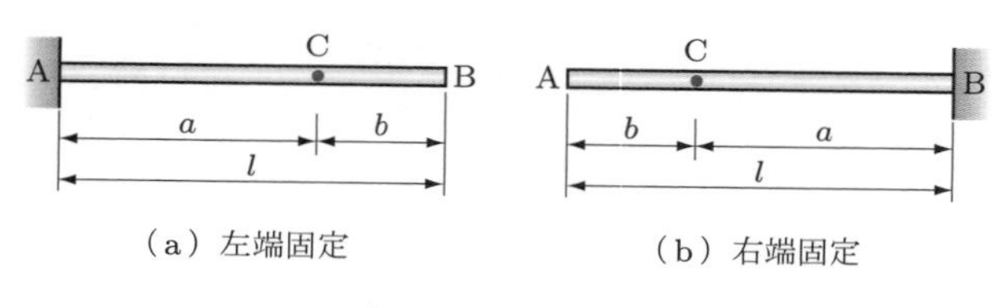

図 9.15 片持ちばり

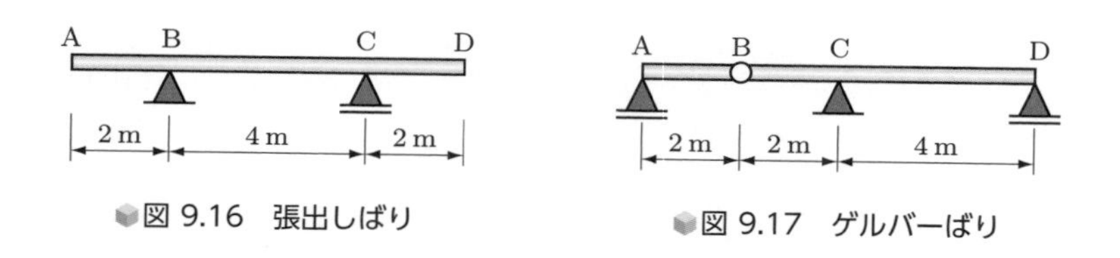

図 9.16 張出しばり

図 9.17 ゲルバーばり

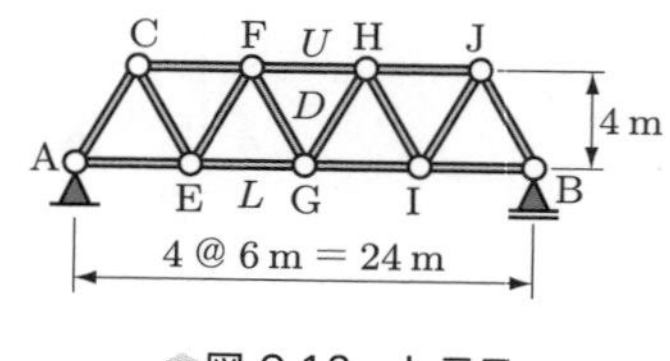

図 9.18 トラス

第10章

圧縮部材にご用心！

10.1 座屈って何ですか？

薄い板状のプラスチック定規の両端をもって，長さ方向に引っ張る場合と圧縮する場合を考えてみよう．まず，引っ張る場合（**図 10.1**(a) 参照）は，力を増すと定規は目にみえない程度伸びて，力が十分大きければやがてどこかでちぎれる．このときの定規の破断引張力は，材料としての強さが応力度 [kN/cm^2] の形で求められていると，それに断面積を乗じるだけで求められる．

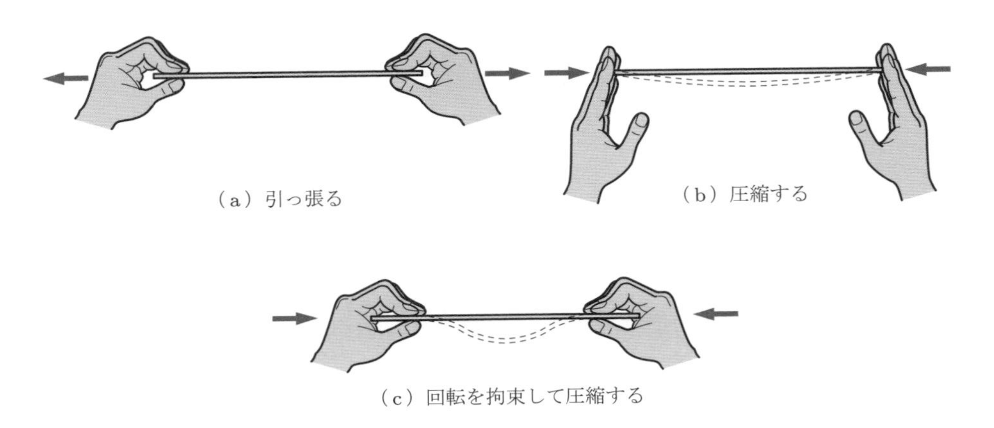

図 10.1　定規を引張ったり圧縮したりする

次に，図 10.1(b) に示すように，定規の両端を長さ方向に押していくと，ある程度の力までは，目にみえない程度縮みながらまっすぐなまま耐えるが，さらに力を増していくと急激に横に曲がる．このとき，定規が折れないように無意識に力をゆるめるが，現実の構造物にかかる力は，重力などのように弱まることなく作用し続けるから，定規（部材）は折れて破壊されてしまう．このような現象を**座屈** (buckling) という．

座屈の特徴の一つは，変位が力の方向と直接関係のない方向に生じることで，もともと曲げようとする力が作用するはりなどのその方向のたわみと，この点で区別される．座屈現象の最も重要な点は，材料としての強さに関係なく部材の強度が決まることで，基本的には定規（部材）の細長さだけで，抵抗できる力の大きさが決まってしまうことである．すなわち，細長い定規は座屈しやすく，太くて短い定規は座屈しにくいことになるが，このことは経験的に理解できると思う．

さらに，座屈に対する抵抗の大小は，端部をどのように支えるか（境界条件）にも依存する．すなわち，図 10.1(c) のように，端部が回転しないように手で支えた場合（固定支持）は，ずっと座屈しにくく，大きな力まで耐えることがわかる．

以上のように，座屈現象は，圧縮を受ける部材に固有の破壊形式で，トラス橋の上弦材や建物の柱などのような圧縮を受ける棒状の部材にだけでなく，**図 10.2** や**図 10.3** に示すように，背の高いはりが曲げを受ける場合（上側が圧縮される）やシェルなどの曲面構造が圧縮を受ける場合にも生じる．座屈による破壊は急激に生じるため危険度が大きく，過去にも多くの事故や地震力による損傷が報告されている．したがって，とくに薄く，細長くなることの多い鋼構造物の設計にあたっては，座屈安全性が重要な検討項目になってくる．

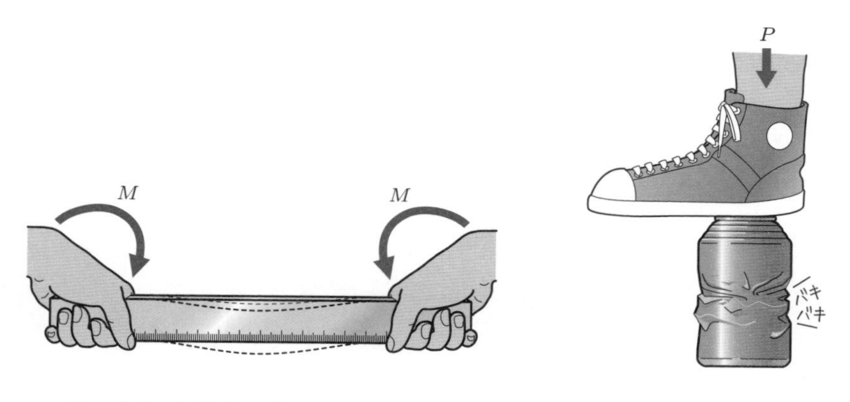

図 10.2　定規（はり）を面内に曲げると限界の力で面外にたわむ

図 10.3　空き缶（円筒シェル）の座屈

本章では，定規のような棒状の圧縮部材（一般に柱という）が，軸方向圧縮力を受けて曲がるように座屈する場合について，細長さや境界条件が強さに及ぼす影響と，柱の設計法について述べ，さらに，偏心圧縮力を受ける柱やまっすぐでない柱，そして座屈しない短い柱の性状について説明する．以後，本章ではことわらないかぎり圧縮力 P は正の量として取り扱う．

10.2 長い定規を押すとガクッと曲がる

トラス部材のように両端をヒンジ結合された部材が，**図 10.4**(a) のように，その軸に沿って圧縮力 P を受けるとする．座屈が生じる真の原因（なぜ座屈するか）は，不明であるが，いま，軸力 P がある荷重の大きさになったとき，横にたわみはじめたと考え，その状態でのつり合いを考える．図 (b) に示すように，左から x の点でのたわみを v とすると，この点での外力の曲げモーメントは $M = Pv$ であるから，これを抵抗モーメント $M = -EI(d^2v/dx^2)$ と等置すると，モーメントのつり合い式として次式が得られる．

$$\frac{d^2v}{dx^2} + \frac{P}{EI}v = 0 \tag{10.1}$$

いま，EI を x 方向に一定として $P/(EI) = k^2$ とおくと

$$v'' + k^2v = 0$$

となる．この微分方程式の一般解は，

$$v = A\sin kx + B\cos kx \tag{10.2}$$

で与えられる．未定係数 A, B は，境界条件から決定される．

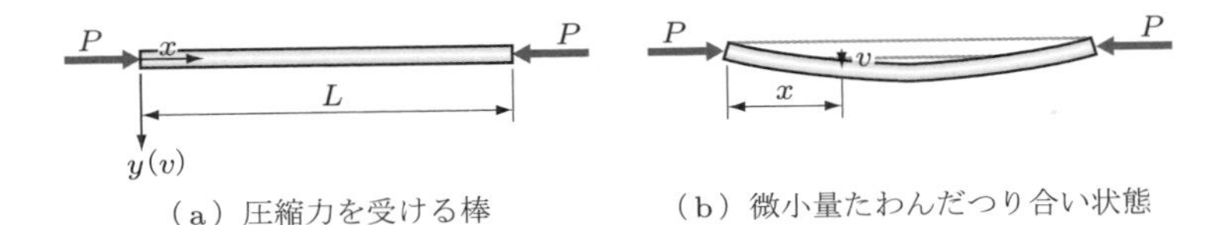

（a）圧縮力を受ける棒　　（b）微小量たわんだつり合い状態

図 10.4　両端ヒンジの圧縮部材の座屈

まず，左端 $(x = 0)$ で $v = 0$ であるから，$B = 0$ となる．さらに，右端 $(x = L)$ で $v = 0$ であるから，$A\sin kL = 0$ となる．

ここで，$A = 0$ ならすべての場合に $v = 0$ となり，自明で意味がない解となるので，$\sin kL = 0$ でなければならない．

$\sin kL = 0$ となるのは，$kL = n\pi$ のときであるから

$$k = \sqrt{\frac{P}{EI}} = \frac{n\pi}{L} \quad (n = 1, 2, 3, \ldots) \tag{10.3}$$

が得られる．これらの結果を式 (10.2) に代入すると，たわみ v は次式のようになる．

$$v = A\sin\frac{n\pi}{L}x \tag{10.4}$$

ところで，この式において正弦波形の振幅（最大たわみ）を表す係数 A は，上記の議論からは定められない．式 (10.1) からは座屈後のたわみ形状がサインカーブであることがわかったが，たわみの大きさは求められないことがわかる（逆に，つり合い式 (10.1) はたわみの大きさに無関係に成立する）．

以上より，たわみ v の解が存在する条件，すなわち，微小たわみ v を生じてつり合いを保つのに必要な条件は，軸方向力が式 (10.3) の値をとるときであることがわかる．式 (10.3) より座屈を生じる荷重 P_{cr} は，

$$P_{\mathrm{cr}} = \frac{n^2\pi^2}{L^2}EI \tag{10.5}$$

となる．ここで，n は式 (10.4) の正弦波をなすたわみ波形（座屈モード）の半波の数を表す整数で，波数が多くなるほど座屈を生じる荷重も大きくなる．たとえば，**表 10.1** に示すようになる．

表 10.1　座屈荷重と座屈モード

半波数	座屈荷重	座屈モード
$n=1$	$P_{\mathrm{cr}} = \frac{\pi^2 EI}{L^2}$	
$n=2$	$P_{\mathrm{cr}} = \frac{4\pi^2 EI}{L^2}$	
$n=3$	$P_{\mathrm{cr}} = \frac{9\pi^2 EI}{L^2}$	

ところが，軸力 P がゼロから次第に増加する場合は，1 半波のたわみ形 $(n = 1)$ を生じる最小荷重 $P_{\mathrm{cr}} = \pi^2 EI/L^2$ で座屈を生じ，2 半波，3 半波のたわみ形をとる座屈を生じることはない．2 半波，3 半波の座屈を生じるのは，それぞれ，柱の中点あるいは 1/3 点で，たわみが生じないように拘束がある場合に限られる．したがって，両端ヒンジ柱の座屈荷重は，

$$P_{\mathrm{cr}} = \frac{\pi^2 EI}{L^2} \tag{10.6}$$

であると結論できる．上に述べたような考え方は，1759 年オイラー (Euler) によってはじめて示されたので，式 (10.6) に類する式は，オイラーの公式，または**オイラーの座屈荷重**とよばれる．式 (10.6) より，座屈荷重は棒のたわみ抵抗 EI/L^2 にのみ比例

し，材料の強さに関係しないことがわかる．また，オイラーの公式は，E を定数として導かれており，材料が弾性である範囲においてのみ意味がある．座屈時の平均応力度 P_{cr}/A が比例限度 σ_{p} 以下であるような細長い柱（長柱）に対しては，式 (10.6) の値が実験値ともよく対応することがわかっている．

10.3 定規の持ち方で耐えられる力の大きさが変わる

いま，**図 10.5** に示すように，一端固定，他端自由の柱が，自由端に軸方向圧縮力 P を受ける場合を考える．図の x の位置における外力モーメントは，$M = -P(\delta - v)$ となるから，抵抗モーメント $M = -EI(d^2v/dx^2)$ と等置すると，次式が得られる．

$$\frac{d^2v}{dx^2} = \frac{P}{EI}(\delta - v)$$

$P/(EI) = k^2$ とおくと

$$v'' + k^2v = k^2\delta$$

となる．

この微分方程式の一般解は，右辺を 0 とおいた同次方程式の解（式 (10.2) 参照）と，特別解 $v = \delta$ の和からなる．したがって，

$$v = A\sin kx + B\cos kx + \delta$$

となる．境界条件 $x = 0$ で $v = 0$，および $v' = \theta = 0$ を用いると，$B = -\delta$, $A = 0$ が得られるから，

$$v = \delta(1 - \cos kx)$$

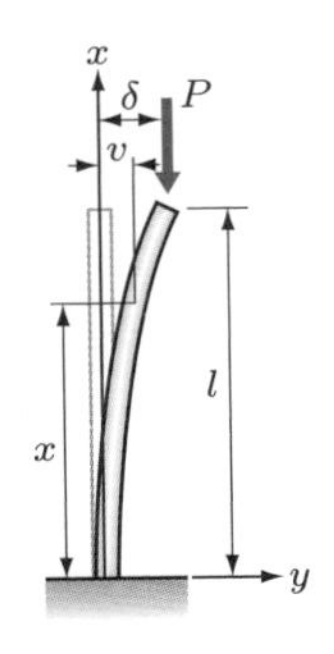

図 10.5　一端固定，他端自由の柱の座屈

を得る．さらに，$x = l$ で $v = \delta$ となるための条件として，$\cos kl = 0$ を満足しなければならないことから，$kl = (2n-1)\pi/2$ となる．k をもとに戻すと $P = (2n-1)^2\pi^2 EI/(4l^2)$ となる．

実際の座屈荷重 P_{cr} は P が最小 $(n = 1)$ のときに得られるから，

$$P_{\mathrm{cr}} = \frac{\pi^2 EI}{4l^2} = \frac{\pi^2 EI}{(2l)^2} \tag{10.7}$$

となる．たわみ v は，$k = \pi/(2l)$ として

$$v = \delta\left(1 - \cos\frac{\pi x}{2l}\right) \tag{10.8}$$

となる．

ところで，いま，式 (10.7) と式 (10.6) を比較するために等置すると

$$L = 2l$$

という関係が得られる．これは，一端固定，他端自由の柱の座屈荷重は，その 2 倍の長さをもつ両端ヒンジ柱の座屈荷重に等しいことを意味している．このように，同じ座屈荷重をもつ両端ヒンジ柱を想定したとき，その両端ヒンジ柱の長さを**有効座屈長さ**という．これは，考えている柱の座屈時のたわみ形状の変曲点間の距離に対応する．この考え方は，ほかの境界条件の場合にも拡張することができて，次のようにまとめることができる．すなわち，有効座屈長さ l_{e} と実長 l との比を**有効長さ係数** K とおけば，座屈荷重は境界条件の違いにかかわらず，統一的に次式で表せる．

$$P_{\mathrm{cr}} = \frac{\pi^2 EI}{{l_{\mathrm{e}}}^2} = \frac{\pi^2 EI}{(Kl)^2} \tag{10.9}$$

以上のことを種々の境界条件の柱について整理すると，**表 10.2** が得られる．

TRY! ▶ 演習問題 10.1 を解いてみよう．

表 10.2　境界条件と有効長さ係数

境界条件	たわみ形状と座屈長さ	有効長さ係数 K
(ヒンジ)×(ヒンジ)	$l_{\mathrm{e}} = l$	1.0
(固定)×(自由)	$l_{\mathrm{e}} = 2l$	2.0
(固定)×(ヒンジ)	$l_{\mathrm{e}} = 0.7l$	0.7
(固定)×(固定)	$l_{\mathrm{e}} = 0.5l$	0.5

10.4 薄くて長い定規は座屈しやすい

柱の断面積を A とすると，座屈時の平均応力度 σ_{cr} は，式 (10.9) より

$$\sigma_{cr} = \frac{P_{cr}}{A} = \frac{\pi^2 E}{(Kl)^2} \cdot \frac{I}{A} = \frac{\pi^2 E}{(Kl/r)^2} = \frac{\pi^2 E}{(l_e/r)^2} \tag{10.10}$$

と書ける（座屈応力度 σ_{cr} は，圧縮であるから応力の符号の約束によればマイナスを付すべきところであるが，問題が生じないので通常正値としてとり扱う）．ここに，r は断面 2 次半径とよばれる断面の広がりを表す量で，$r = \sqrt{I/A}$ で定義される．l/r のことを柱の**細長比** (slenderness ratio)，$l_e/r = Kl/r$ のことを**有効細長比** (effective slenderness ratio) とよび，柱の細長さを表す指標とする．人間でいえば，背の高さと胴の太さを表す寸法（胴の半径）等との比率で，その人のスマートさ（ほっそり度）を表すようなものである．式 (10.10) は，材料が同じ部材の座屈強度は細長比のみの関数として表されることを示している．

式 (10.10) で表される σ_{cr} と l_e/r の関係を図示すると，**図 10.6** に示すように双曲線になる．ただし，先に述べたように比例限度 σ_p 以下（緑色の線の部分）のみが有効である．軟鋼の場合，$\sigma_y = 240\,\mathrm{N/mm^2} (2400\,\mathrm{kgf/cm^2})$，$\sigma_p = 200\,\mathrm{N/mm^2} (2000\,\mathrm{kgf/cm^2})$，$E = 200\,\mathrm{kN/mm^2}$ $(= 2.0 \times 10^6\,\mathrm{kgf/cm^2})$ 程度であると考えると，座屈応力が σ_p に達するときの l_e/r の値は約 100 となる．

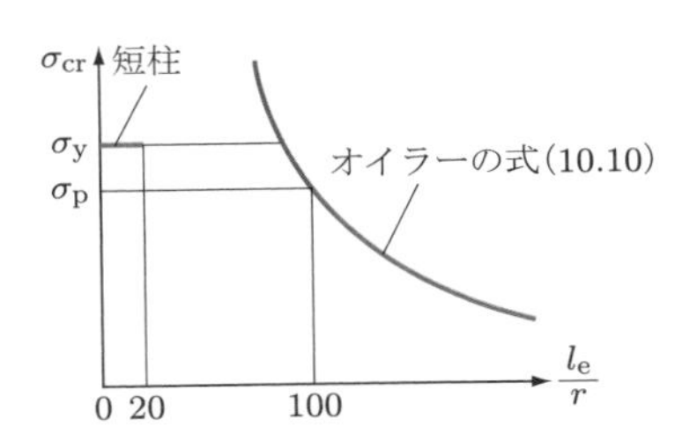

図 10.6　オイラーの式の有効な範囲（軟鋼の場合）

一方，座屈を生じない短い柱（短柱）の細長比を 20 前後と考えると，細長比が 20 以下の領域では降伏応力度 σ_y が強度を与えることになる．部材の細長比がこの中間 ($l_e/r = 20$〜100) に位置する中間柱が，現実によく用いられる寸法の柱であるが，オイラーの座屈荷重では説明がつかない．そこで，材料の降伏（塑性），溶接残留応力度（溶接時の熱作用による部材中に閉じこめられた応力度），初期曲り等を考慮して，実験的，理論的研究が行われ，設計のための強度曲線が得られている．

実用の柱の強度を，鋼種（降伏点の大小）の影響を考慮して一般的に表すために，細

長比を$\sigma_{\rm cr}=\sigma_{\rm y}$となる基準の細長比$(l_{\rm e}/r)_{\rm y}=\pi\sqrt{E/\sigma_{\rm y}}$に対する比として表した細長比パラメーター$\lambda$（ラムダ）がよく用いられる．すなわち，

$$\lambda=\frac{(l_{\rm e}/r)}{(l_{\rm e}/r)_{\rm y}}=\frac{(l_{\rm e}/r)}{\pi\sqrt{E/\sigma_{\rm y}}}=\frac{1}{\pi}\sqrt{\frac{\sigma_{\rm y}}{E}}\cdot\frac{l_{\rm e}}{r} \tag{10.11}$$

で与えられる．オイラーの式 (10.10) の両辺を$\sigma_{\rm y}$で割って，このλを用いて整理すると

$$\frac{\sigma_{\rm cr}}{\sigma_{\rm y}}=\frac{1}{\lambda^2} \tag{10.12}$$

のように簡単になり，結局，オイラーの式は，$(\sigma_{\rm cr}/\sigma_{\rm y},\lambda)=(1.0,1.0)$を通る双曲線として図示することができる（**図 10.7** 参照）．

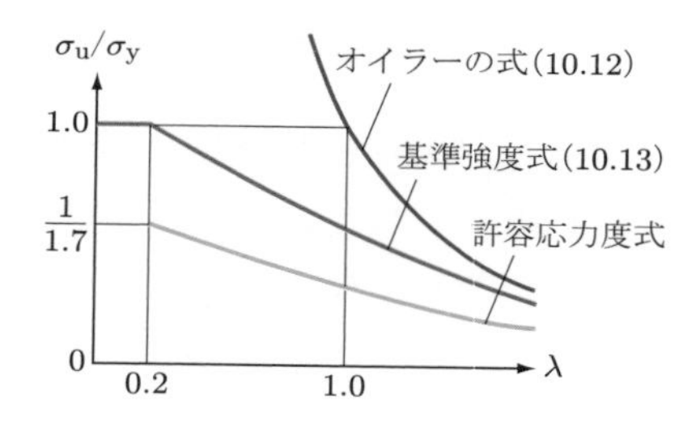

図 10.7　基準強度曲線と許容応力度曲線

中間柱の領域を含めた直柱の終局応力度$\sigma_{\rm u}$は，このλを用いて，たとえば次の式のように与えられる．

$$\left.\begin{aligned}\frac{\sigma_{\rm u}}{\sigma_{\rm y}}&=1.0 && (\lambda\leqq 0.2)\\ \frac{\sigma_{\rm u}}{\sigma_{\rm y}}&=1.109-0.545\lambda && (0.2<\lambda\leqq 1.0)\\ \frac{\sigma_{\rm u}}{\sigma_{\rm y}}&=\frac{1.0}{0.773+\lambda^2} && (1.0<\lambda)\end{aligned}\right\} \tag{10.13}$$

圧縮材の許容応力度$\sigma_{\rm ca}$はこの終局応力度$\sigma_{\rm u}$を，安全率（$\nu=1.7$程度）で割った値となるよう定めることもできる．

以上で述べた関係を求めて図示すると，図 10.7 のようになる．

圧縮部材については，細長比から計算される許容応力度よりも作用応力度が小さくなるよう寸法を定めることが，一つの設計法となる．

例題 10.1 軟鋼 SM400（1991 以前の JIS 旧称は SM41）でできた溝形鋼 $380 \times 100 \times 13 \times 20\,\mathrm{mm}$ を，**図 10.8** に示すように 2 本組み合わせてトラスの圧縮材（Y 軸まわりヒンジ）として用いる．部材長を $9.8\,\mathrm{m}$ として，オイラー荷重 P_{E}，終局応力度 σ_{u}，終局軸力 P_{u} を求めよ．ただし，溝形鋼の断面諸量は，その一つについて以下のようである．

$$I_z = 17600\,\mathrm{cm}^4, \quad I_y = 671\,\mathrm{cm}^4, \quad A = 85.7\,\mathrm{cm}^2,$$

$$e_z = 2.5\,\mathrm{cm}(\text{図心の位置}), \quad a = 32\,\mathrm{cm},$$

$$\sigma_{\mathrm{y}} = 240\,\mathrm{N/mm}^2, \quad E = 200\,\mathrm{kN/mm}^2$$

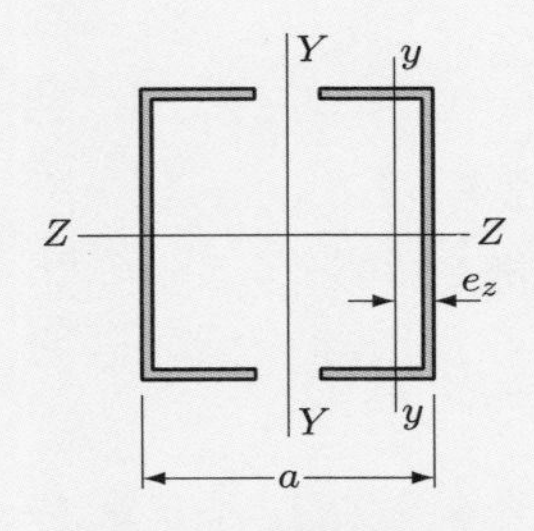

図 10.8　溝形鋼の合成断面

解答 まず，組合せ断面について

$$I_Y = 2\left\{I_y + A\cdot\left(\frac{a}{2} - e_z\right)^2\right\} = 2 \times (671 + 85.7 \times 13.5^2) = 32580\,\mathrm{cm}^4$$

$$r = \sqrt{\frac{I_Y}{2A}} = 13.787\,\mathrm{cm}$$

$$\frac{l_{\mathrm{e}}}{r} = \frac{980}{13.787} = 71.08$$

$$\lambda = \frac{1}{\pi}\sqrt{\frac{\sigma_{\mathrm{y}}}{E}}\frac{l_{\mathrm{e}}}{r} = 0.765$$

$$P_{\mathrm{E}} = \frac{\pi^2 E I_Y}{{l_{\mathrm{e}}}^2} = \frac{\pi^2 \times 20 \times 10^6 \times 32580}{(980)^2} = 6696850\,\mathrm{N} = 6700\,\mathrm{kN}$$

$$\sigma_{\mathrm{u}} = (1.109 - 0.545 \times 0.765)\cdot\sigma_{\mathrm{y}} = 16610\,\mathrm{N/cm}^2$$

$$P_{\mathrm{u}} = 2A\sigma_{\mathrm{u}} = 2 \times 85.7 \times 16610 = 2847260\,\mathrm{N} = 2847\,\mathrm{kN}$$

である．材料の弾性を仮定して得られる P_{E} は P_{u} より相当大きく，この例題のような現実の圧縮部材は，P_{E} を基準に設計すると危険になることがわかる．

TRY! ▶ 演習問題 10.2 を解いてみよう．

10.5 変心？ いや，偏心するのがあたりまえ

現実の圧縮部材には，前節までにみたように圧縮力が断面の図心にはたらくような理想的な状態は，むしろ少ないと考えたほうがよい．ここでは，圧縮力が断面内で偏心して作用する柱の基本的性質について学ぼう．**図 10.9**(a) は，圧縮力 P が柱の図心軸から e だけ離れて作用している様子を表している．構造力学では，これを図 (b) のようにモデル化して考える．いま，図 (c) に示すように左端から x の位置のたわみを v とすると，その位置での曲げモーメントは，$M = P(e + v)$ となり，10.2 節と同様に，つり合い式は次式となる．

$$\frac{d^2v}{dx^2} + \frac{P}{EI}(e + v) = 0 \tag{10.14}$$

$P/(EI) = k^2$ とおいて整理すると，$v'' + k^2v = -k^2e$ となる．この微分方程式の一般解は，同次方程式の一般解と特解 $v = -e$ の和として，次式で与えられる．

$$v = A\sin kx + B\cos kx - e \tag{10.15}$$

未定係数 A, B は，境界条件より次のように定められる．$x = 0$ で $v = 0$ であることより

$$B = e$$

となり，$x = l$ で $v = 0$ であることより

$$A = \frac{e(1 - \cos kl)}{\sin kl} = e \cdot \tan\frac{kl}{2}$$

となる．これらの式を式 (10.15) に代入すると，たわみ v は次式のように求められる．

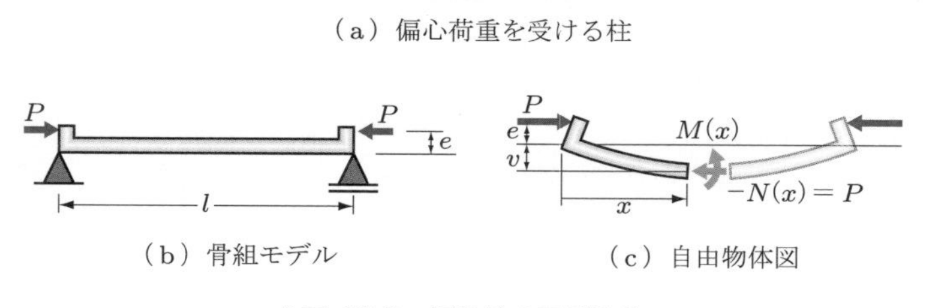

（a）偏心荷重を受ける柱

（b）骨組モデル

（c）自由物体図

図 10.9　偏心柱のモデル化

$$v = e\left(\tan\frac{kl}{2}\sin kx + \cos kx - 1\right)$$

いま，柱の中央点 $(x = l/2)$ のたわみを $\overline{v}$ とすると，上式に $x = l/2$ を代入して

$$\overline{v} = e\left(\sec\frac{kl}{2} - 1\right) \tag{10.16}$$

となる．

ところで，中心圧縮柱 $(e = 0)$ の座屈荷重を $P_{\rm cr} = \pi^2 EI/l^2$ と書くことにすると，

$$kl = \sqrt{\frac{Pl^2}{EI}} = \pi\sqrt{\frac{P}{P_{\rm cr}}}$$

と書ける．したがって，P が $P_{\rm cr}$ に近づくにつれて，式 (10.16) 中の kl は π に，$\sec(kl/2)$ は ∞ に近づくことになるから，柱の中央点のたわみ v は，無限大に発散することになる．また，中心圧縮柱の場合と異なり，v は，荷重 P が小さい間もゼロでなく，e が大きいほど大きいこともわかる．式 (10.16) の関係を P と $\overline{v}$ の関係として描くと，**図 10.10** のような線図が得られる．

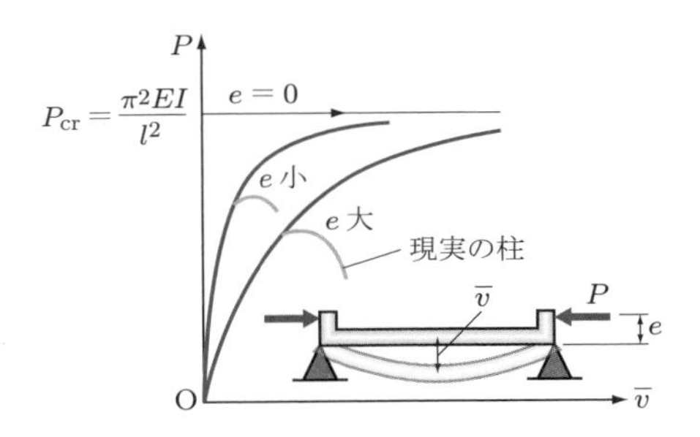

図 10.10　偏心柱の荷重 - たわみ関係

次に，この柱に生じる最大応力を求めてみよう．最大曲げモーメント M は，柱の中央点 $(x = l/2)$ で生じるから，式 (10.16) を用いて，

$$\overline{M} = P(e + \overline{v}) = Pe\sec\frac{kl}{2}$$

となる．図 10.9(c) でわかるように，断面は軸力 P と曲げモーメント M を同時に受けるから，**図 10.11** に示すように，応力度の分布はそれぞれによって生じる応力度 σ_P と σ_M の和で表される．

したがって，断面積を A，断面 2 次モーメントを I，中立軸から最外縁までの距離

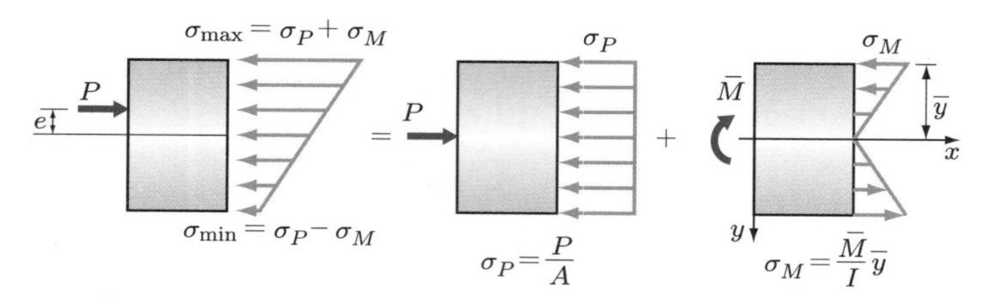

図 10.11　偏心軸力を受ける部材の応力度分布

を $\bar{y}$ とすると，圧縮応力度を正値として扱うことにすれば，次式で与えられる．

$$\sigma_{\max} = \sigma_P + \sigma_M = \frac{P}{A} + \frac{\overline{M}}{I}\bar{y} = \frac{P}{A} + \frac{Pe\bar{y}}{I}\sec\frac{kl}{2}$$

この式を断面 2 次半径 $r = \sqrt{I/A}$ を用いてさらに書き直すと

$$\sigma_{\max} = \frac{P}{A}\left\{1 + \frac{e\bar{y}}{r^2}\sec\left(\frac{l}{2r}\sqrt{\frac{P}{EA}}\right)\right\} \tag{10.17}$$

となる．この式は，セカント式とよばれる．ほかに方法がなければ，実構造物に存在する偏心量 e をある値に仮定して，この $\sigma_{\max}$ が材料の降伏応力度 σ_{y} に達したときの強度を設計上の基準とするのも一つの考え方である．

10.6 圧縮力によって生じる引張応力にご用心！

座屈の心配のない太くて短い柱 ($\lambda \leqq 0.2$) を短柱とよぶことは 10.4 節で説明した．現実の鉄筋コンクリートの柱の λ の値はほとんどこの範囲に入る．ところで，コンクリートは，圧縮に強いが引張りに対してはきわめて弱い材料であるから，コンクリートでつくった圧縮部材においては，偏心 e が生じたとしても，原則として引張応力度が生じないようにする必要がある．

前節の図 10.11 でみたように，断面内の中立軸から y の位置の作用応力度は，軸力による圧縮応力度 $\sigma_P = P/A$ と曲げによる応力度 $\sigma_M(y) = (M/I)y$ の和によって与えられる．短柱の場合，たわみ v は小さく無視でき，曲げモーメント M は Pe で与えられると考えてよいから，柱の断面の垂直応力度 $\sigma(y)$ は，次式で与えられる．

$$\sigma(y) = \sigma_P + \sigma_M(y) = -\frac{P}{A} + \frac{Pe}{I}y \tag{10.18}$$

ここで，圧縮応力度に負の符号をつけることにした．式 (10.18) でわかるように，荷

重の偏心量 e が変われば中立軸から y の位置の応力度は変化する．

いま，中立軸から断面の上下縁までの距離を y_1, y_2 とし，この位置での応力度が引張り（+）にならずにちょうどゼロになるような偏心量 e を定めることを考える．まず，**図 10.12**(a) に示すように，$y = y_2$ の位置の応力度がゼロになるときの偏心量を $e = k_1$ とすると，式 (10.18) より以下が成り立つ．

$$-\frac{P}{A} + \frac{Pk_1}{I}y_2 = 0$$

これを k_1 について解いて，断面係数 $W_2 = I/y_2$ を用いると

$$k_1 = \frac{I}{Ay_2} = \frac{W_2}{A} \qquad (10.19)$$

となる．すなわち，圧縮力の偏心量 e が，$k_1 = W_2/A$ よりも小さく中立軸側にあれば，断面内に引張応力度は生じないことになる．この限界の載荷位置を，この柱の断面の**核点**という．$y = y_1$ の点の応力度を考えても，ほかの核点 $e = k_2$ が求められる（図 (b) 参照）．k_1, k_2 は，図心を通る y 軸上の核点であるが，図心を通るほかの任意の軸上にも，核点が二つずつあるはずである．このように求めたすべての核点を結ぶと，**図 10.13** に示すように，図心を囲む一つの領域が得られ，この部分を**核** (core) と

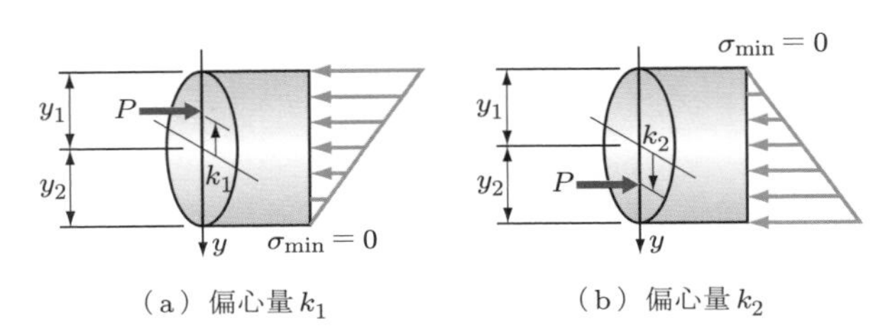

（a）偏心量 k_1　　（b）偏心量 k_2

図 10.12　引張りを生じない限界の軸力作用点＝核点

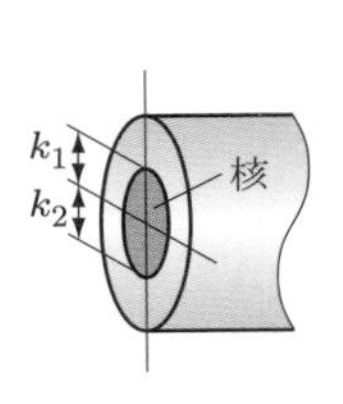

図 10.13　核

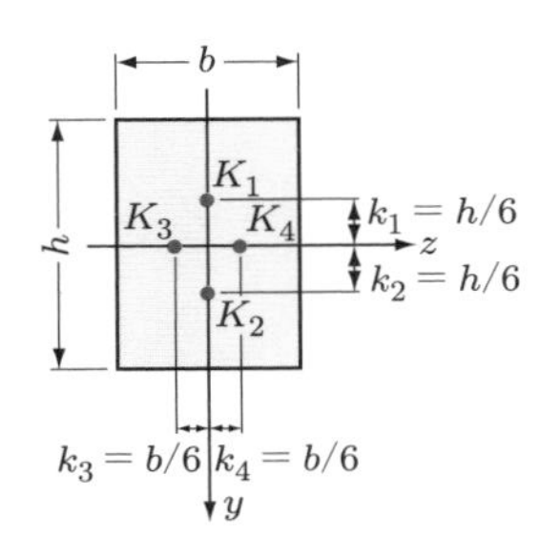

図 10.14　長方形断面の 4 辺に対応する核点

よぶ．結局，部材軸に平行な圧縮力が核内に作用していれば，柱には引張応力が生じないことになる．

図 10.14 に示すような長方形断面の核を求めてみよう．まず，主軸 y, z 軸上の核点を求めるために，式 (10.19) に所定の値を代入すると，以下のようになる．

$$K_1 = K_2 = \frac{I}{Ay_2} = \frac{(bh^3/12)}{(bh)(h/2)} = \frac{h}{6}$$

すなわち，核点 K_1, K_2 は，断面の高さ h の 3 等分点であることがわかる．z 軸上の核点 K_3, K_4 も同様に幅 b の 3 等分点である．

次に，**図 10.15**(a) に示すように，P が線分 K_1K_4 上に作用した場合を考えると，この P を，同図に示したように，K_1 と K_4 に作用する力 P_1 と P_4 に分解することができる．ところで，P_1 と P_4 によって生じる柱の断面内の応力は，それぞれ図 (b), (c) に示すようになり，両者を加えると図 (d) に示すような P によって生じる応力分布が得られる．ここで，P の作用点から最も遠い角の点 C での応力度をみてみると，明らかにゼロになっており，線分 K_1K_4 上の点はすべて核点であることがわかる．同様にして，ひし形 $K_1K_4K_2K_3$ の辺上の点は，すべて核点になることがわかるから，**図 10.16** に示すようなひし形の内側が長方形断面の核となる．

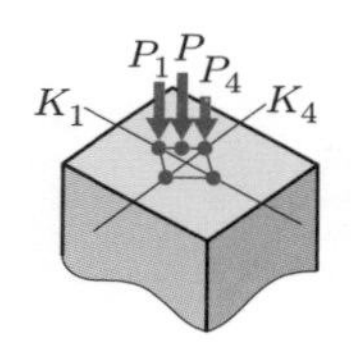

（a）Pを P_1 と P_4 に分解

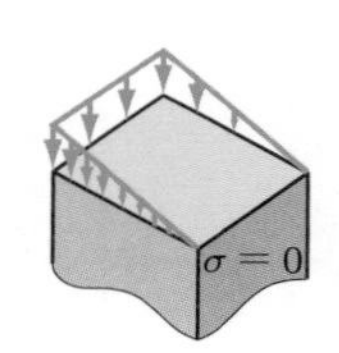

（b）P_1による応力分布

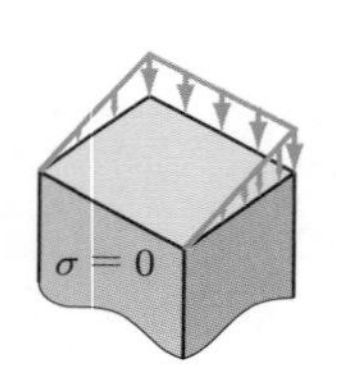

（c）P_4による応力分布

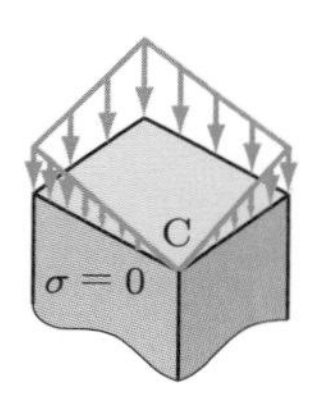

（d）Pによる応力分布

図 10.15　長方形断面の核の領域を求める

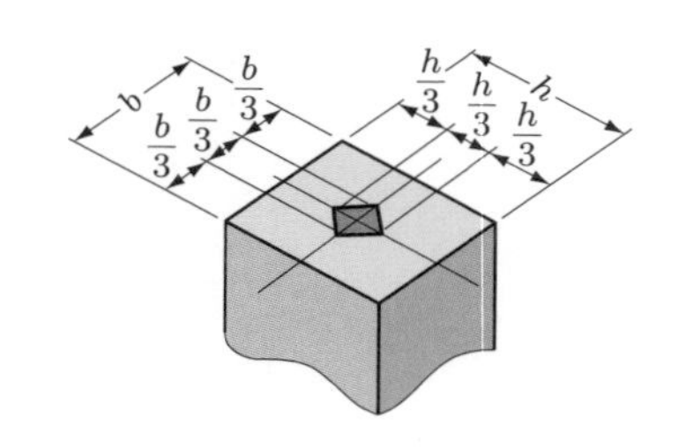

図 10.16　長方形断面の核の寸法と形状

演習問題

10.1 幅 3 cm，高さ（厚さ）2 mm の長方形断面をもち，長さが 30cm のプラスチックの定規がある．$E = 2 \times 10^5$ N/cm^2 として，次の四つの境界条件の場合の座屈荷重を計算せよ．

(1) 両端ヒンジ　　(2) 一端固定 - 他端自由

(3) 一端固定 - 他端ヒンジ　　(4) 両端固定

これに近い定規をみつけて，手で力を加え，それぞれの場合を実験してみよ．おのおのの場合の座屈軸力の比が 1.0 : 0.25 : 2.0 : 4.0 であることを経験し，確認せよ．

10.2 **図 10.17** に示す単純トラスの上弦材 BD に，正方形中実断面の鋼部材 (E = 200 kN/mm^2) を用いる．弾性座屈に対する安全率を 1.7 以上にするためには，断面の一辺の長さを何 cm 以上とすればよいか．また，1 辺の長さが 13 cm のとき，弾性座屈するときの限界応力度はいくらか．

10.3 **図 10.18** に示す柱の断面の核を求めよ．

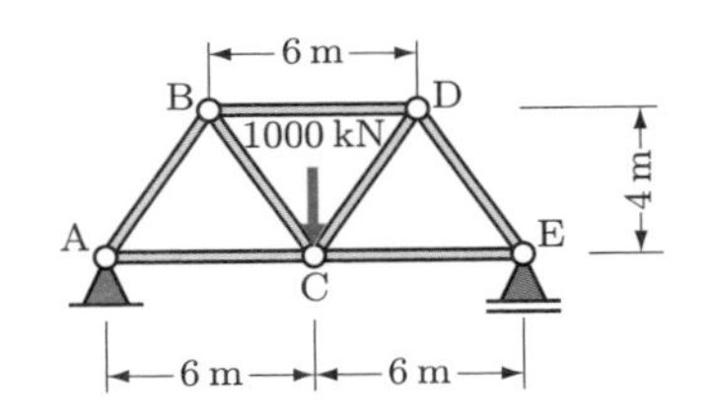

図 10.17　トラス材の座屈の検討

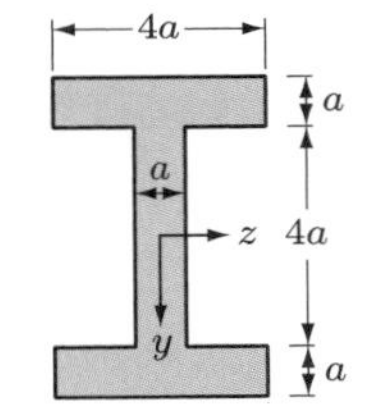

図 10.18　I 形断面の核を求める

付録 もっと立ち入った応力の話

A.1 どの方向の応力度が最大になるか

第７章までの議論により，はりの軸線に垂直な断面には，直応力度 σ とせん断応力度 τ が分布することがわかり，かつ，その大きさを定めることができるようになった．実際の設計では，場合により，はりの軸線に対して任意の傾きをもつ断面に作用する応力が問題になることがあるので，ここでは，もう少し一般的に，力を受ける物体の内部の応力状態について考察する．

いま，部材の内部に**図 A.1**(a) に示すような奥行き b の微小三角形 ABC を想定し，面 AC に作用する応力を求めることを考える．面 AC は，その外向きの法線が，x 軸に対して時計まわりに角 θ をなす面として定義しておく．各面に加わる応力を，垂直応力度 σ とせん断応力度 τ とに分解して考え，すべて書き出すと，図 (b) のようになる．応力の符号は図のように，正の断面（その面の外向き法線が座標軸方向と一致するような断面）で座標軸方向を正（負の断面では逆）とし，τ_θ は，要素中心に対して時計まわりに仮定する．せん断応力度 τ_{xy} などの添字は，一つ目の添字が作用面に直交する座標軸，二つ目の添字がせん断応力度の作用方向を意味するように付してあ

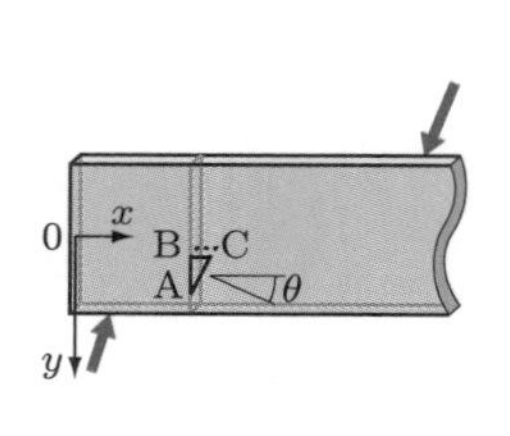

（a）物体内の微小三角形ABC

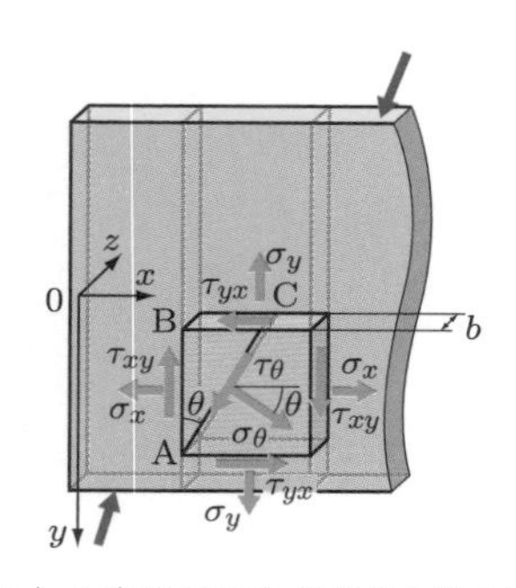

（b）三角形ABCに作用する応力度

図 A.1　物体内部の要素にはたらく応力度

る．図 (b) に示す直方体のように，x, y の 2 次元的な方向の応力を受け，z 方向（一般に厚さ方向）の変位（ひずみ）が自由な状態を**平面応力状態**という．薄い板が面に沿う方向の外力のみを受けた場合は，平面応力状態と考えてよい．

いま，図 A.1 を長方形断面の骨組部材と考えると，面 AB にはたらく垂直応力度 σ_x は，部材の断面にはたらく軸力を N，曲げモーメントを M とし，断面積を A，断面 2 次モーメントを I，中立軸からの距離を y とすると，式 (7.5) などより，

$$\sigma_x = \frac{N}{A} + \frac{M}{I}y \tag{A.1}$$

として求められる．また，辺 AB と辺 BC にはたらくせん断力は等しく（$\tau_{xy} = \tau_{yx}$），式 (7.18) より

$$\tau_{xy} = \tau_{yx} = \frac{QG_1}{bI} \tag{A.2}$$

となる．ここに，Q はせん断力，b, I, G_1 は，第 7 章で定義した諸量である．

さて，ここで，面 AC にはたらく直応力度 σ_θ とせん断応力度 τ_θ の極値（最大，最小）とそのときの角度 θ を求めることを考える．いま，σ_θ と τ_θ を既知の σ_x と τ_{xy} で表すために，図 A.1(b) の三角形 ABC のつり合いを考える．三角形 ABC は，周囲から図 (b) に示す応力を受けつつ，物体内に静止していると考えるわけである．まず，x 方向のつり合い関係より

$$-\sigma_x b\overline{\mathrm{AB}} - \tau_{yx} b\overline{\mathrm{BC}} + \sigma_\theta b\overline{\mathrm{AC}}\cos\theta - \tau_\theta b\overline{\mathrm{AC}}\sin\theta = 0$$

となり，次に y 方向のつり合いより

$$-\sigma_y b\overline{\mathrm{BC}} - \tau_{xy} b\overline{\mathrm{AB}} + \sigma_\theta b\overline{\mathrm{AC}}\sin\theta + \tau_\theta b\overline{\mathrm{AC}}\cos\theta = 0$$

となる．ここで，$\overline{\mathrm{AB}} = \overline{\mathrm{AC}}\cos\theta$, $\overline{\mathrm{BC}} = \overline{\mathrm{AC}}\sin\theta$, $\tau_{yx} = \tau_{xy}$ であるから，整理すると両式は，

$$\sigma_x \cos\theta + \tau_{xy}\sin\theta = \sigma_\theta\cos\theta - \tau_\theta\sin\theta$$

$$-\sigma_y\sin\theta - \tau_{xy}\cos\theta = -\sigma_\theta\sin\theta - \tau_\theta\cos\theta$$

となる．この両式から σ_θ と τ_θ を求めると

$$\sigma_\theta = \sigma_x\cos^2\theta + \sigma_y\sin^2\theta + 2\tau_{xy}\sin\theta\cos\theta$$

$$\tau_\theta = -(\sigma_x - \sigma_y)\sin\theta\cos\theta - \tau_{xy}(\sin^2\theta - \cos^2\theta)$$

となる．

ここで，三角関数の倍角公式

$$\sin 2\theta = 2\sin\theta\cos\theta, \quad \cos 2\theta = \cos^2\theta - \sin^2\theta$$

$$\cos^2\theta = \frac{1}{2}(1+\cos 2\theta), \quad \sin^2\theta = \frac{1}{2}(1-\cos 2\theta)$$

を用いて書き換えると

$$\sigma_\theta = \frac{\sigma_x + \sigma_y}{2} + \frac{\sigma_x - \sigma_y}{2}\cos 2\theta + \tau_{xy}\sin 2\theta \tag{A.3}$$

$$\tau_\theta = -\frac{\sigma_x - \sigma_y}{2}\sin 2\theta + \tau_{xy}\cos 2\theta \tag{A.4}$$

となる．

いま，AC 面を回転させたときの σ_θ の極値を求めるために，式 (A.3) を θ で微分して $d\sigma_\theta/d\theta = 0$ とすると

$$-(\sigma_x - \sigma_y)\sin 2\theta + 2\tau_{xy}\cos 2\theta = 0 \tag{A.5}$$

となる．この特別な場合の角を $\theta = \alpha$ とすると，上式より次式が得られる．

$$\tan 2\alpha = \frac{2\tau_{xy}}{\sigma_x - \sigma_y} \tag{A.6}$$

この関係を式 (A.3), (A.4) に代入すれば，このときの応力度 σ_θ が求められる．しかし，直接代入できないので次のように考える．式 (A.6) の関係から描ける**図 A.2** に示される幾何学的関係を利用すると

$$\sin 2\theta = \sin 2\alpha = \pm\frac{\tau_{xy}}{\sqrt{\left(\frac{\sigma_x - \sigma_y}{2}\right)^2 + {\tau_{xy}}^2}}$$

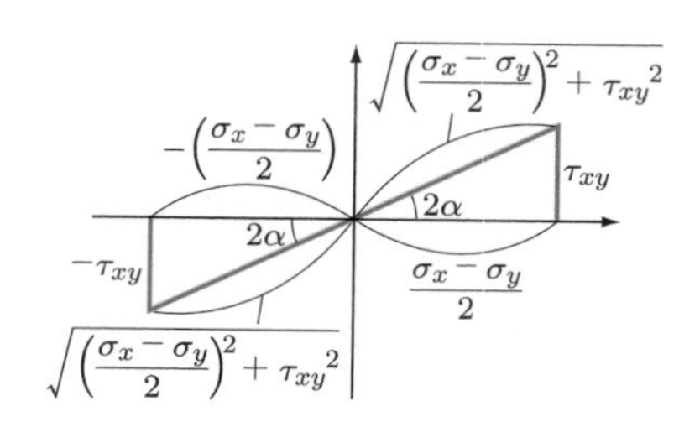

図 A.2　$\tan\theta$ から $\sin\theta, \cos\theta$ を求める

$$\cos 2\theta = \cos 2\alpha = \pm \frac{\dfrac{\sigma_x - \sigma_y}{2}}{\sqrt{\left(\dfrac{\sigma_x - \sigma_y}{2}\right)^2 + {\tau_{xy}}^2}}$$

が得られるから，式 (A.3) の $\cos 2\theta, \sin 2\theta$ に代入して整理すると

$$\sigma_\theta = \frac{\sigma_x + \sigma_y}{2} \pm \sqrt{\left(\frac{\sigma_x - \sigma_y}{2}\right)^2 + {\tau_{xy}}^2}$$

となる．

いま，二つの σ_θ のうち，最大値のほうを σ_1，最小値のほうを σ_2 とすると

$$\left.\begin{aligned}\sigma_1 &= \frac{\sigma_x + \sigma_y}{2} + \sqrt{\left(\frac{\sigma_x - \sigma_y}{2}\right)^2 + {\tau_{xy}}^2} \\ \sigma_2 &= \frac{\sigma_x + \sigma_y}{2} - \sqrt{\left(\frac{\sigma_x - \sigma_y}{2}\right)^2 + {\tau_{xy}}^2}\end{aligned}\right\} \tag{A.7}$$

と書ける．また，このときの作用面の傾斜角 α は，式 (A.6) で与えられるが，α あるいは $\alpha + (\pi/2)$ が σ_1 と σ_2 のどちらの角を与えるかは，式 (A.3) に代入して，対応するほうを選ぶ必要がある．

$$\alpha = \frac{1}{2}\tan^{-1}\left(\frac{2\tau_{xy}}{\sigma_x - \sigma_y}\right) \quad \text{または} \quad \alpha + \frac{\pi}{2} \tag{A.8}$$

以上のように，面 AC の傾斜角を変化させると σ_θ と τ_θ が変化し，ある傾斜角 α になったときに σ_θ が最大値 σ_1，または最小値 σ_2 になる．このときの応力度 σ_1, σ_2 を**主応力**とよび，これに垂直な面 AC に相当する平面のことを**主応力面**という．

さらに，極値条件 $d\sigma_\theta/d\theta = 0$ を表す式 (A.5) と式 (A.4) を比較すると，式 (A.5) の条件は $\tau_\theta = 0$ を意味しているから，**主応力面にはせん断応力が作用せず，また逆にせん断応力のはたらかない面は，主応力面と考えてよい**ことになる．また，式 (A.7) より

$$\sigma_1 + \sigma_2 = \sigma_x + \sigma_y = \text{一定}$$

となり，任意点において，互いに直交する面に作用する垂直応力度の和は，θ に無関係に一定であることがわかる．

例題 A.1 **図 A.3** に示すような引張りを受ける（一軸応力状態の）棒において，軸と 60° をなす面上の垂直応力度とせん断応力度を計算せよ．

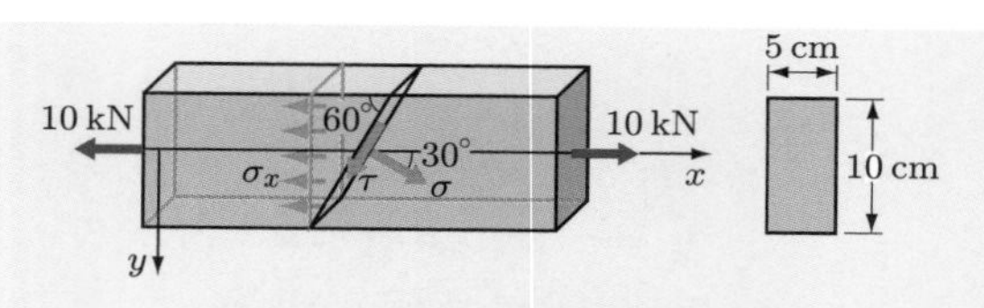

図 A.3　傾斜断面上の応力度

解答

$$\sigma_x = \frac{P}{A} = \frac{10000}{5 \times 10} = 200\,\mathrm{N/cm^2}$$

y 方向の応力は生じないと考えられるから，$\sigma_y = 0$, $\tau_{xy} = 0$, $\theta = 30^\circ$ として式 (A.3), (A.4) を用いる．

$$\sigma = \frac{\sigma_x}{2}(1 + \cos 60^\circ) = \frac{3}{4}\sigma_x = 150\,\mathrm{N/cm^2}$$

$$\tau = -\frac{\sigma_x}{2}\sin 60^\circ = -\frac{\sqrt{3}}{4}\sigma_x = -50\sqrt{3}\,\mathrm{N/cm^2}$$ （実際は上向きに作用する）

式 (A.3), (A.4) を覚えていない場合は，図 A.3 の左側の部分を自由物体と考えて，水平および鉛直方向のつり合い式をたてて，σ, τ について解いても同じ結果が得られる．各自試みよ．

例題 A.2　以上の式 (A.5)～(A.8) は，σ_θ が極値をとる場合を考えたが，同様に考えて式 (A.4) の τ_θ が極値をとる場合の式を誘導し，主せん断応力度が

$$\tau_1,\ \tau_2 = \pm\sqrt{\left(\frac{\sigma_x - \sigma_y}{2}\right)^2 + {\tau_{xy}}^2} = \pm\frac{\sigma_1 - \sigma_2}{2}$$

となること，主せん断面は，主応力面と 45° 傾斜していることを確かめよ．

解答　式 (A.4) を再記すると

$$\tau_\theta = -\frac{\sigma_x - \sigma_y}{2}\sin 2\theta + \tau_{xy}\cos 2\theta$$

τ_θ の極値を求めるために θ で微分すると

$$\frac{d\tau_\theta}{d\theta} = -(\sigma_x - \sigma_y)\cos 2\theta - 2\tau_{xy}\sin 2\theta$$

$d\tau_\theta/d\theta = 0$ を満足する θ を α' とすると

$$\tan 2\theta = \tan 2\alpha' = -\frac{\sigma_x - \sigma_y}{2\tau_{xy}}$$

図 A.4 を参考に $\sin 2\alpha'$, $\cos 2\alpha'$ を求めると

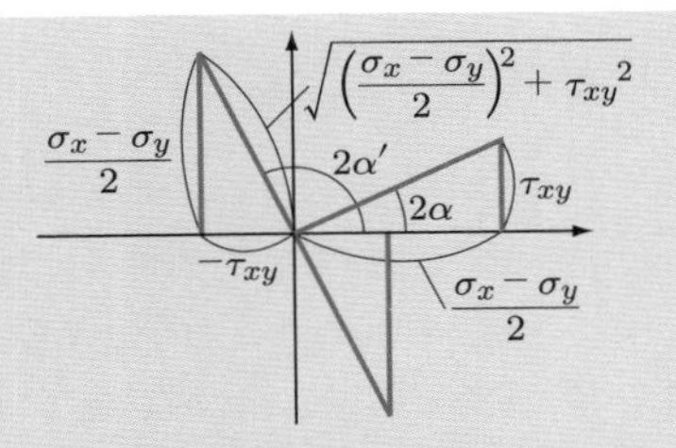

図 A.4　$\tan 2\alpha'$ から $\sin 2\alpha'$, $\cos 2\alpha'$ を求める

$$\sin 2\alpha' = \pm\frac{\dfrac{\sigma_x-\sigma_y}{2}}{\sqrt{\left(\dfrac{\sigma_x-\sigma_y}{2}\right)^2+\tau_{xy}{}^2}}, \quad \cos 2\alpha' = \mp\frac{\tau_{xy}}{\sqrt{\left(\dfrac{\sigma_x-\sigma_y}{2}\right)^2+\tau_{xy}{}^2}}$$

となる．

式 (A.4) に代入して整理すると，主せん断応力度は，

$$\tau_\theta = \tau_1, \quad \tau_2 = \pm\sqrt{\left(\frac{\sigma_x-\sigma_y}{2}\right)^2+\tau_{xy}{}^2}$$

となる．この式と式 (A.7) を比較すると

$$\tau_\theta = \tau_1, \quad \tau_2 = \pm\frac{\sigma_1-\sigma_2}{2}$$

となる．すなわち，主応力度の差が主せん断応力度となる．

さらに，図 A.4 より

$$2\alpha' = 2\alpha + \frac{\pi}{2} \to \alpha' = \alpha + \frac{\pi}{4}$$

の関係がある．すなわち，主せん断面は主応力面と $\pi/4 = 45^\circ$ 傾斜している．

例題 A.3　［例題 A.1］の棒で主応力面の方向と主応力度の大きさ，主せん断面の方向と主せん断応力度の大きさを求めよ．

解答　$\sigma_x = 200$, $\sigma_y = 0$, $\tau_{xy} = 0$ として，式 (A.7) を用いると

$$\sigma_1 = \frac{200}{2} + \sqrt{\left(\frac{200}{2}\right)^2 + 0^2} = 200, \quad \sigma_2 = 0$$

となる．式 (A.8) より

$$\alpha = \frac{1}{2}\tan^{-1}\left(\frac{0}{200}\right) = 0, \quad \frac{\pi}{2}$$

となり，式 (A.3) に $\theta = \alpha = 0$ を代入すると

$$\frac{200}{2}+\frac{200}{2}\cos 0-0\cdot\sin 0=200$$

となるから，$\alpha_1=0, \alpha_2=\pi/2$ となる．すなわち，主応力面は x 軸方向に直交または一致することがわかる．さらに，［例題 A.2］の結果より，主せん断面は主応力面（x 軸）と 45° 方向をなすことがわかっているので，式 (A.3), (A.4) を用いると主せん断面に作用する応力度は次のように求められる．

$$\sigma_{\theta=45^\circ}=\frac{200}{2}+\frac{200}{2}\cos 90^\circ+0=100\,\mathrm{N/cm^2}$$

$$\tau_{\theta=45^\circ}=-\frac{200}{2}\sin 90^\circ+0=-100\,\mathrm{N/cm^2}$$

以上の結果をまとめて示すと，**図 A.5** のようになる．

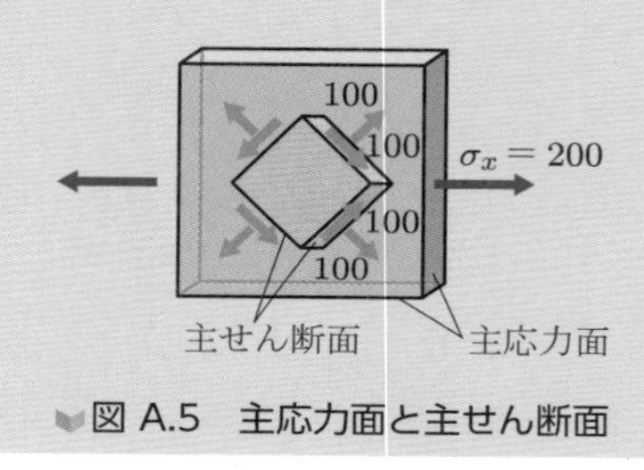

図 A.5　主応力面と主せん断面

TRY! ▶ 演習問題 A.1 を解いてみよう．

A.2 モールさんが考えた応力状態を説明するための円

付録 A.1 で説明した二軸応力状態を図形的に表示する方法をモール（Mohr）が見出した．すなわち，式 (A.3), (A.4) の両辺を 2 乗して両式の和をとると，θ に関する項が消去できて次式が得られる．

$$\left(\sigma_\theta-\frac{\sigma_x+\sigma_y}{2}\right)^2+{\tau_\theta}^2=\left(\frac{\sigma_x-\sigma_y}{2}\right)^2+{\tau_{xy}}^2 \tag{A.9}$$

この式は，$(\sigma_\theta,\ \tau_\theta)$ を直交座標にとったとき，

中心：$(\sigma_\theta,\ \tau_\theta)=\left(\dfrac{\sigma_x+\sigma_y}{2},0\right)$

半径：$\sqrt{\left(\dfrac{\sigma_x-\sigma_y}{2}\right)^2+{\tau_{xy}}^2}$

の円を表している．すなわち，この円は，傾斜面の法線の傾斜角 θ を連続的に変化さ

せたとき，傾斜面に作用する一対の応力成分 $(\sigma_\theta,\ \tau_\theta)$ を表す点の軌跡であり，次のように描くことができる（**図 A.6** 参照）．

① 垂直応力 σ を水平軸に，せん断応力度 τ を鉛直軸にとる．

② σ_x の作用する断面を表す点 $\mathrm{P}(\sigma_x,\ \tau_{xy})$, σ_y の作用する断面を表す点 $\mathrm{P}'(\sigma_y,\ \tau_{yx})$ をとる．このとき，τ_{xy}, τ_{yx} の符号は先の定義にかかわらず（モールの応力円を描くときのみ），切り出した要素の中心に対して，時計まわりに向くものを正とする．

③ PP' と σ 軸の交点 C を中心とし，PP' を直径とする円を描く．ここで，先にみたように，せん断応力度ゼロの面が主面であり，主応力 σ_1, σ_2 が作用するので，図の円が σ 軸と交わる $(\tau = 0)$ 点 B は最大主応力 σ_1 を，A は最小主応力 σ_2 を与える．

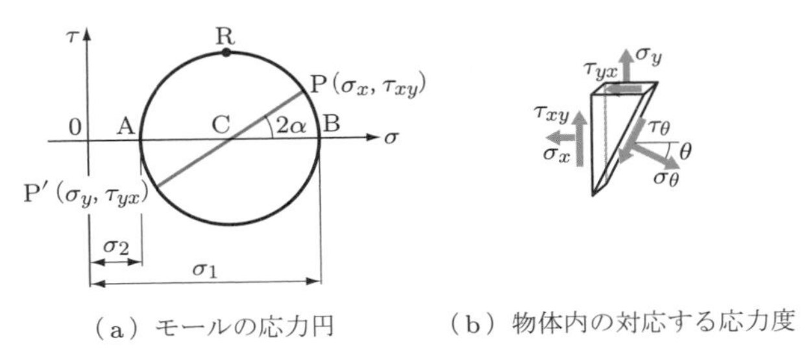

（a）モールの応力円　　（b）物体内の対応する応力度

図 A.6　モールの応力円の描き方

いま，応力を考える面の向きとモールの応力円上の点の位置との対応を知るために，**図 A.7** に示すように主応力面を 2 辺とする三角形を考える．前と同様に, ABC に作用する応力の 1 方向, 2 方向のつり合い式をつくり, これを σ_ϕ, τ_ϕ について解けばよい．結局，式 (A.3), (A.4) で $\sigma_x \to \sigma_1$, $\sigma_y \to \sigma_2$, $\tau_{xy} \to 0$, $\theta \to \phi$ とすればよくて，次式を得る．

$$\sigma_\phi = \frac{\sigma_1 + \sigma_2}{2} + \frac{\sigma_1 - \sigma_2}{2} \cos 2\phi$$

$$\tau_\phi = -\frac{\sigma_1 - \sigma_2}{2} \sin 2\phi$$

この式から ϕ を消去すると，モールの応力円の式

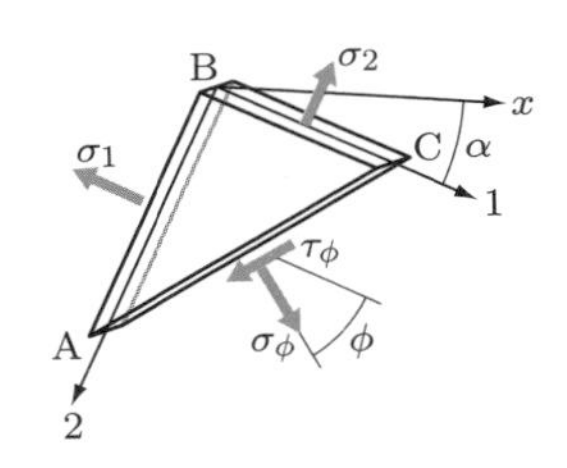

図 A.7　主応力軸を基準にした表現

$$\left(\sigma_\phi - \frac{\sigma_1 + \sigma_2}{2}\right)^2 + {\tau_\phi}^2 = \left(\frac{\sigma_1 - \sigma_2}{2}\right)^2$$

が得られる．

主軸1を時計方向に ϕ だけ回転した軸を法線とする面ACに作用する応力 $(\sigma_\phi,\ \tau_\phi)$ は，**図 A.8** に示す応力円では，σ 軸から時計まわりに 2ϕ 回転した位置にある点Qで表されることが上記の式よりわかる．

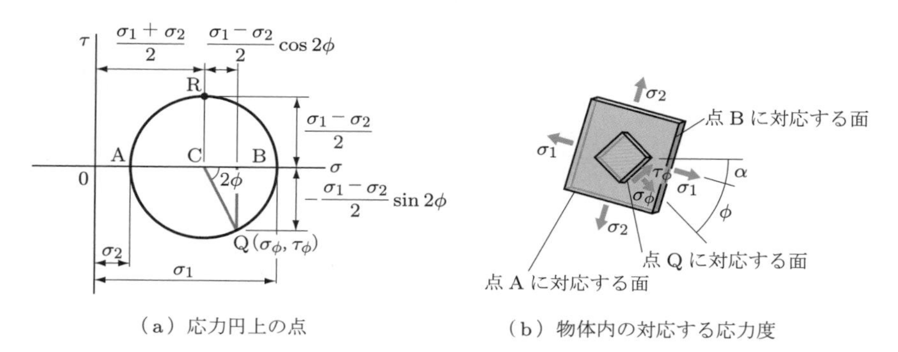

（a）応力円上の点　（b）物体内の対応する応力度

図 A.8　物体内の応力度とモールの応力円上の点の対応

つまり，応力を考える面を角度 ϕ だけ回転すると，その面に対応する応力円上の点は，円周上を同じ向きに中心角 2ϕ 分だけ移動した点になる．図 A.6 に示した応力円では，直交2面の応力 σ_x, σ_y は円上で 180° 離れた P, P′ で表される．また，[例題 A.3] でみたように，せん断応力度が最大になる主せん断面は，$R((\sigma_1 + \sigma_2)/2,\ (\sigma_1 - \sigma_2)/2)$ で与えられ，∠BCR が 90° であるから，主せん断面と主応力面は 45° の交角をもつことも応力円からわかる．図 A.7 と図 A.6(a) との対応により，図 A.6(a) に示す応力円で $\angle PCB = 2\alpha$ であることも同様に理解できると思う．以上のような応力の作用面と応力円上の点との対応をまとめると，**図 A.9** のようになる．

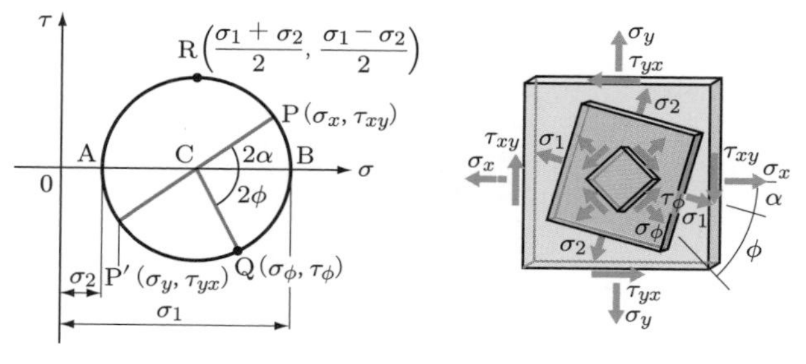

（a）応力円上の点　（b）物体内の対応する応力度

図 A.9　物体内の応力度とモールの応力円上の点の対応

例題 A.4 物体内の要素の応力状態が**図 A.10** に示すようにわかったとして，主応力とその方向を求めよ．

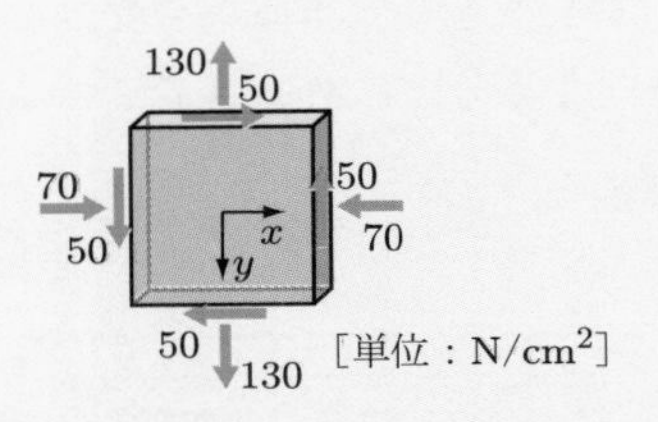

図 A.10　応力状態

解答 $\sigma_x = -70,\ \sigma_y = 130,\ \tau_{xy} = -50$ として式 (A.7) より

$$\sigma_1 = \frac{-70+130}{2} + \sqrt{\left(\frac{-70-130}{2}\right)^2 + (-50)^2} = 30 + 111.8 = 141.8$$

$$\sigma_2 = \frac{-70+130}{2} - \sqrt{\left(\frac{-70-130}{2}\right)^2 + (-50)^2} = 30 - 111.8 = -81.8$$

となり，式 (A.8)，図 A.2 より

$$\alpha = \frac{1}{2}\tan^{-1}\left\{\frac{2\times(-50)}{-70-130}\right\} = \frac{1}{2}\tan^{-1}\left(\frac{1}{2}\right) = 13^\circ 17'$$

$$\cos 2\alpha = \frac{2}{\sqrt{5}}, \quad \sin 2\alpha = \frac{1}{\sqrt{5}}$$

となる．これを式 (A.3) に代入すると

$$\sigma_\theta = \frac{-70+130}{2} + \frac{-70-130}{2}\cdot\frac{2}{\sqrt{5}} + (-50)\frac{1}{\sqrt{5}} = -81.8 \rightarrow \sigma_2$$

となるので

$$\alpha_2 = 13^\circ 17'$$

$$\alpha_1 = \frac{\pi}{2} + 13^\circ 17' = 103^\circ 17'$$

となり，**図 A.11**(a), (b) のようになる．

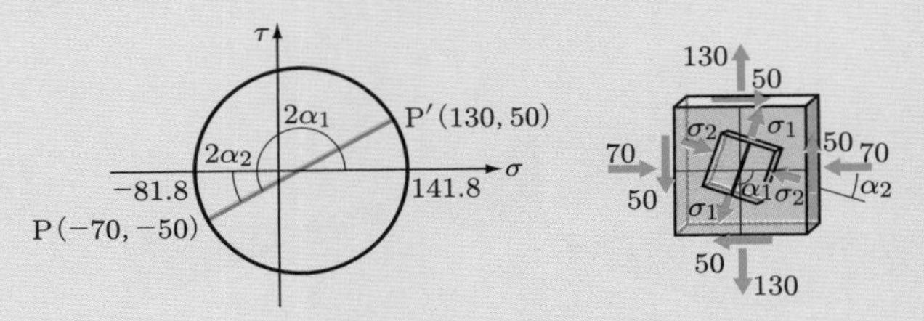

（a）応力円上の点　（b）物体内の対応する応力度

図 A.11　主応力とモールの応力円

TRY! ▶ 演習問題 A.2 を解いてみよう．

例題 A.5 **図 A.12** に示すような等分布荷重を受ける単純ばりについて，支間方向 4 等分点，高さ方向 4 等分点にある点 7 における主応力の方向と向き，大きさを求め，図示せよ．

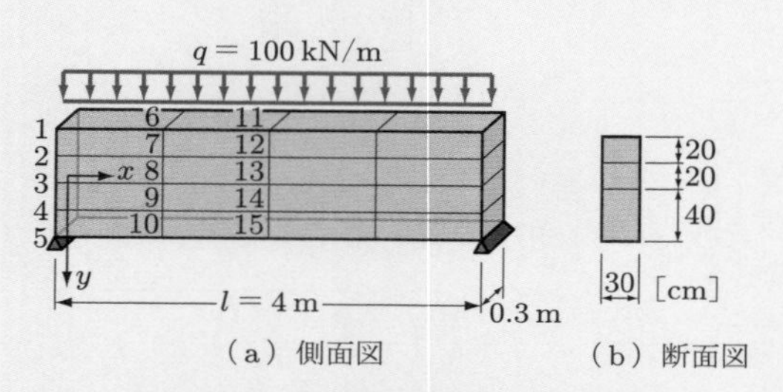

（a）側面図　（b）断面図

図 A.12　等分布荷重を受ける単純ばり

解答 断面 2 次モーメントを計算すると

$$I = \frac{30 \times 80^3}{12} = 128 \times 10^4\,\mathrm{cm}^4$$

となる．点 7 より上の部分の 1 次モーメントは，図 A.12(b) を参照して

$$G_1 = 20 \times 30 \times 30 = 18 \times 10^3\,\mathrm{cm}^3$$

となる．M，Q は**図 A.13**(a), (b) のようになるから，σ_x, τ_{xy}, σ_y はそれぞれ次のようになる．

$$\sigma_x = \frac{M}{I}y = \frac{150 \times 10^5}{128 \times 10^4}(-20) = -234\,\mathrm{N/cm}^2$$

（圧縮であるから負値として扱う）

$$\tau_{xy} = \frac{QG_1}{Ib} = \frac{100 \times 10^3 \times 18 \times 10^3}{128 \times 10^4 \times 30} = 47\,\mathrm{N/cm}^2$$

（符号の約束により正値として扱う）

$$\sigma_y = 0$$

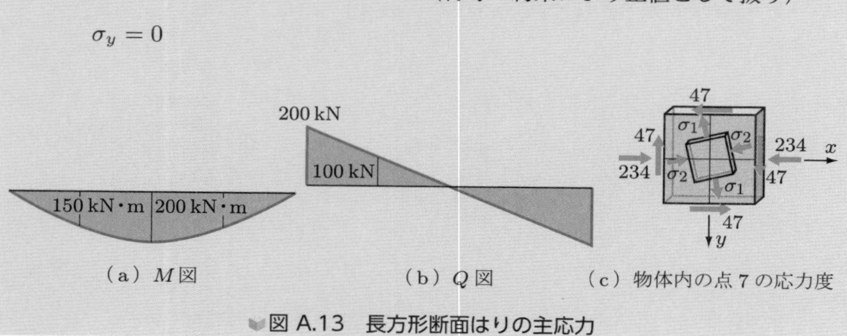

（a）M 図　（b）Q 図　（c）物体内の点 7 の応力度

図 A.13　長方形断面はりの主応力

よって

$$\sigma_1,\ \sigma_2 = \frac{\sigma_x}{2} \pm \sqrt{\left(\frac{\sigma_x}{2}\right)^2 + {\tau_{xy}}^2} = \frac{-234}{2} \pm \sqrt{\left(\frac{-234}{2}\right)^2 + 47^2}$$

$$= -117 \pm 126 = 9,\ -243$$

$$\alpha = \frac{1}{2}\tan^{-1}\left(\frac{2\tau_{xy}}{\sigma_x}\right) = \frac{1}{2}\tan^{-1}\left(\frac{2 \times 47}{-234}\right) = -10^\circ 56' 30'',\ 79^\circ 03' 30''$$

となる．式 (A.3) に代入すると，次のようになる．

$$\frac{-234}{2} + \frac{-234}{2}\cos(-21^\circ 53') + 47\sin(-21^\circ 53') = -243 \to \sigma_2$$

よって

$$\alpha_2 = -10^\circ 56' 30'',\ \alpha_1 = 79^\circ 03' 30''$$

となり，図 (c) のような関係となる．

TRY! ▶ 演習問題 A.3 を解いてみよう．

演習問題

A.1 コンクリート構造学や土質工学では，引張力より圧縮力を扱う場合が多いので，圧縮力を正とした式が用いられる．**図 A.14** に示した応力を正として，式 (A.3), (A.4), (A.6) に対応する次の諸式を導け．

$$\sigma_\theta = \frac{\sigma_x + \sigma_y}{2} + \frac{\sigma_x - \sigma_y}{2}\cos 2\theta - \tau_{xy}\sin 2\theta \qquad \text{(A.3)}'$$

$$\tau_\theta = \frac{\sigma_x - \sigma_y}{2}\sin 2\theta + \tau_{xy}\cos 2\theta \qquad \text{(A.4)}'$$

$$\tan 2\alpha = \frac{-2\tau_{xy}}{\sigma_x - \sigma_y} \qquad \text{(A.6)}'$$

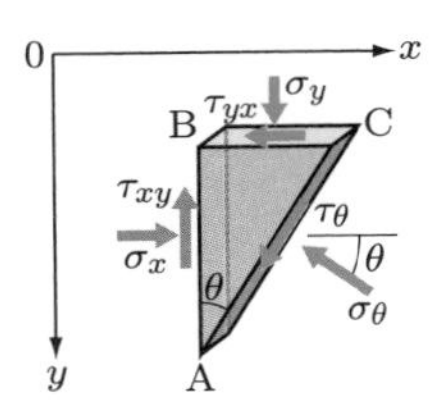

図 A.14　圧縮力を正とした取扱い

A.2　［例題 A.4］と応力の方向が異なる**図 A.15** に示すそれぞれの場合について，主応力の方向と大きさが，示した結果になることを確認せよ．

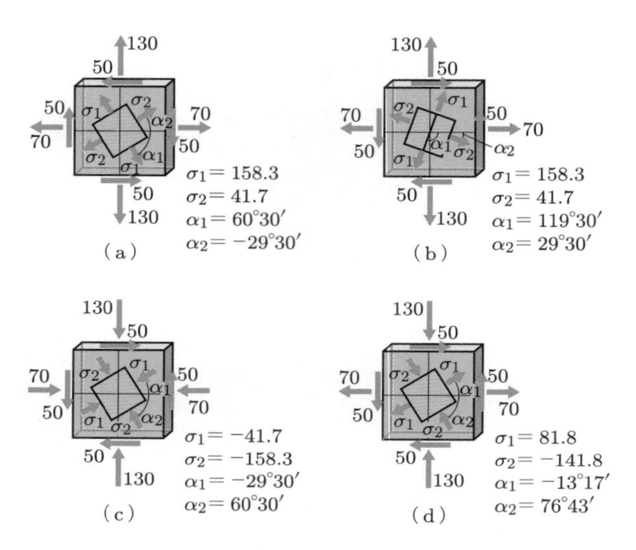

図 A.15　各種の応力状態［単位：$\mathrm{N/cm^2}$］

A.3　図 A.12 に示したはりについて，ほかの主要点 1～15 の主応力の方向と向き，大きさを求め，図示せよ．主応力の表示法は，**図 A.16** を用いよ．得られた主応力線を適切に延長することにより，このはりの主応力線の流れの概略図を描くと図 7.25(d) が得られることを確認せよ．

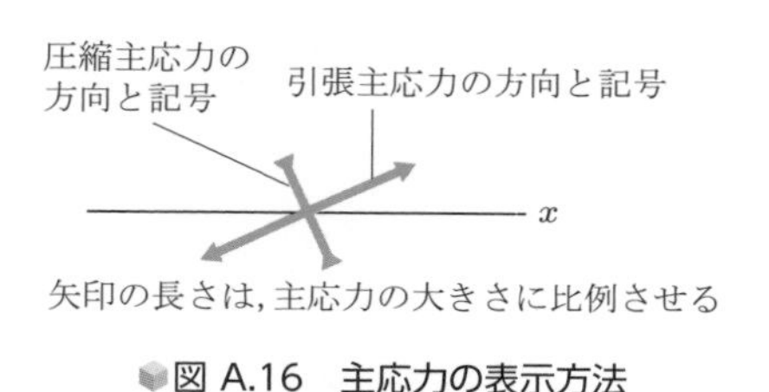

図 A.16　主応力の表示方法

（解答は省略）

answers 演習問題解答

■第 2 章

2.1 大きさ $P = ql\,[\mathrm{N}]$，作用点 $x = l/2$

2.2 $\sum H_i = 0$: $H_{\mathrm{A}} = 0$

$\sum V_i = 0$: $10 + 5 - V_{\mathrm{A}} - V_{\mathrm{B}} = 0 \to V_{\mathrm{A}} = 15 - V_{\mathrm{B}} = 2.5\,\mathrm{kN}$

$\sum M_{(\mathrm{A})} = 0$: $10 \times 2 - V_{\mathrm{B}} \cdot 4 + 5 \times 6 = 0 \to V_{\mathrm{B}} = 12.5\,\mathrm{kN}$

2.3 $\sum H_i = 0$: $H_{\mathrm{A}} = 0$

$\sum V_i = 0$: $\dfrac{1}{2} \times 2 \times 3 - V_{\mathrm{A}} - V_{\mathrm{B}} = 0 \to V_{\mathrm{A}} = 3 - V_{\mathrm{B}} = 1\,\mathrm{kN}$

$\sum M_{(\mathrm{A})} = 0$: $\dfrac{1}{2} \times 2 \times 3 \times 2 - V_{\mathrm{B}} \times 3 = 0 \to V_{\mathrm{B}} = 2\,\mathrm{kN}$

2.4 $\sum H_i = 0$: $H_{\mathrm{A}} = 0$

$\sum V_i = 0$: $2 \times 4 - V_{\mathrm{A}} - V_{\mathrm{B}} = 0 \to V_{\mathrm{A}} = 8 - V_{\mathrm{B}} = 5.5\,\mathrm{kN}$

$\sum M_{(\mathrm{A})} = 0$: $2 \times 4 \times 2 + 4 - V_{\mathrm{B}} \times 8 = 0 \to V_{\mathrm{B}} = 2.5\,\mathrm{kN}$

2.5 $\sum H_i = 0$: $6 \times 60 \times \dfrac{1}{2} - H_{\mathrm{B}} = 0 \to H_{\mathrm{B}} = 180\,\mathrm{kN}$

$\sum V_i = 0$: $V_{\mathrm{A}} + V_{\mathrm{B}} = 0 \to V_{\mathrm{A}} = -V_{\mathrm{B}} = -90\,\mathrm{kN}$

$\sum M_{(\mathrm{A})} = 0$: $\dfrac{1}{2} \times 6 \times 60 \times 2 - V_{\mathrm{B}} \times 4 = 0 \to V_{\mathrm{B}} = 90\,\mathrm{kN}$

2.6 提体を二つに分けて考えると，それぞれの重量と作用点は**解図 2.1** のようになる．

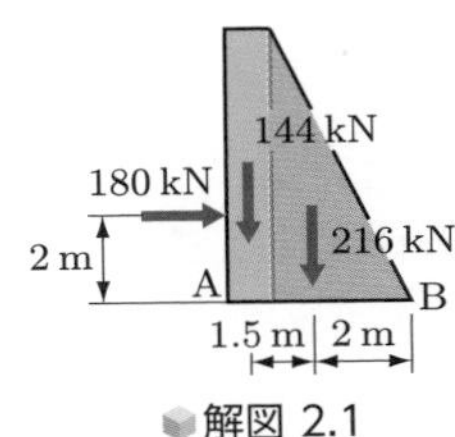

解図 2.1

滑動について：$\sum H_i = 60 \times 6 \times \dfrac{1}{2}$

$- (144 + 216) \times 0.4$

$= 36\,\mathrm{kN}$

転倒について：$\sum M_{(\mathrm{B})} = 180 \times 2 - 144 \times 3.5$

$- 216 \times 2$

$= -576\,\mathrm{kN{\cdot}m}$

したがって，転倒はしないが滑動する．

2.7 (1) ロープにかかる力を P とすると，自由物体図は**解図 2.2** のようになる．

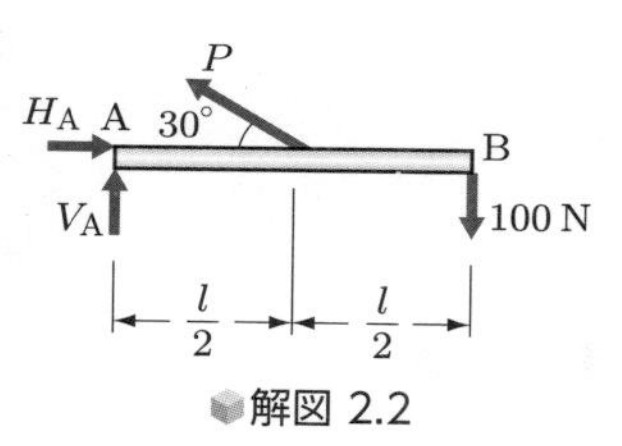

解図 2.2

$$\sum M_{(\mathrm{A})} = 0 : \ P \sin 30^\circ \times \frac{l}{2} - 100 \times l = 0$$

$$\rightarrow P = 400\,\mathrm{N}$$

(2) $\sum H = 0$: $H_\mathrm{A} - P\cos 30^\circ = 0 \rightarrow H_\mathrm{A} = 400 \times \dfrac{\sqrt{3}}{2} = 200\sqrt{3}\,\mathrm{N}$

$\sum V = 0$: $V_\mathrm{A} + P\sin 30^\circ - 100 = 0 \rightarrow V_\mathrm{A} = 100 - 400 \times \dfrac{1}{2} = -100\,\mathrm{N}$

2.8 解図 2.3 に示すように，点 B および点 C の自由物体のつり合いを考える．

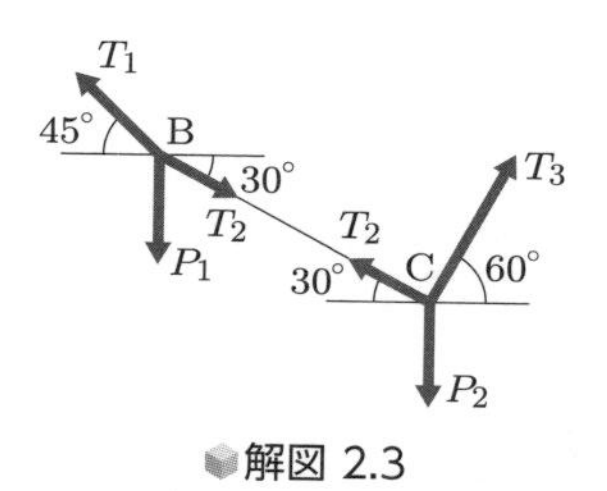

解図 2.3

$$\sum H_{(\mathrm{B})} = 0 : \ \frac{1}{\sqrt{2}} T_1 - \frac{\sqrt{3}}{2} T_2 = 0$$

$$\sum V_{(\mathrm{B})} = 0 : \frac{1}{\sqrt{2}} T_1 - \frac{1}{2} T_2 - P_1 = 0$$

$$\sum H_{(\mathrm{C})} = 0 : \frac{\sqrt{3}}{2} T_2 - \frac{1}{2} T_3 = 0$$

$$\sum V_{(\mathrm{C})} = 0 : \frac{1}{2} T_2 + \frac{\sqrt{3}}{2} T_3 - P_2 = 0$$

これを連立させて解くと，次のようになる．

$$\frac{P_1}{P_2} = \frac{\sqrt{3} - 1}{4}$$

■第 3 章

3.1 図 3.15　(a) 静定，(b) 静定，(c) 静定，(d) 3 次不静定，(e) 1 次不静定，(f) 2 次不静定，(g) 静定，(h) 静定

図 3.16　(a) 静定，(b) 3 次不静定，(c) 3 次不静定

図 3.17　(a) 1 次不静定，(b) 3 次不静定

図 3.18　(a) 静定，(b) 静定，(c) 2 次不静定

3.2 水平反力 H は右向きに，鉛直反力 V は上向きに，モーメント反力 M は時計まわりに仮定する．

(a) $H_\mathrm{A} = 0,\ V_\mathrm{A} = \dfrac{2}{3} P = 2\,\mathrm{kN},\ V_\mathrm{B} = \dfrac{1}{3} P = 1\,\mathrm{kN}$

(b) $H_\mathrm{A} = 0,\ V_\mathrm{A} = -\dfrac{\overline{M}}{l} = -2\,\mathrm{kN},\ V_\mathrm{B} = \dfrac{\overline{M}}{l} = 2\,\mathrm{kN}$

(c) $H_\mathrm{A} = 0,\ V_\mathrm{A} = \dfrac{3ql}{8} = 9\,\mathrm{kN},\ V_\mathrm{B} = \dfrac{ql}{8} = 3\,\mathrm{kN}$

(d) $H_\mathrm{A} = 0,\ V_\mathrm{A} = -\dfrac{P}{6} = -\dfrac{1}{3}\,\mathrm{kN},\ V_\mathrm{B} = \dfrac{2}{3} P = \dfrac{4}{3}\,\mathrm{kN},\ V_\mathrm{E} = \dfrac{P}{2} = 1\,\mathrm{kN}$

(e) $H_\mathrm{A} = P \cdot \cos\theta = 3\,\mathrm{kN},\ V_\mathrm{A} = P \cdot \sin\theta = 3\sqrt{3}\,\mathrm{kN}$

$$M_A = -\frac{Pl\sin\theta}{2} = -6\sqrt{3}\,\text{kN·m}$$

(f) $H_A = 0,\ V_A = \dfrac{ql}{2} = 6\,\text{kN},\ M_A = -\dfrac{ql^2}{6} - \overline{M} = -14\,\text{kN·m}$

(g) $H_A = 0,\ V_A = \dfrac{2}{3}P = 4\,\text{kN},\ V_D = \dfrac{1}{3}P = 2\,\text{kN}$

(h) $H_A = P = 1\,\text{kN},\ V_A = \dfrac{qa}{2} = 3\,\text{kN},\ M_A = Pa - \dfrac{qa^2}{3} = -3\,\text{kN·m}$

3.3 全体を自由物体と考えたつり合い式より，反力$H_A = 0$, $V_A = 1\,\text{kN}, M_A = 2\,\text{kN·m}$ と求められる．次に，**解図 3.1** に示す自由物体のつり合いを考えて次が成り立つ．

$$\sum V = 0:\ V_A + N_B = 0,\ N_B = -V_A = -1\,\text{kN}$$

$$\sum H = 0:\ Q_B + H_A = 0,\ Q_B = -H_A = 0\,\text{kN}$$

$$\sum M_{(B)} = 0:\ M_B - M_A = 0,\ M_B = M_A = 2\,\text{kN·m}$$

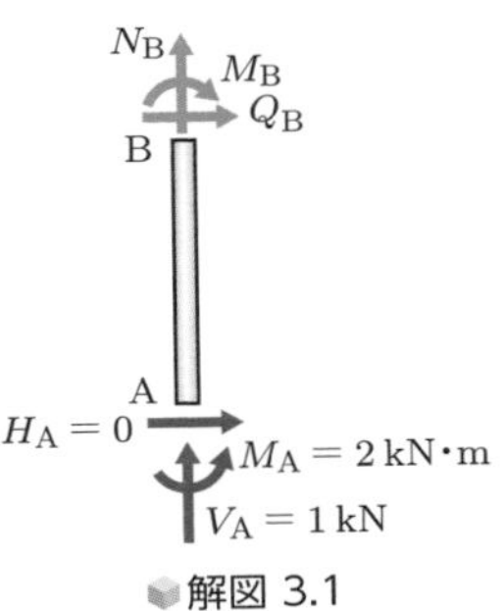

解図 3.1

■第 4 章

4.1〜4.3 解図 4.1(a) を参照して反力を求める．

$$\sum H = 0:\ H_A - 12 = 0\ \rightarrow\ H_A = 12\,\text{kN}$$

$$\sum V = 0:\ V_A - 9 = 0\ \rightarrow\ V_A = 9\,\text{kN}$$

$$\sum M = 0:\ M_A + 9 \times 6 = 0\ \rightarrow\ M_A = -54\,\text{kN·m}$$

図 (b) を参照して断面力を求める．

$$\sum H = 0:\ 12 + N_x = 0\ \rightarrow\ N_x = -12\,\text{kN}$$

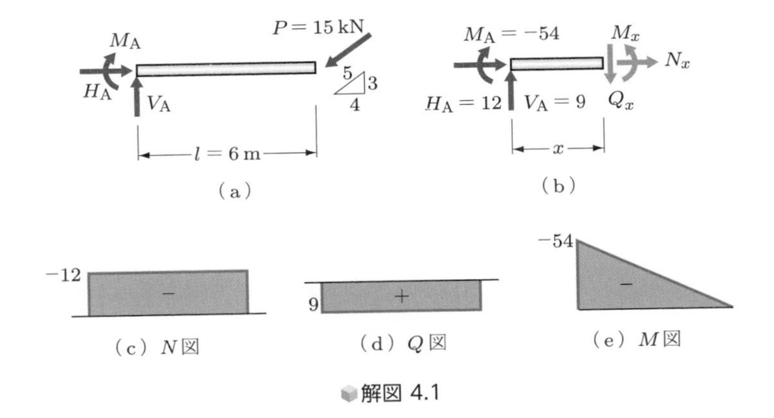

解図 4.1

$$\sum V = 0: \ Q_x - 9 = 0 \ \rightarrow \ Q_x = 9\,\mathrm{kN}$$

$$\sum M_{(x)} = 0: \ 9x - 54 - M_x = 0 \ \rightarrow \ M_x = 9x - 54$$

図示すると，図 (c)～(e) となる．

4.4 解図 4.2(a) を参照して反力を求めると

$$H_\mathrm{B} = 0, \quad V_\mathrm{B} = 3, \quad V_\mathrm{C} = -1$$

となる．

$0 \leqq x \leqq 2$ のとき　図 (b) を参照すると，次式が成り立つ．

$$Q_x = -2, \quad M_x = -2x$$

$2 \leqq x \leqq 6$ のとき　図 (c) を参照すると，次式が成り立つ．

$$Q_x = 1, \quad M_x = x - 6$$

図示すると，図 (d)，(e) を得る．

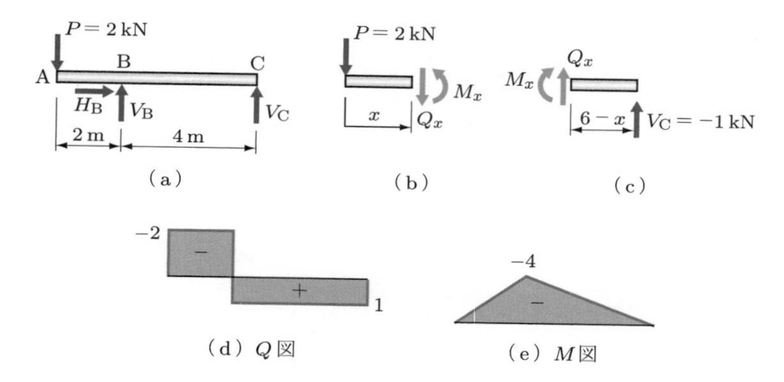

解図 4.2

4.5 反力 V_A（上向き）と M_A（時計まわり）は $V_\mathrm{A} = 12\,\mathrm{kN}$，$M_\mathrm{A} = -36\,\mathrm{kN{\cdot}m}$ となる．Q_x と M_x は**解図 4.3**(a) を参照して，$Q_x = -2x + 12$，$M_x = -x^2 + 12x - 36$ となる．図示すると，図 (b)，(c) となる．

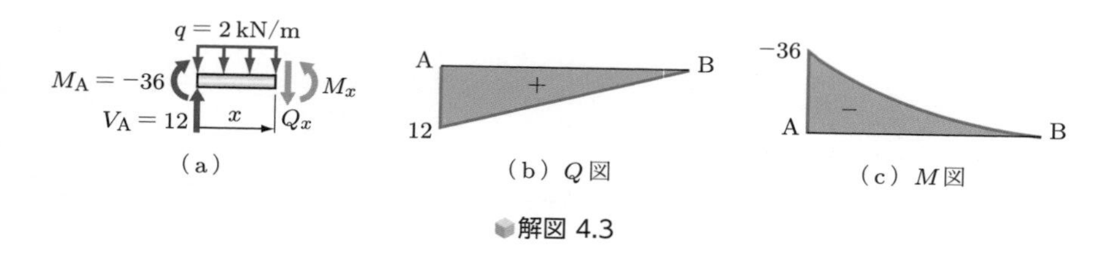

解図 4.3

4.6 反力 H_A（右向き），V_A（上向き），M_A（時計まわり）は，

$$H_A = 0, \quad V_A = 2\,\mathrm{kN}, \quad M_A = -9\,\mathrm{kN{\cdot}m}$$

となる．
Q_x, M_x は，**解図 4.4**(a) を参照して $Q_x = 2$, $M_x = 2x - 9$ となる．
図示すると，図 (b)，(c) となる．

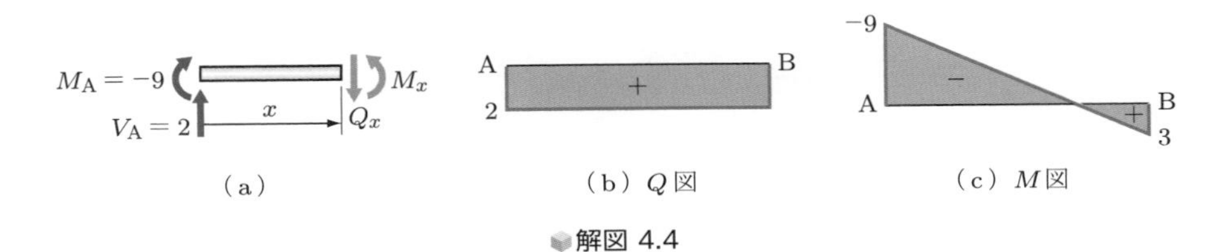

（a）　（b）Q 図　（c）M 図

解図 4.4

4.7 反力 V_A（上向き），M_A（時計まわり）は，$V_A = 2, M_A = -3$ となる．
$0 \leqq x \leqq 3$ のとき　**解図 4.5**(a) を参照して　$Q_x = 2$, $M_x = 2x - 3$
$3 \leqq x \leqq 6$ のとき　図 (b) を参照して　$Q_x = 2$, $M_x = 2x - 12$
図示すると，図 (c)，(d) となる．

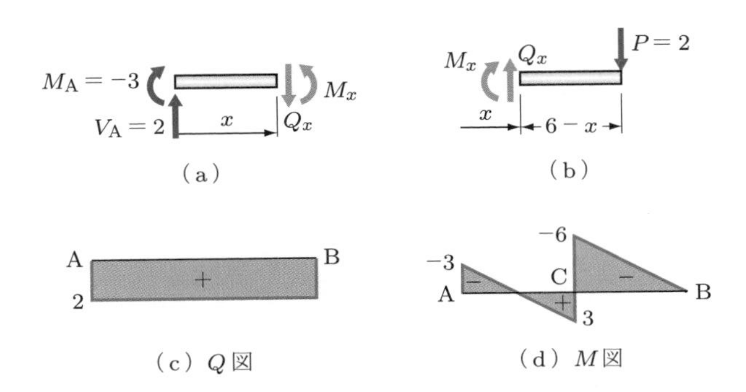

（a）　（b）

（c）Q 図　（d）M 図

解図 4.5

4.8 反力 H_B（右向き），V_B（上向き），V_D（上向き）は

$$H_B = 0, \quad V_B = 5, \quad V_D = 1$$

となる．
$0 \leqq x \leqq 2$ のとき　**解図 4.6**(a) を参照して　$Q_x = -2$, $M_x = -2x$
$2 \leqq x \leqq 4$ のとき　図 (b) を参照して　$Q_x = 3$, $M_x = 3x - 10$
$4 \leqq x \leqq 6$ のとき　図 (c) を参照して　$Q_x = -1$, $M_x = 6 - x$
結果を図示すると，図 (d)，(e) となる．

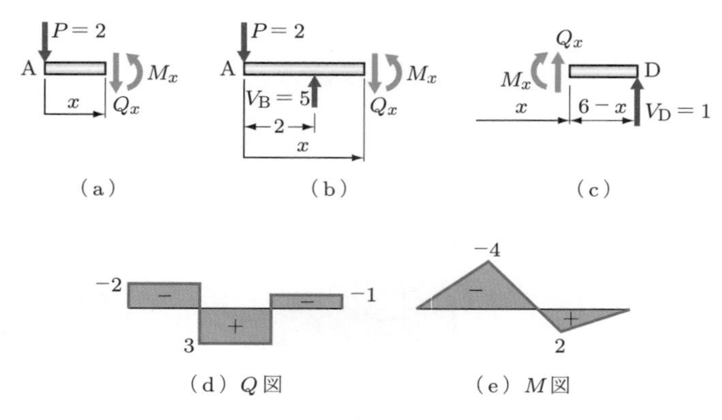

解図 4.6

4.9 反力は上向きを正として，$V_A = 3$, $V_B = 7$, $V_E = 2$ となる．

AB 間 $(0 \leqq x \leqq 4)$ **解図 4.7**(a) を参照すると，次式が成り立つ．

$$Q_{x_1} = 3 - 2x,\ M_{x_1} = 3x - x^2$$

BC 間 $(4 \leqq x \leqq 6)$ 図 (b) を参照すると，次式が成り立つ．

$$Q_{x_2} = 2,\ M_{x_2} = 2x - 12$$

CD 間 $(6 \leqq x \leqq 7)$ 図 (c) を参照すると，次式が成り立つ．

$$Q_{x_3} = 2,\ M_{x_3} = 2x - 12$$

DE 間 $(7 \leqq x \leqq 8)$ 図 (d) を参照すると，次式が成り立つ．

$$Q_{x_4} = -2,\ M_{x_4} = -2x + 16$$

結果を図示すると，図 (e), (f) となる．

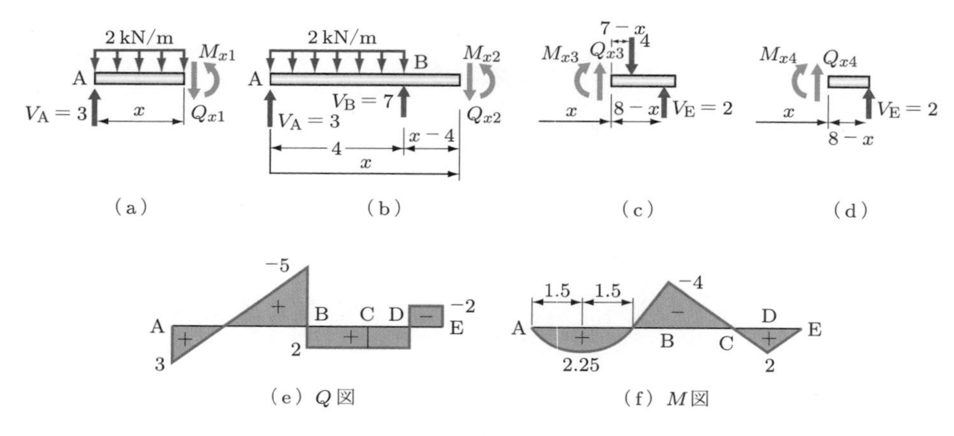

解図 4.7

4.10 反力は右向きおよび上向きを正として，$H_{\mathrm{A}} = -2$, $V_{\mathrm{A}} = 1/8$, $V_{\mathrm{E}} = 15/8$ となる．

AB 間：**解図 4.8**(a) を参照すると，次式が成り立つ．

$$N_{x_1} = \frac{61}{40}, \quad Q_{x_1} = \frac{13}{10}, \quad M_{x_1} = \frac{13}{10}x_1$$

BC 間：図 (b) を参照すると，次式が成り立つ．

$$N_{x_2} = -\frac{3}{40}, \quad Q_{x_2} = \frac{1}{10}, \quad M_{x_2} = \frac{x_1}{10} + 3 = \frac{1}{10}x + 3$$

CD 間：図 (c) を参照すると，次式が成り立つ．

$$N_{x_3} = \frac{3}{40}, \quad Q_{x_3} = \frac{1}{10}, \quad M_{x_3} = -\frac{1}{10}x_2 + 4$$

DE 間：図 (d) を参照すると，次式が成り立つ．

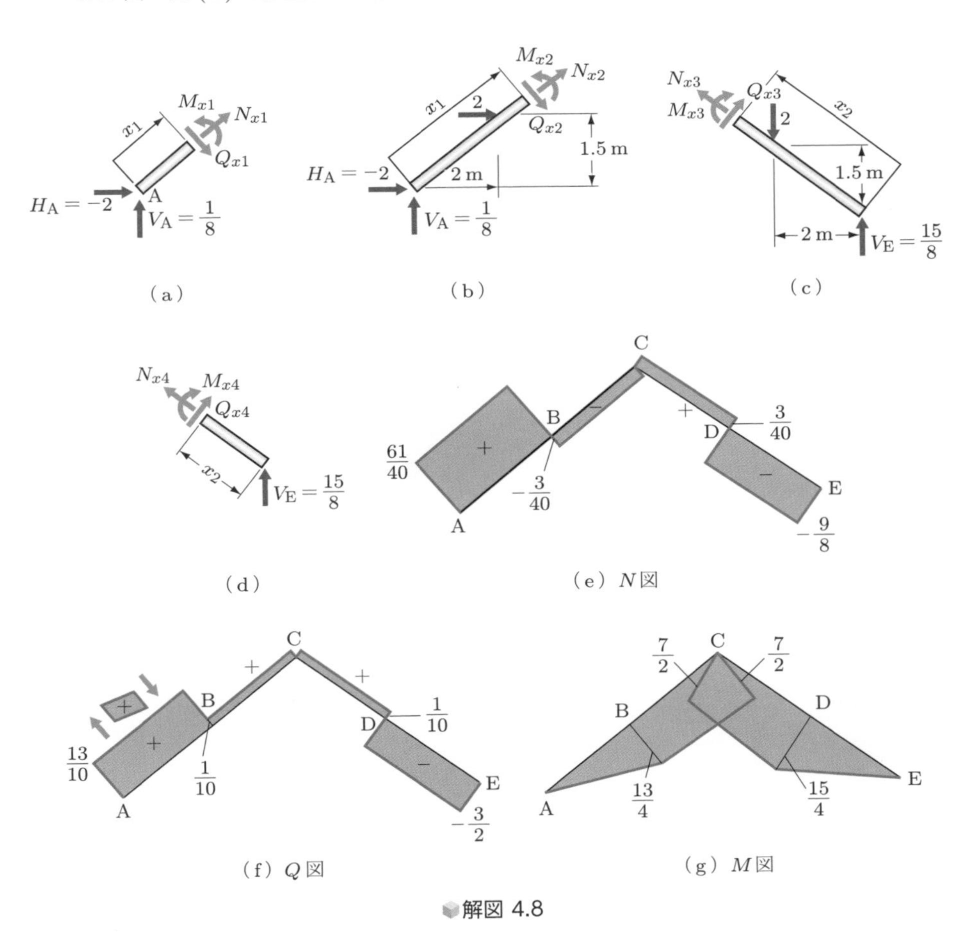

解図 4.8

$$N_{x_4} = -\frac{9}{8}, \quad Q_{x_4} = -\frac{3}{2}, \quad M_{x_4} = \frac{3}{2}x_2$$

結果を図示すると，図 (e)~(g) となる．

■第 5 章

5.1 解図 5.1 を参照して次が成り立つ．

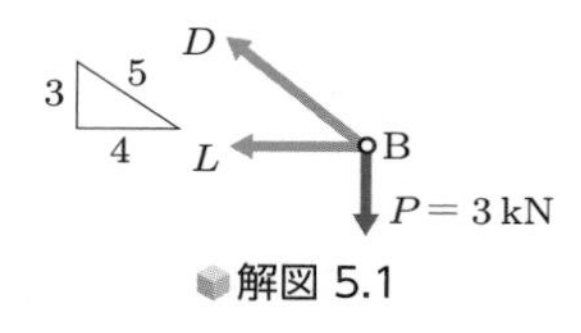

解図 5.1

$$\sum H_{(B)} = 0 : \frac{4}{5}D + L = 0 \to L = -\frac{4}{5}D = -4\,\text{kN}$$

$$\sum V_{(B)} = 0 : \frac{3}{5}D - 3 = 0 \to D = 5\,\text{kN}$$

5.2 解図 5.2(a) を参照して次が成り立つ．

$$\frac{4}{5}D_2 - 60 = 0 \to D_2 = \frac{300}{4} = 75\,\text{kN}$$

$$\frac{3}{5}D_2 + L_2 = 0 \to L_2 = -\frac{3}{5}D_2 = -45\,\text{kN}$$

図 (b) を参照して次が成り立つ．

$$4U - 60 \times 3 = 0 \to U = \frac{180}{4} = 45\,\text{kN}$$

$$\frac{4}{5}D_1 - 90 = 0 \to D_1 = \frac{450}{4} = 112.5\,\text{kN}$$

$$U + L_1 + \frac{3}{5}D_1 = 0 \to L_1 = -\frac{3}{5}D_1 - U = -\frac{337.5}{5} - 45 = -112.5\,\text{kN}$$

図 (c) を参照して次が成り立つ．

$$\frac{4}{5}D_2 + V + P_2 = 0 \to V = -\frac{4}{5}D_2 - 30 = -\frac{4}{5} \times 75 - 30 = -90\,\text{kN}$$

以上より，$U = 45\,\text{kN}, V = -90\,\text{kN}, D_1 = 112.5\,\text{kN}, D_2 = 75\,\text{kN}, L_1 = -112.5\,\text{kN}$, $L_2 = -45\,\text{kN}$

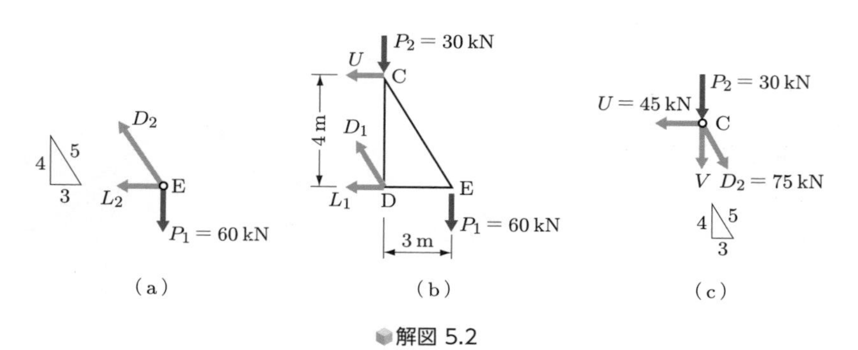

解図 5.2

5.3 **解図 5.3** に示す自由物体のつり合いを考えて，次が成り立つ．

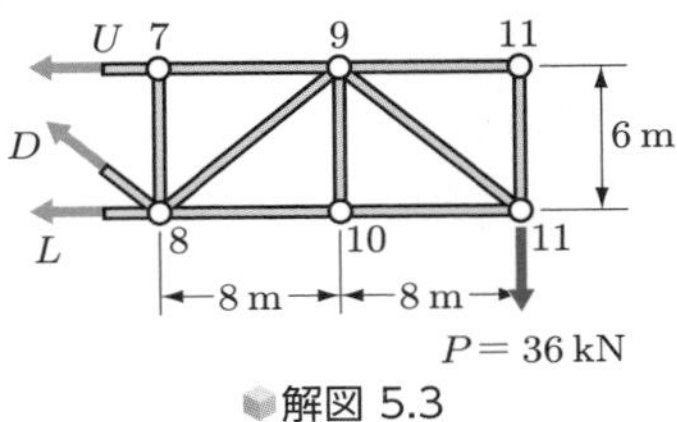

解図 5.3

$$U = 96\,\mathrm{kN}$$

$$D = 60\,\mathrm{kN}$$

$$L = -144\,\mathrm{kN}$$

5.4 **解図 5.4** を参照して次が成り立つ．

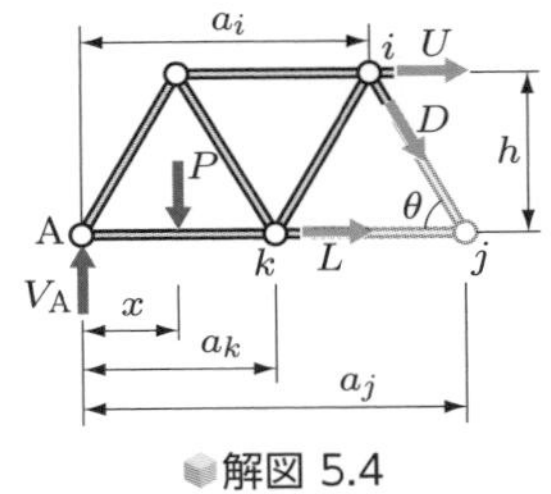

解図 5.4

$$\sum M_{(i)} = 0 : V_\mathrm{A} a_i - P(a_i - x) - Lh = 0$$

$$L = \frac{a_i}{h}(V_\mathrm{A} - P) + \frac{x}{h}P = \frac{a_i}{h}V_\mathrm{A} - \frac{a_i - x}{h}P$$

$$\sum M_{(j)} = 0 : V_\mathrm{A} a_j - P(a_j - x) + Uh = 0$$

$$U = -\frac{V_\mathrm{A} a_j - P(a_j - x)}{h}$$

$$\sum V = 0 : D\sin\theta + P - V_\mathrm{A} = 0$$

$$D = \frac{V_\mathrm{A} - P}{\sin\theta}$$

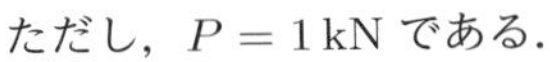
ただし，$P = 1\,\mathrm{kN}$ である．

5.5 解図 5.4 で $P = 1\,\mathrm{kN}$ がない場合を考えればよいから，次式が成り立つ．

$$L = \frac{a_i}{h}V_\mathrm{A}, \quad U = -\frac{a_j}{h}V_\mathrm{A}, \quad D = \frac{V_\mathrm{A}}{\sin\theta}$$

5.6 省略

■第 6 章

6.1 断面積　$A = \dfrac{\pi D^2}{4} = 3.14 \times \dfrac{15^2}{4} = 176.7\,\mathrm{cm}^2$

応力度　$\sigma = \dfrac{P}{A} = \dfrac{450000}{176.7} = 2550\,\mathrm{N/cm}^2$

6.2 ボルト 1 本の断面積　$A = \dfrac{\pi D^2}{4} = 3.14 \times \dfrac{2.2^2}{4} = 3.8\,\mathrm{cm}^2$

ボルト 1 本あたりのせん断力　$\dfrac{P}{3} = \dfrac{120}{3} = 40\,\mathrm{kN}$

せん断応力度　$\tau = \dfrac{P}{3A} = \dfrac{40}{3.8} = 10.53\,\mathrm{kN/cm}^2$

6.3 ボルト 1 本の断面積　$A = 3.8\,\mathrm{cm}^2$

1 せん断面あたりの許容せん断力　$Q = A\tau_\mathrm{a} = 3.8 \times 10 = 38\,\mathrm{kN}$

ボルト 1 本あたりの許容せん断力　$2Q = 76\,\mathrm{kN}$

片側に必要な本数　$\dfrac{P}{2Q} = \dfrac{400}{76} = 5.26 \to 6$ 本

合計本数（左右両側に必要）　6 本 $\times 2 = 12$ 本

6.4 断面積：$A = \dfrac{\pi \cdot 2^2}{4} = 3.14\,\mathrm{cm}^2$

(1) 直応力度 $\sigma = \dfrac{P}{A} = \dfrac{50}{3.14} = 15.92\,\mathrm{kN/cm^2}$

(2) 軸ひずみ：$\varepsilon_l = \dfrac{\sigma}{E} = \dfrac{15.92}{20000} = 796 \times 10^{-6}$

(3) 伸び量：$\Delta l = \varepsilon_l \cdot l = 796 \times 10^{-6} \times 100\,\mathrm{cm} = 0.0796\,\mathrm{cm}$

(4) 横ひずみ：$\varepsilon_\mathrm{b} = -\nu \cdot \varepsilon_l = -0.25 \times 796 \times 10^{-6} = -199 \times 10^{-6}$

(5) 体積の増減率：体積を求めると，

$$(1+\varepsilon_l)(1-\varepsilon_\mathrm{b})^2 = (1+0.000796)(1-0.000199)^2 = 1.0004$$

したがって，増加する．

6.5 AC 部分と CB 部分の伸縮の合計はゼロであるという変形の条件とつり合い式を組み合わせて解く．

(1) 反力 $R_\mathrm{A}, R_\mathrm{B}$：**解図 6.1**(a) のように方向を仮定すると

全体のつり合い式：$-R_\mathrm{A} + 6 + R_\mathrm{B} = 0$ となる．

図 (b) を参照して AC 間の軸力：$-R_\mathrm{A} + N_\mathrm{AC} = 0 \to N_\mathrm{AC} = R_\mathrm{A}$ となる．

図 (c) を参照して

CB 間の軸力：$-R_\mathrm{A} + 6 + N_\mathrm{CB} = 0 \to N_\mathrm{CB} = R_\mathrm{A} - 6$

AC 間の伸び：$\Delta l_\mathrm{AC} = \dfrac{N_\mathrm{AC} \cdot l_\mathrm{AC}}{AE} = \dfrac{100R_\mathrm{A}}{AE}$

CB 間の伸び：$\Delta l_\mathrm{CB} = \dfrac{N_\mathrm{CB} \cdot l_\mathrm{CB}}{AE} = \dfrac{200(R_\mathrm{A} - 6)}{AE}$

変形の条件：$\Delta l_\mathrm{AC} + \Delta l_\mathrm{CB} = 0$

$$R_\mathrm{A} + 2(R_\mathrm{A} - 6) = 0 \to R_\mathrm{A} = 4\,\mathrm{kN}$$

全体のつり合い式に代入して

$$R_\mathrm{B} = R_\mathrm{A} - 6 = -2\,\mathrm{kN} \quad \text{（左向きに 2 kN の反力）}$$

となる．

(2) 応力度 $\sigma_\mathrm{AC}, \sigma_\mathrm{CB}$：$N_\mathrm{AC} = R_\mathrm{A} = 4\,\mathrm{kN}$

$\sigma_\mathrm{AC} = \dfrac{N_\mathrm{AC}}{A} = \dfrac{4000}{10} = 400\,\mathrm{N/cm^2}$（引張り）

$N_\mathrm{CB} = R_\mathrm{A} - 6 = R_\mathrm{B} = -2\,\mathrm{kN}$

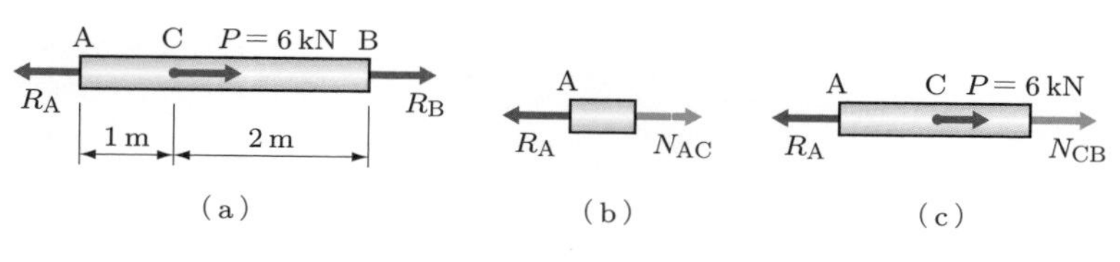

解図 6.1

$$\sigma_{\mathrm{CB}} = \frac{N_{\mathrm{CB}}}{A} = -\frac{2000}{10} = -200\,\mathrm{N/cm^2}$$ （圧縮）

(3) 点 C の変位：

$$\Delta l_{\mathrm{AC}} = \frac{N_{\mathrm{AC}} \cdot l_{\mathrm{AC}}}{AE} = \frac{4000 \times 100}{10 \times 20 \times 10^6}$$
$$= 2000 \times 10^{-6}\,\mathrm{cm} = 0.002\,\mathrm{cm}$$

6.6 [例題 6.2] と演習問題 6.5 の組合せである．

反力 $R = \dfrac{(l_1\alpha_1 + l_2\alpha_2)t}{\{l_1/(A_1E_1) + l_2/(A_2E_2)\}} = 56000\,\mathrm{N}$ よって $\sigma_1 = R/A_1 = 5600\,\mathrm{N/cm^2}$, $\sigma_2 = R/A_2 = 2800\,\mathrm{N/cm^2}$

点 C の変位は右向きを正として次のようになる．

$$\delta_{\mathrm{C}} = \Delta l_1^{\mathrm{L}} - \Delta l_1^{\mathrm{R}} = l_1\alpha_1 t - \frac{Rl_1}{A_1E_1} = -0.0048\,\mathrm{cm}$$

6.7 方針としては，まず部材にはたらく力を求め，次に部材の伸縮量を計算し，最後に伸縮量の鉛直方向成分の和を求める．AC, BC の部材力を T_1, T_2 と書くと，**解図 6.2**(a) に示す自由物体のつり合いより

$$T_1 = \frac{3}{5}P, \quad T_2 = \frac{4}{5}P$$

伸縮量 AC：$\Delta l_1 = \dfrac{T_1 l_1}{EA} = \dfrac{12P}{5EA}$

BC：$\Delta l_2 = \dfrac{T_2 l_2}{EA} = \dfrac{12P}{5EA}$

となり，鉛直たわみは図 (b) を参照して次のようになる．

$$\delta_{\mathrm{C}} = \frac{3}{5}\Delta l_1 + \frac{4}{5}\Delta l_2 = \frac{84P}{25EA}$$

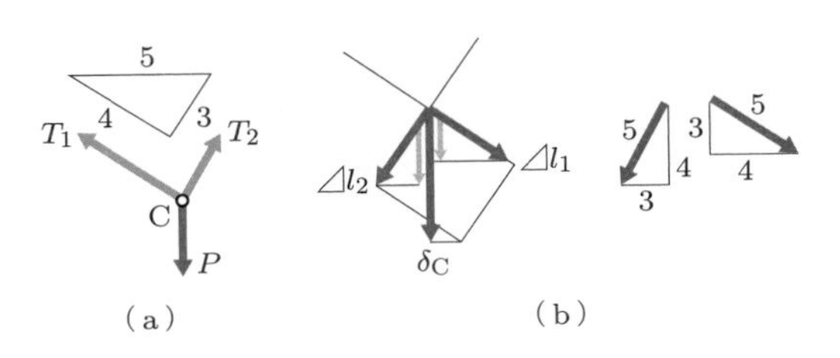

解図 6.2

第 7 章

7.1 (a) 上縁より図心までの距離を y_0 とすると，次が成り立つ．

$$y_0 = \frac{2 \times 8 \times 1 + 2 \times 8 \times 6}{2 \times 8 + 2 \times 8} = 3.5\,\mathrm{cm}$$

(b) 左上すみに原点をとり，右へ z 軸，下へ y 軸をとり，図心の座標を $(y_0,\ z_0)$ とすると次が成り立つ．

$$A = 20 \times 5 + 20 \times 5 + 10 \times 5 = 250\,\mathrm{cm}^2$$

$$y_0 = \frac{100 \times 10 + 100 \times 2.5 + 50 \times 10}{250} = 7.0\,\mathrm{cm}$$

$$z_0 = \frac{100 \times 2.5 + 100 \times 15 + 50 \times 22.5}{250} = 11.5\,\mathrm{cm}$$

7.2 いくつかの部分図形に分けて計算してもよいが，外側の線の囲む I から内側の線の囲む図形の I を引けばよい．

$$I = \frac{BH^3}{12} - \frac{bh^3}{12}$$

7.3 **解図 7.1** に示すようにウェブ（側板）の高さの中央に z 軸をとり，図心の位置を求める．**解表 7.1** を用いて計算を進める．

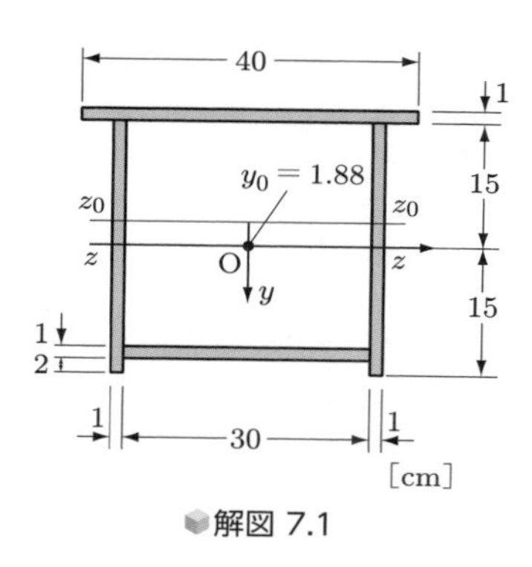

解図 7.1

解表 7.1

対象の板	寸法	面積	図心の計算		2 次モーメントの計算	
		A	y	Ay	I_0	Ay^2
上板	40 × 1	40	−15.5	−620	3.3	9610
側板	30 × 1	60	0	0	4500	
底板	30 × 1	30	12.5	375	2.5	4688
		130		−245	$I_z = 18804$	

図心の位置 $y_0 = \dfrac{\sum Ay}{\sum A} = -\dfrac{245}{130} = -1.88$

式 (7.16) を用いて次が成り立つ．

$$I_{z0} = I_z - A{y_0}^2 = 18804 - 130 \times 1.88^2 = 18344\,\mathrm{cm}^4$$

7.4 断面 2 次モーメント　$I = 12 \times \dfrac{20^3}{12} = 8000\,\mathrm{cm}^3$

曲げモーメントの最大値（支間中央）　$M = \dfrac{ql^2}{8} = 2560000\,\mathrm{N \cdot cm}$

曲げによる直応力度は断面の上下縁で生じ，その値は

$$\sigma = \frac{M \cdot (h/2)}{I} = 3200\,\mathrm{N/cm^2}$$

である．

7.5 せん断力の最大は両支点上で生じ，その絶対値は次のようになる．

$$Q_{\max} = 64000\,\mathrm{N}$$

せん断応力度の最大値は，両端断面の中立軸上で生じ，その値は

$$\tau_{\max} = \frac{3Q}{2bh} = \frac{3 \times 64000}{2 \times 12 \times 20} = 400\,\mathrm{N/cm^2}$$

となる．

■第 8 章

8.1 $M(x) = -Px$ であるから，式 (8.4) より $EIv'' = Px$ となる．1 度積分して，

$$EIv' = EI\theta = \frac{1}{2}Px^2 + C_1$$

となり，さらにもう 1 度積分して

$$EIv = \frac{1}{6}Px^3 + C_1x + C_2$$

となる．境界条件 $x = l$ で $v = 0,\ v' = 0$ を用いると

$$C_1 = -\frac{1}{2}Pl^2, \quad C_2 = \frac{1}{3}Pl^3$$

を得る．したがって，θ, v は次のようになる．

$$\theta = \frac{P}{2EI}(x^2 - l^2)$$

$$v = \frac{P}{6EI}(x^3 - 3l^2x + 2l^3)$$

点 A のたわみ，たわみ角は $x = 0$ を代入して，次式となる．

$$v_{\mathrm{A}} = \frac{Pl^3}{3EI}, \quad \theta_{\mathrm{A}} = -\frac{Pl^2}{2EI}$$

8.2 $EIv'' = (x/l - 1)M_{\mathrm{A}}$ を積分して

$$EIv' = \left(\frac{x^2}{2l} - x\right)M_{\mathrm{A}} + C_1$$

$$EIv = \left(\frac{x^3}{6l} - \frac{x^2}{2}\right)M_{\mathrm{A}} + C_1x + C_2$$

$x = 0$ で $v = 0$ より，$C_2 = 0$ となる．$x = l$ で $v = 0$ より，$C_1 = (l/3)M_{\mathrm{A}}$ となる．こ

れらをもとの式に戻して整理すると，次のようになる．

$$v_x = \frac{M_\mathrm{A} l^2}{6EI}\left\{2 - 3\frac{x}{l} + \left(\frac{x}{l}\right)^2\right\}\frac{x}{l}$$

$$\theta_x = \frac{M_\mathrm{A} l}{6EI}\left\{2 - 6\frac{x}{l} + 3\left(\frac{x}{l}\right)^2\right\}$$

$$\theta_\mathrm{A} = \frac{M_\mathrm{A} l}{3EI}, \quad \theta_\mathrm{B} = -\frac{M_\mathrm{A} l}{6EI} \quad \left(= -\frac{\theta_\mathrm{A}}{2}\right)$$

8.3 $EIv'''' = q$ を 4 回積分し，積分定数を境界条件より求める．

$$EIv = \frac{ql^4}{24}\left\{\left(\frac{x}{l}\right)^2 - 2\frac{x}{l} + 1\right\}\left(\frac{x}{l}\right)^2$$

$v_\mathrm{max} = \dfrac{ql^4}{384EI}$ （単純ばりの場合の 1/5 となる．）

8.4 解図 8.1 を参照して，点 A のすぐ右の断面および点 B のすぐ左の断面のせん断力を求める．せん断力と反力とでは絶対値は等しいが符号が必ずしも一致しない．

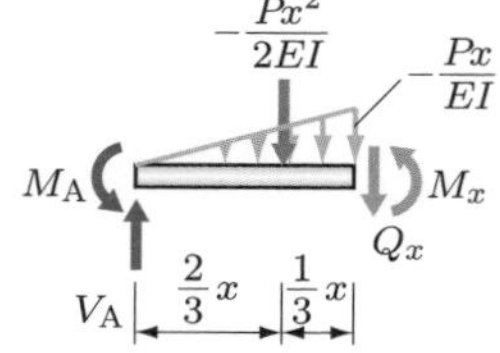

解図 8.1

$$\theta_\mathrm{A} = \frac{M_\mathrm{A} l}{3EI}, \quad \theta_\mathrm{B} = -\frac{M_\mathrm{A} l}{6EI} \quad \left(= -\frac{\theta_\mathrm{A}}{2}\right)$$

8.5 解図 8.2 を参照して次が成り立つ．

$$v_x = \frac{Pl^3}{6EI}\left\{2 - 3\frac{x}{l} + \left(\frac{x}{l}\right)^3\right\}$$

$$\theta_x = \frac{P}{2EI}(x^2 - l^2), \quad v_\mathrm{A} = \frac{Pl^3}{3EI}, \quad \theta_\mathrm{A} = -\frac{Pl^2}{2EI}$$

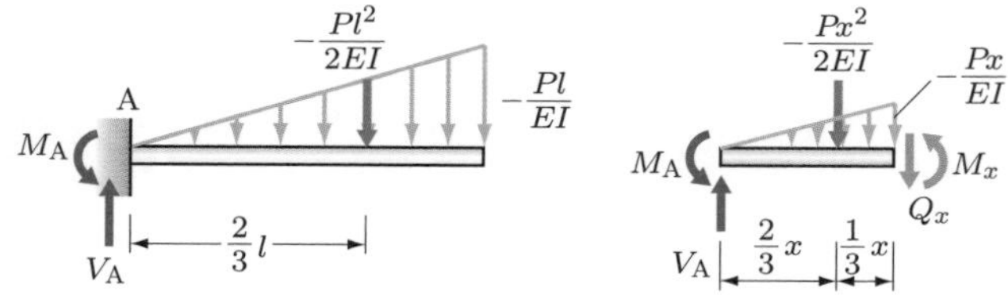

解図 8.2

8.6 解図 8.3 を参照して

$$v_\mathrm{A} = \frac{P(a^3 + l^3)}{6EI}, \quad \theta_\mathrm{A} = -\frac{P(a^2 + l^2)}{4EI}$$

となる．微分方程式による方法では，AC 間と CB 間で二つの微分方程式をたて，それ

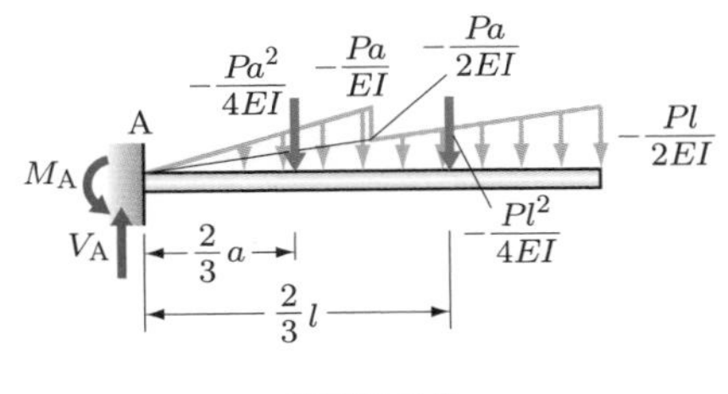

解図 8.3

ぞれ 2 個，計 4 個の積分定数を $v_B = \theta_B = 0$ と点 C の左右での v と θ に関する二つの連続条件，計 4 個の条件にて定める必要がある．弾性荷重法のほうが簡単に解ける．

8.7 微分方程式による方法では，AC 間と BC 間について方程式をたて，AB 間の方程式に対して $v_A = 0$，$v_B = 0$，BC 間の方程式に対して，$v_B = 0$，さらに点 B の左右でのたわみ角の連続条件の計 4 個の条件より，計 4 個の積分定数を定める必要がある．弾性荷重法のほうが簡単に解ける．

解図 8.4 に示すようなゲルバーばりを解き，点 C のすぐ左のせん断力と曲げモーメントを求めると，もとのはりの v_C と θ_C が次のように求められる．

$$\theta_C = \frac{Pa(l+3a)}{6EI}, \quad v_C = \frac{Pa^2(l+2a)}{6EI}$$

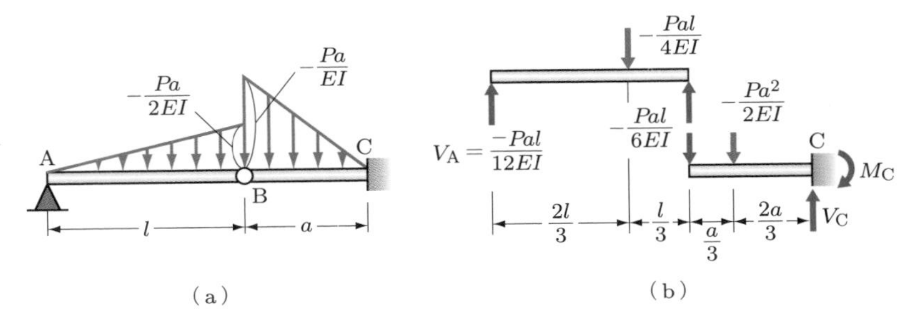

解図 8.4

■第 9 章

9.1 (a) $0 \leqq x \leqq a$ 　　$Q_C = M_C = 0$

$a \leqq x \leqq a+b$ 　　$Q_C = 1,\ M_C = -1(x-a)$

図示すると，**解図 9.1**(a)，(b) となる．

(b) $0 \leqq x \leqq b$ 　　$Q_C = -1, \quad M_C = -1(b-x)$

$b \leqq x \leqq a+b$ 　　$Q_C = M_C = 0$

図示すると，図 (c)，(d) となる．

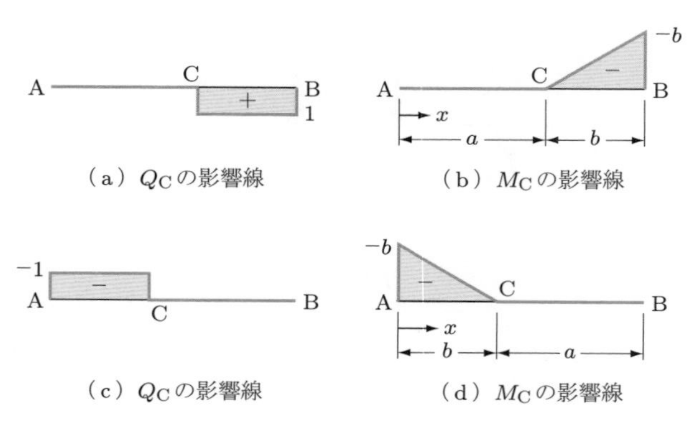

解図 9.1

9.2 結果のみ**解図 9.2**(a)，(b) に示す．

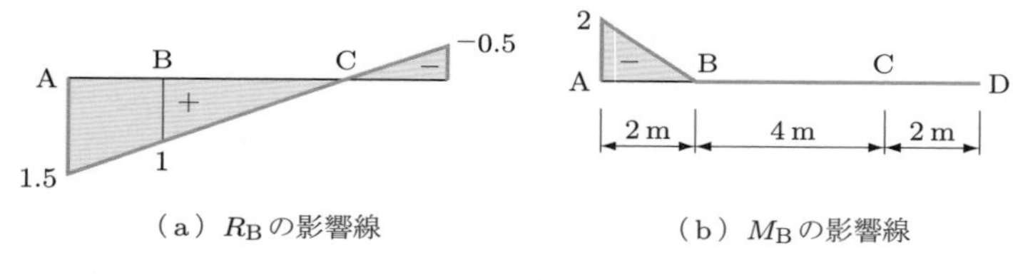

解図 9.2

9.3 結果のみ**解図 9.3**(a)，(b) に示す．

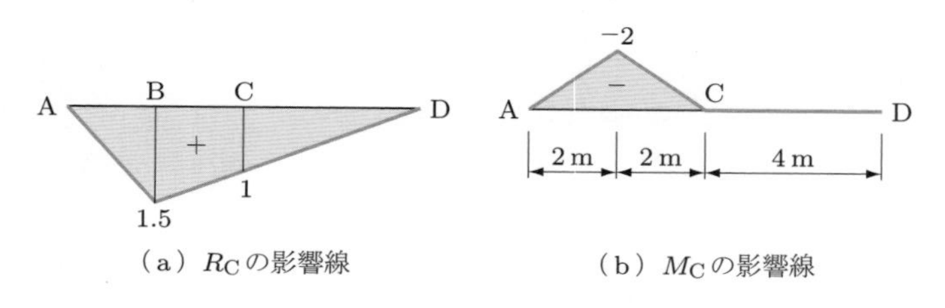

解図 9.3

9.4 (1) 反力 $V_A = 1 - \dfrac{x}{24}$，$V_B = \dfrac{x}{24}$

$0 \leqq x \leqq 6$ のとき　荷重は左側にあるから**解図 9.4**(a) の右側の物体のつり合いを考えて，次式が成り立つ．

$$\sum M_{(G)} = 0 : U = -3V_B = -\frac{x}{8}$$

$$\sum M_{(F)} = 0 : L = \frac{15}{4}V_B = \frac{5}{32}x$$

$$\sum V=0:D=-\frac{5}{4}V_{\mathrm{B}}=-\frac{5}{96}x$$

$12 \leqq x \leqq 24$ のとき　荷重は右側にあるから図 (a) の左側の物体のつり合いを考えて，次式が成り立つ．

$$\sum M_{(\mathrm{G})}=0:\ U=-3V_{\mathrm{A}}=-3+\frac{x}{8}$$

$$\sum M_{(\mathrm{F})}=0:\ L=\frac{9}{4}V_{\mathrm{A}}=\frac{9}{4}\left(1-\frac{x}{24}\right)$$

$$\sum V=0:\ D=\frac{5}{4}V_{\mathrm{A}}=\frac{5}{4}\left(1-\frac{x}{24}\right)$$

$6<x<12$ のとき　上記の両領域に対する結果の両端を結べばよい．
以上の結果を図示すると，図 (b)～(d) となる．

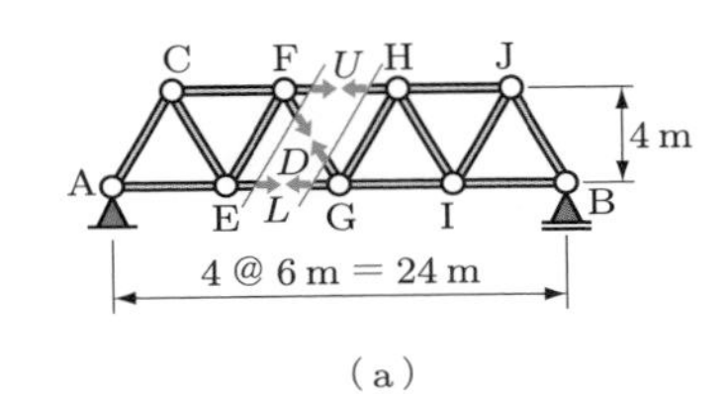

(a)

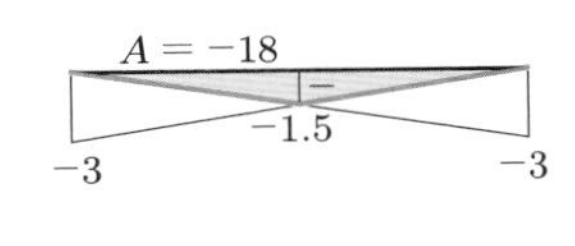

(b) U の影響線

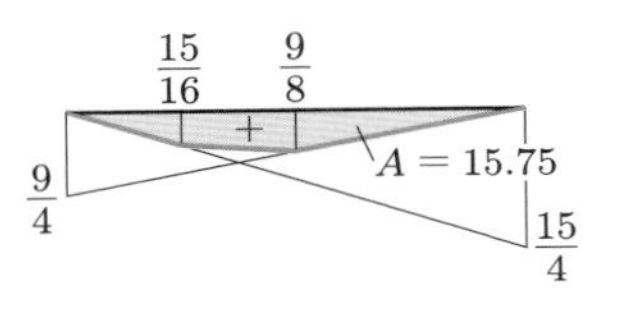

(c) L の影響線

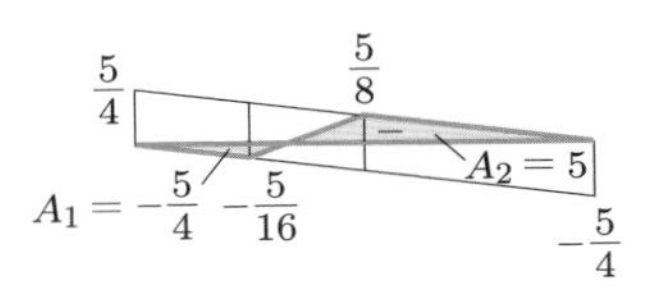

(d) D の影響線

解図 9.4

(2) $U_{\max}=-102\,\mathrm{kN}$，$L_{\max}=85.5\,\mathrm{kN}$，$D_{\max}=27.5\,\mathrm{kN}$

■第 10 章

10.1 $I=0.002\mathrm{cm}^4$

P_{cr}　(1) 4.39 N　(2) 1.10 N　(3) 8.95 N　(4) 17.55 N

10.2 反力 $R_{\mathrm{A}}=R_{\mathrm{E}}=500\,\mathrm{kN}$

部材 BD の部材力 U は第 5 章のトラスの解法を用いて，$U=-750\,\mathrm{kN}$（圧縮）となる．正方形断面の一辺を $a\,[\mathrm{cm}]$ とすると $A=a^2$，$I=a^4/12$ である．トラス部材は両端ヒンジと考えてよいから，座屈荷重は本文の式 (10.6) より

$$P_{\mathrm{cr}}=\frac{\pi^2 EI}{L^2}=\frac{3.14^2\times 20\times 10^6\times (a^4/12)}{600^2}$$
$$=45.64a^4\ \mathrm{N}$$

となる．これが作用軸力 750 kN の 1.7 倍より大きければよいから

$$45.64a^4 > 750000 \times 1.7$$

が成り立つ．これを解いて $a > 27936^{1/4} = 12.93\,\mathrm{cm}$ である．$a = 13\,\mathrm{cm}$ とすると

$$\sigma_{\mathrm{cr}} = \frac{P_{\mathrm{cr}}}{A} = \frac{45.64 \times 13^4}{13^2} = 7713\,\mathrm{N/cm^2}$$

となる．

10.3 $A = 12a^2, \quad I_z = 56a^4, \quad I_y = 11a^4$

$$K_1 = K_2 = \frac{I_z}{Ay_1} = \frac{14}{9}a, \quad K_3 = K_4 = \frac{I_y}{Az_3} = \frac{11a}{24}$$

よって，**解図 10.1** のような核となる．

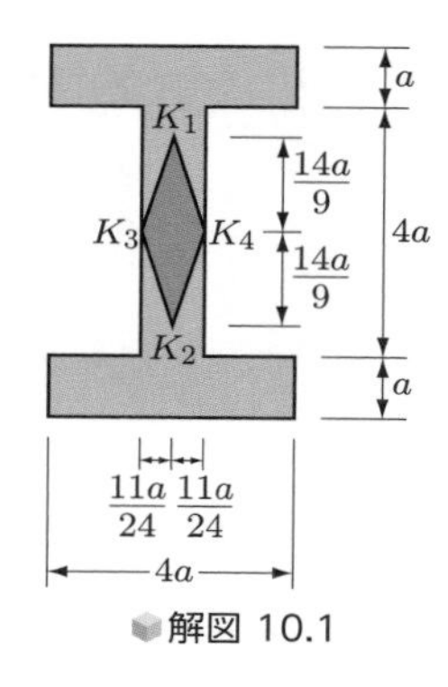

解図 10.1

REFERENCES 参考文献

[1] 村上　正，吉村虎蔵：構造力学，コロナ社，1976

[2] 青木徹彦：構造力学，コロナ社，1986

[3] 四俵正俊：よくわかる構造力学ノート，技報堂出版，1985

[4] 高橋武雄：構造力学入門，培風館，1976

[5] 山本　宏，久保喜延：わかりやすい構造力学，鹿島出版会，1987

[6] 三上市蔵編：土木構造力学の学び方，オーム社，1986

[7] 岡村宏一：構造力学（I），鹿島出版会，1988

[8] 山本　宏他：図解土木講座 応用力学の基礎，技報堂出版，1987

[9] 村上　正，吉村虎蔵：構造力学例題演習 (1) 第 4 章，コロナ社，1978

[10] 平野喜三郎，岩瀬敏明：構造力学演習上巻，現代工学社

INDEX 索引

■英数字

■あ　行

■か　行

■さ　行

■た　行

■な　行

■は　行

■ま　行

■や　行

■ら　行

著 者 略 歴

崎元　達郎（さきもと・たつろう）

1967 年　大阪大学工学部構築工学科卒業
1969 年　大阪大学大学院修士課程修了
1972 年　大阪大学大学院博士課程単位取得退学
　　　　 大阪大学工学部助手
1973 年　熊本大学工学部講師
1979 年　工学博士（大阪大学），熊本大学工学部助教授
　　　　 オハイオ州立大学客員助教授
1984 年　熊本大学工学部教授
2002 年　熊本大学長
2009 年　熊本大学名誉教授
　　　　 熊本大学顧問
2010 年　放送大学熊本学習センター 所長
2015 年　熊本保健科学大学 学長
2019 年　熊本保健科学大学 理事長
2021 年　学校法人銀杏学園 顧問
2023 年　熊本保健科学大学 名誉顧問

編集担当　佐藤令菜（森北出版）
編集責任　富井　晃（森北出版）
組　　版　ウルス
印　　刷　丸井工文社
製　　本　　同

構造力学［第 2 版・新装版］上―静定編―

1991 年 9 月 26 日　第 1 版第 1 刷発行
2012 年 2 月 6 日　第 1 版第 27 刷発行
2012 年 11 月 30 日　第 2 版第 1 刷発行
2020 年 9 月 24 日　第 2 版第 10 刷発行
2021 年 11 月 29 日　第 2 版・新装版第 1 刷発行
2023 年 9 月 8 日　第 2 版・新装版第 3 刷発行

著　　者　崎元達郎
発 行 者　森北博巳
発 行 所　森北出版株式会社
　　　　　東京都千代田区富士見 1–4–11（〒102–0071）
　　　　　電話 03–3265–8341／FAX 03–3264–8709
　　　　　https://www.morikita.co.jp/
　　　　　日本書籍出版協会・自然科学書協会　会員
　　　　　JCOPY ＜（一社）出版者著作権管理機構 委託出版物＞

落丁・乱丁本はお取替えいたします．

Printed in Japan／ISBN978–4–627–42513–2

MEMO

MEMO

MEMO

MEMO

MEMO